中国科学院"十一五"规划教材配套用书

经济管理类数学基础系列

概率论与数理统计学习指导

李伯德 李战存 主编

科学出版社

北京

内 容 简 介

　　本书是中国科学院"十一五"规划教材——经济管理类数学基础系列《概率论与数理统计》(科学出版社出版)配套使用的学习辅导与解题指南. 每章包括基本要求、内容提要、典型例题、教材习题选解、自测题及参考答案六个部分,各章内容与教材同步. 内容提要与典型例题部分是本书的重心所在,它是学生自学和教师上习题课的极好材料. 通过对内容和方法进行归纳总结,把基本理论、基本方法、解题技巧、数学应用等方面的教学要求融于典型例题之中,从而达到举一反三、触类旁通的效果. 教材习题选解部分选择教材中较难的、具有代表性的一部分习题,给出了较详细的分析与解答. 自测题大多选自于各章相关的历年考试的典型试题,并给出了相应的参考答案,供学生复习和自测使用.

　　本书适合经济管理类专业和其他相关专业的学生学习概率论与数理统计课程使用,也可供报考研究生的学生复习使用.

图书在版编目(CIP)数据

概率论与数理统计学习指导/李伯德,李战存主编. —北京:科学出版社, 2011
中国科学院"十一五"规划教材配套用书. 经济管理类数学基础系列
ISBN 978-7-03-031304-1

Ⅰ.①概… Ⅱ.①李…②李… Ⅲ.①概率论-高等学校-教学参考资料 ②数理统计-高等学校-教学参考资料 Ⅳ.①O21

中国版本图书馆 CIP 数据核字(2011)第 102821 号

责任编辑:相　凌　唐保军 / 责任校对:何晨琛
责任印制:张克忠 / 封面设计:华路天然工作室

科 学 出 版 社 出版
北京东黄城根北街 16 号
邮政编码:100717
http://www.sciencep.com

三河市骏杰印刷有限公司印刷
科学出版社发行　各地新华书店经销

*

2011 年 6 月第 一 版　　开本:720×1000 1/16
2014 年 12 月第六次印刷　　印张:11 3/4
字数:230 000

定价:**21.00 元**
(如有印装质量问题,我社负责调换)

前　言

本书是中国科学院"十一五"规划教材——经济管理类数学基础系列《概率论与数理统计》(科学出版社出版)配套使用的学习辅导与解题指南,主要面向使用该教材的教师和学生,同时也可供报考研究生的学生作为复习之用.

全书以提高大学生的数学素养、领会概率论与数理统计基本概念和理论、掌握概率论与数理统计的基本解题方法和思路为目的,精心编写而成.书中包括教材全部内容:随机事件与概率、随机变量及其分布、随机变量的数字特征、多维随机变量及其分布、大数定律与中心极限定理、抽样分布、参数估计、假设检验、回归分析.每章均有基本要求、内容提要、典型例题、教材习题选解、自测题及自测题参考答案六个部分.

基本要求,既是对学习内容的要求,也是学习的重点;内容提要,指明学习要点,对有关概念、性质和定理作了深入分析与归纳,以方便读者课后复习;典型例题,是在教材已有例题的基础上,进一步扩展了例题范围,通过对典型例题的深入分析和详尽解答,帮助读者弄懂基本概念、提高分析能力、熟悉解题方法、掌握解题技巧;教材习题选解,对教材中有一定特点或难度较大的习题,给予详细的解答,解决读者在学习该课程时遇到的困难;自测题,是对本章学习内容的进一步扩展,有针对性地给出了一些综合性练习题,同时提供参考答案,以帮助学生增强自主学习的能力.

书的最后附有模拟试题及参考解答,以方便学生考试前的总复习.

本书由李伯德教授、李战存副教授主编.第1章由李战存编写,第2、3、5章由樊馨蔓编写,第4章由李伯德编写,第6、7章由刘转玲编写,第8、9由王媛媛编写,全书由主编统稿定稿.

由于作者水平所限,书中难免有不足之处,恳请读者及专家学者批评指正.

编　者

2011 年 3 月

目　录

第1章 随机事件与概率

一、基 本 要 求

(1) 了解随机现象与随机试验,了解样本空间的概念,理解随机事件的概念,掌握随机事件之间的关系与运算.

(2) 了解随机事件频率的概念,理解随机事件概率的公理化定义,熟练掌握概率的基本性质.

(3) 熟悉古典概型、几何概型的条件及计算公式,能够正确计算几种基本古典概型事件的概率和几何事件的概率.

(4) 理解条件概率的概念,熟练掌握条件概率的三个基本公式,并会求解有关的问题.

(5) 理解事件的独立性概念,能够判定两个或有限个事件是否独立,熟悉 n 重伯努利试验序列概型,掌握二项概率公式及其计算和等待概率的计算.

二、内 容 提 要

1. 随机事件及其有关概念

(1) 随机现象. 事先无法准确预知其结果的现象.

(2) 随机试验与样本空间. 对随机现象的观察称为随机试验,简称试验. 试验具有以下属性:①条件不变可重复;②结果可观察且所有结果是明确的;③每次试验将要出现的结果不确定. 随机试验的每个可能的结果称为该试验的一个样本点或基本事件,记作 ω;一个随机试验的所有样本点构成的集合称为该试验的样本空间,记作 Ω.

(3) 随机事件. 样本空间中(具有某种性质)的子集称为随机事件,或试验的一个可观察特征称为该试验的随机事件,简称事件,记作 $A,B,\cdots$. 在试验中,一定发生的事件称为必然事件;一定不发生的事件称为不可能事件.

(4) 随机事件的集合表示. 既然随机事件是由满足相应特征的样本点构成的子集,那么事件可由集合表示. 事件 A 发生当且仅当样本点 $\omega \in A$.

2. 事件的关系与运算

(1) 事件的包含. 如果事件 A 发生必然导致事件 B 发生,则称事件 B 包含事件 A,记作 $A \subset B$.

(2) 事件的相等. 如果事件 $A \subset B$ 且 $B \subset A$,则称两事件 A 与 B 相等,记作 $A=B$.

(3) 事件的并(和)."A 与 B 中至少有一个事件发生"这一事件称为事件 A 与事件 B 的并(和),记作 $A \cup B$ 或 $A+B$; $\bigcup\limits_{k=1}^{n} A_k$, $\bigcup\limits_{k=1}^{\infty} A_k$ 依次表示"相应事件 $A_1, A_2, \cdots, A_n$ 中至少一个发生"及"$A_1, A_2, \cdots, A_n, \cdots$ 中至少一个发生"的事件.

(4) 事件的交(积)."A 与 B 两个事件均发生"这一事件称为事件 A 与 B 的交(积),记作 $A \cap B$ 或 AB; $\bigcap\limits_{k=1}^{n} A_k$, $\bigcap\limits_{k=1}^{\infty} A_k$ 依次表示"相应事件 $A_1, A_2, \cdots, A_n$ 均发生"及"相应事件 $A_1, A_2, \cdots, A_n, \cdots$ 均发生"的事件.

(5) 事件的差."事件 A 发生而事件 B 不发生"这一事件称为事件 A 与事件 B 的差,记作 $A-B$.

(6) 互不相容事件. 若 $AB=\varnothing$,则称事件 A 与 B 互不相容.

(7) 对立事件. 若 $A \cup B=\Omega$ 且 $AB=\varnothing$,则称事件 A 与 B 互为对立事件.

(8) 完备事件组. 有限个事件 $A_1, A_2, \cdots, A_n$ 中(或可数个事件 $A_1, A_2, \cdots, A_n, \cdots$ 中),若 $A_i A_j=\varnothing$, $i \neq j$,且 $\bigcup\limits_{k=1}^{n} A_k=\Omega$(或 $\bigcup\limits_{k=1}^{\infty} A_k=\Omega$),则称事件组 $A_1, A_2, \cdots, A_n$(或 $A_1, A_2, \cdots, A_n, \cdots$)为一个完备事件组.

3. 事件的运算性质

1) 基本运算

(1) $\varnothing \subset A \subset \Omega$;

(2) $A-B=A\bar{B}=A-AB$;

(3) $\bar{A}=\Omega-A$;

(4) $\bar{\bar{A}}=A$;

(5) $A \cup B=A \cup (B-A)=(A-B) \cup (B-A) \cup (AB)$.

2) 运算律

(1) 交换律 $A \cup B=B \cup A$; $A \cap B=B \cap A$;

(2) 结合律 $A \cup (B \cup C)=(A \cup B) \cup C$;
$$A \cap (B \cap C) = (A \cap B) \cap C;$$

(3) 分配律 $A \cap (B \cup C)=(A \cap B) \cup (A \cap C)$;
$$A \cup (B \cap C) = (A \cup B) \cap (A \cup C);$$

(4) De Morgan 对偶律
$$\overline{\bigcup_{i} A_i} = \bigcap_{i} \overline{A_i}, \quad \overline{\bigcap_{i} A_i} = \bigcup_{i} \overline{A_i}.$$

4. 事件的频率

在 n 次试验中,事件 A 发生的次数为 $\mu_n(A)$,称 $f_n(A)=\dfrac{\mu_n(A)}{n}$ 为事件 A 在 n 次试验中发生的频率.

5. 随机事件的概率

(1) 描述性定义. 一个事件发生的可能性大小的度量.

(2) 统计定义. 在 n 次独立重复试验中,事件 A 发生的频率为 $f_n(A)$,当 $n \to \infty$ 时,$f_n(A)$ 趋于一个稳定值,这个稳定值就是事件 A 在每次试验中发生的概率.

(3) 公理化定义. 设 Ω 是样本空间,定义在 Ω 的事件类 F(全体事件构成的集合)上的实值函数 $P(\cdot)$,称为 Ω 上的一个概率测度或概率,它满足下列三条公理:

公理 1　正则性　$P(\Omega)=1$.

公理 2　非负性　对任意事件 A,有 $P(A) \geqslant 0$.

公理 3　可列可加性　对任意可数个两两不相容的事件 $A_1,A_2,\cdots,A_n,\cdots$,有

$$P(\bigcup_{i=1}^{\infty} A_i) = \sum_{i=1}^{\infty} P(A_i).$$

6. 概率的性质

(1) $P(\varnothing)=0$;

(2) $0 \leqslant P(A) \leqslant 1$;

(3) $A_1,A_2,\cdots,A_n$ 两两不相容,则 $P(\bigcup_{i=1}^{n} A_i) = \sum_{i=1}^{n} P(A_i)$;

(4) $P(\bigcup_{i=1}^{n} A_i) \leqslant \sum_{i=1}^{n} P(A_i)$;

(5) $P(\overline{A})=1-P(A)$;

(6) $A \supset B$,则 $P(A-B)=P(A)-P(B),P(A) \geqslant P(B)$

(7) $P(A-B)=P(A)-P(AB)$;

(8) $P(A+B)=P(A)+P(B)-P(AB)$,

$\qquad P(A+B+C)=P(A)+P(B)+P(C)$

$\qquad\qquad -P(AB)-P(BC)-P(AC)+P(ABC).$

7. 古典概型

1) 古典概型的假设条件

(1) 随机试验只有有限个可能结果,即样本点(或基本事件)总数有限;

(2) 每一个样本点出现的可能性相同.

2) 古典概型的概率计算公式

设 Ω 是古典概型的样本空间,A 是事件,则 A 的概率

$$P(A) = \frac{A \text{ 中样本点(基本事件)总数}}{\Omega \text{ 中样本点(基本事件)总数}}.$$

8. 几何概型

1) 几何概型的假设条件

(1) 试验的样本空间 Ω 是 $\mathbf{R}$ 中的区间或 $\mathbf{R}^k$, $k \geqslant 2$ 中的区域;

(2) 每一个样本点出现的可能性相同.

2) 几何概型的概率计算公式

对事件 $A \subset \Omega$, 有 $P(A) = \dfrac{m(A)}{m(\Omega)}$, 这里 $m(\cdot)$ 表示 A 的长度、面积或体积.

9. 条件概率及其性质

1) 条件概率定义

若 $P(A) > 0$, 称 $P(B|A) = \dfrac{P(AB)}{P(A)}$ 为事件 A 发生的条件下 B 发生的条件概率.

2) 条件概率的性质

条件概率满足以下三条公理:

(1) $P(\Omega|A) = 1$;

(2) $P(B|A) \geqslant 0$;

(3) $A_1, A_2, \cdots$ 为一列两两不相容的事件, 则

$$P(\bigcup_{i=1}^{\infty} A_i \mid A) = \sum_{i=1}^{\infty} P(A_i \mid A).$$

10. 乘法公式、全概率公式和贝叶斯公式

1) 乘法公式

(1) 两个事件的情形

$$P(A_1 A_2) = P(A_1)P(A_2 \mid A_1), \quad P(A_1) > 0;$$
$$P(A_1 A_2) = P(A_2)P(A_1 \mid A_2), \quad P(A_2) > 0.$$

(2) n 个事件的情形. 若 $P(A_1, A_2, \cdots, A_{n-1}) > 0$, 则

$$P(A_1, A_2, \cdots, A_n) = P(A_1)P(A_2 \mid A_1)P(A_3 \mid A_1 A_2) \cdots P(A_n \mid A_1 A_2 \cdots A_{n-1}).$$

2) 全概率公式

设 $A_1, A_2, \cdots, A_n$ 是一个完备事件组, 且 $P(A_i) > 0$, $i = 1, 2, \cdots, n$ 则对任意事件 B, 有

$$P(B) = \sum_{i=1}^{n} P(A_i B) = \sum_{i=1}^{n} P(A_i)P(B \mid A_i).$$

3) 贝叶斯公式

设 $A_1, A_2, \cdots, A_n$ 是一个完备事件组, 且 $P(A_i) > 0$, $i = 1, 2, \cdots, n$ 则对任意事件 B, $P(B) > 0$, 有

$$P(A_i \mid B) = \frac{P(BA_i)}{P(B)} = \frac{P(A_i)P(B \mid A_i)}{\sum_{j=1}^{n} P(A_j)P(B \mid A_j)}, \quad i = 1, 2, \cdots, n.$$

11. 事件的独立性

1) 两两独立的定义

$A_1, A_2, \cdots, A_n$ 为 n 个事件,若其中任何两个事件均相互独立,即 $P(A_i A_j) = P(A_i)P(A_j)$, $i \neq j$, $i, j = 1, 2, \cdots, n$,则称 $A_1, A_2, \cdots, A_n$ 两两独立.

2) 相互独立的定义

$A_1, A_2, \cdots, A_n$ 为 n 个事件,若对任意 $2 \leqslant k \leqslant n$,及 $1 \leqslant i_1 < i_2 < \cdots < i_k \leqslant n$,均有
$$P(A_{i_1}, A_{i_2}, \cdots, A_{i_k}) = P(A_{i_1})P(A_{i_2})\cdots P(A_{i_k}),$$
则称 $A_1, A_2, \cdots, A_n$ 相互独立.

3) 相互独立的性质

(1) 若 $A_1, A_2, \cdots, A_n$ 相互独立,则其中任意 $k(2 \leqslant k \leqslant n)$ 个事件均相互独立,特别地 $A_1, A_2, \cdots, A_n$ 两两独立.

(2) 若 $A_1, A_2, \cdots, A_n$ 相互独立,将其中任意一个或若干个事件换成相应的对立事件,则新的事件组相互独立.

(3) 若 $A_1, A_2, \cdots, A_n$ 相互独立,则
$$P(\bigcup_{i=1}^{n} A_i) = 1 - P(\bigcap_{i=1}^{n} \overline{A_i}) = 1 - \prod_{i=1}^{n} P(\overline{A_i}) = 1 - \prod_{i=1}^{n} (1 - P(A_i)).$$

(4) 任意事件与不可能事件相互独立,也与必然事件相互独立.

(5) 任意两个非零概率事件,若其不相容,则一定不独立.

4) 可数个事件的两两独立与相互独立

(1) 两两独立. $A_1, A_2, \cdots$ 是可数个事件,如果其中任意两个事件均相互独立,则称 $A_1, A_2, \cdots$ 两两独立.

(2) 相互独立. 如果 $A_1, A_2, \cdots$ 中任意有限个事件均相互独立,则称 $A_1, A_2, \cdots$ 相互独立.

12. 独立试验序列概型

(1) 独立试验序列. 如果一系列试验,各次试验的结果之间相互独立,则称这一系列试验为一个独立试验序列.

(2) 伯努利试验. 只有两个可能结果的试验称为伯努利试验.

(3) 伯努利试验序列. 独立重复进行的一系列伯努利试验称为伯努利试验序列.

(4) 伯努利定理. 在一次试验中,事件 A 发生的概率为 $p(0 < p < 1)$,则在 n 次独立重复试验中"事件 A 恰好发生 k 次"的概率为
$$b(k, n, p) = C_n^k p^k q^{n-k},$$
其中 $q = 1 - p$.

(5) 等待概率. 在伯努利试验序列中,设每次试验中事件 A 发生的概率为 p,则"直到第 k 次试验事件 A 才首次发生"的概率为
$$g(k, p) = q^{k-1} p.$$

三、典型例题

1. 有关基本概念、运算与基本性质

例 1　观察 1h 中落在地球某一区域的宇宙射线数,则其样本空间可取为（　　）.

解　该试验的可能的结果一定是非负整数,且很难指定一个数作为它的上界,故该试验的样本空间可取为 $\Omega=\{0,1,2,3,\cdots\}$.

例 2　设 A,B,C,D 是四个事件,试用它们表示下列各事件:

(1) A,B 都发生而 C,D 都不发生;

(2) A,B,C,D 恰好发生 2 个;

(3) 至少发生 1 个;

(4) 至多发生 1 个.

解　(1) $AB\bar{C}\bar{D}$.

(2) $AB\bar{C}\bar{D}+A\bar{B}C\bar{D}+\bar{A}BC\bar{D}+A\bar{B}\bar{C}D+\bar{A}B\bar{C}D+\bar{A}\bar{B}CD$.

(3) $\Omega-\bar{A}\bar{B}\bar{C}\bar{D}$ 或 $A+B+C+D$.

(4) $\bar{A}\bar{B}\bar{C}\bar{D}+A\bar{B}\bar{C}\bar{D}+\bar{A}B\bar{C}\bar{D}+\bar{A}\bar{B}C\bar{D}+\bar{A}\bar{B}\bar{C}D$.

例 3　设 A,B,C 为三个事件,则"A,B,C 中至少有一个不发生"这一事件可表示为（　　）.

(A) $AB+AC+BC$;　　　　　　　　　(B) $A+B+C$;

(C) $A\bar{B}\bar{C}+\bar{A}B\bar{C}+\bar{A}\bar{B}C$;　　　　(D) $\bar{A}+\bar{B}+\bar{C}$.

分析　根据事件并的意义,凡是出现"至少有一个",均可由"并"来表示,本题中,要表示的事件是"至少有一个不发生",由于不发生可由对立事件来表示,于是"A,B,C 至少有一个不发生"等价于"$\bar{A},\bar{B},\bar{C}$ 中至少有一个发生"故答案(D)正确.

答案　(D).

例 4　设三个元件寿命分别为 T_1,T_2,T_3,并连接成一个系统,则只要有一个元件能正常工作,系统便能正常工作,事件"系统的寿命超过 t"可表示为（　　）.

(A) $\{T_1+T_2+T_3>t\}$;　　　　　　(B) $\{T_1T_2T_3>t\}$;

(C) $\{\min\{T_1,T_2,T_3\}>t\}$;　　　　(D) $\{\max\{T_1,T_2,T_3\}>t\}$.

分析　"系统的寿命超过 t"等价于"至少有一个元件的寿命超过 t",这又等价于"三个元件中最大的寿命超过 t",即(D)是正确的.

答案　(D).

例 5　A,B 是两个事件,则下列关系正确的是（　　）.

(A) $(A-B)+B=A$;　　　　　　　　(B) $AB+(A-B)=A$;

(C) $(A+B)-B=A$;　　　　　　　　(D) $(AB+A)-B=A$.

分析　这类问题关键在于正确理解事件运算的定义和性质,可借助维恩图来分析选项.(A)的左边的运算结果应该等于 $A+B$ 而不是 A;选项(C)左边运算的含义是 A 发生且 B 不发生,应为 $A-B$;选项(D)左边的括号中运算结果实际上等于 A,从而左边运算结果为 $A-B$;选项(B)左边实际上等于 $AB+A\overline{B}=A(B+\overline{B})=A$,从而选项(B)是正确的.

答案 (B).

2. 用概率的性质计算或估计概率

例 6 已知 $P(A)=0.6,P(AB)=0$,则 $P(\overline{A}\bigcup B)=$_____.

解 $P(\overline{A}\bigcup B)=P(\overline{A})+P(B)-P(\overline{A}B)=P(\overline{A})+P(B)-(P(B)-P(AB))$
$$=P(\overline{A})+P(AB)=1-P(A)=0.4,$$

所以,$P(\overline{A}\bigcup B)=0.4$.

例 7 已知 $P(B)=0.4,P(AB)=0.2,P(A\overline{B})=0.6$,则 $P(\overline{AB})=$_____.

解 $P(\overline{AB})=P(\overline{A\bigcup B})=1-P(A\bigcup B)=1-(P(A)+P(B)-P(AB))$
$$=1-0.2-P(A)=0.8-(P(AB)+P(A\overline{B}))=0.8-0.8=0,$$

所以,$P(\overline{AB})=0$.

例 8 设 $P(A)=0.6,P(B)=0.7$,证明 $0.3\leqslant P(AB)\leqslant 0.6$.

证明 因为 $AB\subset A,AB\subset B$,所以 $P(AB)\leqslant P(A),P(AB)\leqslant P(B)$,因此
$$P(AB)\leqslant \min\{P(A),P(B)\}=0.6.$$

又
$$1\geqslant P(A\bigcup B)=P(A)+P(B)-P(AB),$$

所以,
$$P(AB)\geqslant P(A)+P(B)-1=0.6+0.7-1=0.3.$$

总之,$0.3\leqslant P(AB)\leqslant 0.6$.

注 一般 $P(A)=p,P(B)=q$,则 $p+q-1\leqslant P(AB)\leqslant \min\{p,q\}$.

例 9 设 $A_i\subset A,i=1,2,3$.证明:
$$P(A)\geqslant P(A_1)+P(A_2)+P(A_3)-2.$$

证明 $P(A)\geqslant P(A_1A_2A_3)\geqslant P(A_1A_2)+P(A_3)-1$
$$\geqslant P(A_1)+P(A_2)-1+P(A_3)-1=P(A_1)+P(A_2)+P(A_3)-2$$

注 上述结果可推广到 n 个事件的情形.

3. 古典概型的概率计算

1) 袋中取球问题

例 10 一袋中有 $m+n$ 个球,其中 m 个黑球,n 个白球,现随机地从袋中取出 k 个球($k\leqslant m+n$),求其中恰好有 l 个白球 $l\leqslant n$ 的概率.

分析 这是古典概型中的一类最基本的问题,因为许多问题常常归结为此类问题(如超几何分布).它的特点是所考虑的事件中只涉及球的结构,不涉及球的顺序,因而计算样本点数(即基本事件数)时,只需考虑组合数.

解　设 $A=$"恰好有 l 个白球". 首先,从 $m+n$ 个球中任取 k 个,取法共有 C_{m+n}^k 种,即试验的基本事件总数为 C_{m+n}^k. 其次,这些取法中恰好有 l 个白球的取法共有 $C_n^l C_m^{k-l}$,即 A 所含基本事件总数为 $C_n^l C_m^{k-l}$. 所以 $P(A)=\dfrac{C_n^l C_m^{k-l}}{C_{m+n}^k}$.

例 11　一袋中装有 $m+n$ 个球,其中 m 个黑球,n 个白球,现随机地从中每次取一个球,求下列事件的概率:

(1) 取后不放回地取,$A=$"第 i 次取到的是白球";

(2) 取后有放回地取,$B=$"第 i 次取到的是白球".

分析　本题(1)中取球是按顺序取的,涉及取球的顺序,所以在计算样本点数(即基本事件数)时,要用排列数. 本题(2)中是有放回的取球,计算取法要用重复排列数,比如 $m+n$ 个球,每次取一个球,有 $m+n$ 种取法.

解　(1) $m+n$ 个球按顺序依次取完共有 $(m+n)!$ 种取法,其中第 i 次取出的是白球的取法,按乘法法则共有 $C_n^1(m+n-1)!$ 种,于是事件 A 的概率

$$P(A)=\frac{C_n^1(m+n-1)!}{(m+n)!}=\frac{n}{m+n}.$$

(2) 第 i 次取球的取法共有 $(m+n)^i$ 种,"第 i 次取到的是白球"的取法,根据乘法法则,共有 $C_n^1(m+n)^{i-1}$ 种. 从而所求事件 B 的概率.

$$P(B)=\frac{C_n^1(m+n)^{i-1}}{(m+n)^i}=\frac{n}{m+n}.$$

注　尽管两事件的概率相等,但含义不同,算法不同. 还应注意两种不同试验样本空简样本点的计算. 此外,(1)即为抽签问题.

例 12　一袋中装有 $m+n$ 个球,其中 m 个黑球,n 个白球,现随机地从中每次取一个球,求下列事件的概率:

(1) 取后不放回地取,$C=$"第 i 次才取到白球";

(2) 取后有放回地取,$D=$"第 i 次才取到白球".

分析　对于(1)而言,同前例(1),样本空间基本事件总数为 $(m+n)!$,而 $C=$"第 i 次才取到白球"等价于"前 $i-1$ 次取到的全是黑球,而且第 i 次取到的是白球",这里与顺序有关. 同前例(2),本题(2)的样本空间基本事件总数为 $(m+n)^i$. 而 $D=$"第 i 次才取到白球"等价于"前 $i-1$ 次取到的都是黑球(共有 m^{i-1} 种取法)且第 i 次取到的是白球(共有 n 中取法)

解　(1) 由乘法法则,C 的取法共有 $C_n^1 P_m^{i-1}(m+n-i)!$ 种. 于是

$$P(C)=\frac{C_n^1 P_m^{i-1}(m+n-i)!}{(m+n)!}=\frac{nP_m^{i-1}}{P_{m+n}^i}.$$

(2) 再由乘法法则 i 次才取球到白球的取法共有 nm^{i-1} 种,于是事件 D 的概率

$$P(D)=\frac{m^{i-1}n}{(m+n)^i}=\left(\frac{m}{m+n}\right)^{i-1}\frac{n}{m+n}.$$

注　(2) 亦可由伯努利试验序列的概率计算公式解出.

例 13　一袋中装有 $m+n$ 个球,其中有 m 个黑球,n 个白球,每次从中任取一球,

求下列事件的概率:

(1) 取后不放回地取,E="前 i 次能取到白球";

(2) 取后有放回地取,F="前 i 次能取到白球".

分析　两种情形的样本空间同前例相应的情形.

解　(1) 中的对立事件 $\overline{E}$="前 i 次没有取到白球"的种数为 $P_m^i(m+n-i)!$,所以

$$P(\overline{E})=\frac{P_m^i(m+n-i)!}{(m+n)!}=\frac{P_m^i}{P_{m+n}^i}=\frac{C_m^i}{C_{m+n}^i}.$$

因此

$$P(E)=1-\frac{P_m^i(m+n-i)!}{(m+n)!}=1-\frac{P_m^i}{P_{m+n}^i}=1-\frac{C_m^i}{C_{m+n}^i}.$$

(2) 中的对立事件 $\overline{F}$="前 i 次没有取到白球"的种数为 m^i,

$$P(\overline{F})=\frac{m^i}{(m+n)^i}=\left(\frac{m}{m+n}\right)^i.$$

因此

$$P(F)=1\qquad P(\overline{F})=1-\left(\frac{m}{m+n}\right)^i.$$

注　(1) 中的对立事件 $\overline{E}$ 的概率的计算还可视为一次取 i 个球,用组合的方法算出.

例 14　一袋中装有 $m+n$ 个球,其中有 m 个黑球,n 个白球,每次从中任取一球,求下列事件的概率:

(1) 取后不放回地取,G="前 i 次恰好取到 l 个白球"$(l\leqslant i\leqslant m+n,l\leqslant n)$;

(2) 取后有放回地取,H="前 i 次恰好取到 l 个白球",$(l\leqslant n)$.

解　(1) 首先在 i 次中选取 l 个白球共有 C_i^l 种选取法,其次每次取到的白球是 n 个球中的一个,取到 l 个白球,共有 P_n^l 种取法.然后其他 $i-l$ 次取球应为黑球.共 P_m^{i-l} 种,最后将所剩的 $m+n-i$ 个球排列,所以 G 的基本事件总数是 $C_i^l P_n^l P_m^{i-l}(m+n-i)!$ 种.因此

$$P(G)=\frac{C_i^l P_n^l P_m^{i-l}(m+n-i)!}{(m+n)!}=\frac{C_i^l P_n^l P_m^{i-l}}{P_{m+n}^i}=\frac{C_n^l C_m^{i-l}}{C_{m+n}^i}.$$

(2) 在 i 次中,l 次取白球共有 C_i^l 种选取法,每次取到的白球是 n 个球中的一个,共 n 种取法.l 次共有 n^l 种取法.然后其他 $i-l$ 次取球应为黑球.共 m^{i-l} 种.从而第 i 次中恰好取到 l 个白球的取法共有 $C_i^l n^l m^{i-l}$ 种,因此

$$P(H)=\frac{C_i^l n^l m^{i-l}}{(m+n)^i}=C_i^l\left(\frac{n}{m+n}\right)^l\left(\frac{m}{m+n}\right)^{i-l}.$$

注　(1) 还可由例 10 直接(一次取 i 个球,其中 l 个白球,$i-l$ 个黑球)算出;(2) 还可由伯努利定理算出.

例 15　一袋中装有 $m+n$ 个球,其中有 m 个黑球,n 个白球,每次从中任取一球,求下列事件的概率:

(1) 取后不放回地取，$J=$"到第 i 次为止才取到 l 个白球"$(l\leqslant i\leqslant m+n, l\leqslant n)$；

(2) 取后有放回地取，$K=$"到第 i 次为止才取到 l 个白球".

解 （1）事件 J 等价于"前 $i-l$ 次恰好取到 $l-1$ 个白球，而第 i 次取到的是白球."由乘法法则. 其取法有 $C_{i-1}^{l-1} P_n^{l-1} P_m^{(i-1)-(l-1)} C_{n-l+1}^1 (m+n-i)!$ 种，因此

$$P(J) = \frac{C_{i-1}^{l-1} P_n^{l-1} P_m^{(i-1)-(l-1)} C_{n-l+1}^1 (m+n-i)!}{(m+n)!}$$

$$= \frac{(i-1)! C_n^{l-1} C_m^{i-l} C_{n-l+1}^1}{P_{m+n}^i} = \frac{C_n^{l-1} C_m^{i-l} (n-l+1)}{i C_{m+n}^i}.$$

（2）事件 K 等价于"前 $i-1$ 次恰好取到 $l-1$ 个白球，而第 i 次取到的是白球".由乘法法则，其取法有 $C_{i-1}^{l-1} n^{l-1} m^{(i-1)-(l-1)} \cdot n = C_{i-1}^{l-1} n^l m^{i-l}$ 种. 于是

$$P(K) = \frac{C_{i-1}^{l-1} n^l m^{i-l}}{(m+n)^i} = C_{i-1}^{l-1} \left(\frac{n}{m+n}\right)^l \left(\frac{m}{m+n}\right)^{i-l}.$$

2）排序问题

例 16 将标号为 $1,2,\cdots,50$ 的 50 个文档随意排成一行，求下列事件的概率：

(1) $A=$"标号是递增或递减"；

(2) $B=$"第一号文档排在最左或最右"；

(3) $C=$"第一号文档与第二号文档相邻"；

(4) $D=$"第一号文档在第二号文档右边（不一定相邻）"；

(5) $E=$"第一号文档与第二号文档之间恰有 r 个文档$(r<49)$".

解 （1）50 个数随意排序共有 $50!$ 种排法，而递增或递减的排法仅有两种，因此所求事件 A 的概率为

$$P(A) = \frac{2}{50!}.$$

（2）样本空间基本事件总数同（1）；对 B 而言，因为第一号文档排在最左或最右仅有两种，而其余 49 个位置可随意排放，所以 B 的基本事件总数是 $2\times 49!$. 因此所求事件 B 的概率为

$$P(B) = \frac{2\times 49!}{50!} = \frac{2}{50}.$$

（3）样本空间基本事件总数同（1）；对 C 而言，共有 49 对相邻位置，而第一号文档与第二号文档相邻又有两种，其余 48 个位置可随意排放，由乘法规则知 C 的基本事件总数是 $2\times 49\times 48!$. 因此所求事件 C 的概率为

$$P(C) = \frac{2\times 49\times 48!}{50!} = \frac{2}{50}.$$

（4）样本空间基本事件总数同（1）；由于第一号文档在第二号文档右边（不一定相邻）与第一号文档在第二号文档左边对称，各占一半，因此 D 的基本事件总数是 $50!\times\frac{1}{2}$，所求事件 D 的概率为

$$P(D) = \frac{50!/2}{50!} = \frac{1}{2}.$$

(5) 样本空间基本事件总数同(1); 第一号文档与第二号文档之间恰有 r 个文档表明两文档之间有 r 个位置, 这样剩下的位置有 $50-r-1$; 第一号文档与第二号文档对调有两种; 其余 48 个位置随意排放, 有 48! 种排法. 据乘法规则, E 的基本事件总数是 $2\times(49-r)\times48!$, 所求事件 E 的概率为

$$P(E) = \frac{2\times(49-r)\times48!}{50!} = \frac{2\times(49-r)}{50\times49}.$$

例 17(配对问题) 50 对新人同时举行婚礼.(1) 假如随机地把他们分成 50 对, 试求每对恰好为夫妻的概率;(2) 假如将新郎随机地排好, 再将新娘配对, 试求每对恰好为夫妻的概率.

解 (1) 同上例, 共有 100 个人排序, 样本空间基本事件总数是 100!. 每对恰好为夫妻的种数分两步: 第一步, 各对之间的排序有 50! 种; 第二步, 每对新人内部均有 2 种. 由此可知每对新人恰好为夫妻的基本事件总数是 $2^{50}50!$. 从而, 每对恰好为夫妻的概率是 $\dfrac{2^{50}\cdot50!}{100!}$.

(2) 新郎随机地排序有 50! 种, 由此知样本空间基本事件总数是 50! 种, 其中每对恰好为夫妻的种数仅有一种. 由此知有利于事件总数仅有一种. 所以, 每对恰好为夫妻的概率是 $\dfrac{1}{50!}$.

3) 放球入箱问题

例 18 将 n 个球随意放入 N 个箱子中, 其中每个球等可能放入任意一个箱子, 求下列事件的概率:

(1) 指定的 n 个箱子各放入一球(设 $N\geqslant n$);

(2) 每个箱子最多放入一球;

(3) 第 i 箱子不空;

(4) 第 i 箱子恰好放入 $k(k\leqslant n)$ 个球.

分析 每个箱子可以被重复使用, 因此每个球有 N 种放法, 从而 n 个球的总放法为 N^n. 这说明样本空间基本事件总数为 N^n.

解 (1) 样本空间基本事件总数为 N^n, 记 $A=$"将 n 个球放入指定的 n 个箱子中, 每个箱子各放入一球", A 含有 $n!$ 个基本事件, 于是该事件的概率为

$$P(A) = \frac{n!}{N^n}.$$

(2) 样本空间基本事件总数仍为 N^n. 记 $B=$"每个箱子最多放入一球". 由于有 n 个箱子各放入一球, 这相当于在 N 个箱子中任意取 n 个箱子, 将选出的 n 个箱子中随意各放入一球, 根据乘法法则, 共有 $\mathrm{P}_N^n=\mathrm{C}_N^n n!$, 种方法, 于是事件 B 的概率为

$$P(B) = \frac{\mathrm{P}_N^n}{N^n} = \frac{\mathrm{C}_N^n n!}{N^n}.$$

(3) 记 $C=$"第 i 箱子不空", 先计算对立事件 $\bar{C}$ 的概率. 基本事件总数为 N^n, 而 $\bar{C}$ 表明 n 球任意放入第 i 箱子以外的其他 $N-1$ 个箱子中, 共有 $(N-1)^n$ 种方法,

于是

$$P(\bar{C}) = \frac{(N-1)^n}{N^n} = \left(\frac{N-1}{N}\right)^n.$$

故

$$P(C) = 1 - \left(\frac{N-1}{N}\right)^n.$$

(4) 记 $D=$"第 i 箱子恰好放入 k 个球". 样本空间基本事件总数仍为 N^n, 第 i 箱子恰好放入 k 个球可分成两步: n 个球中任意取 k 个球放入第 i 箱子, 共有 C_n^k 种取法, 然后其他 $n-k$ 个球随意放入其余的 $N-1$ 个箱子中, 共有 $(N-1)^{n-k}$ 种放法. 由乘法规则, 第 i 箱子恰好放入 k 个球的方法有 $C_n^k(N-1)^{n-k}$, 从而该事件 D 的概率为

$$P(D) = \frac{C_n^k(N-1)^{n-k}}{N^n} = C_n^k\left(\frac{1}{N}\right)^k\left(\frac{N-1}{N}\right)^{n-k}.$$

注 对问题(3)(4), 可以将该放球过程视为伯努利试验序列, 每一次放球视为一次试验, 每次实验中考虑事件 A:"球放入第 i 箱子", 则有 $P(A)=\frac{1}{N}$. 那么"第 i 箱子不空"等价于"事件 A 至少发生一次", 而"第 i 箱子恰好放入 k 个球"等价于"事件 A 恰好发生 k 次". 由伯努利概型也可得到上述结果.

例 19(生日问题) 有一个 5 人小组, 问:(1) 5 人生日都在星期天的概率有多大? (2) 5 人生日都不在星期天的概率有多大? (3) 5 人生日不都在星期天的概率有多大?

解 因为每人生日可在 7 天中的任何一天, 而且可以认为这 7 天中任何一天出生是等可能的. 故可用古典概率来计算, 由乘法法则, 5 人生日有 $7\times7\times7\times7\times7=7^5$ 种可能情况.

(1) 5 人生日都在星期天仅有一种情况, 所以

$$P(5\text{ 人生日都在星期天}) = \frac{1}{7^5}.$$

(2) 5 人生日都不在星期天, 每人只能是星期一到星期六的 6 种情况之一, 故由乘法法则生日在星期一到星期六的共有 $6\times6\times6\times6\times6=6^5$ 种情形, 所以

$$P(5\text{ 人生日都不在星期天}) = \frac{6^5}{7^5} = \left(\frac{6}{7}\right)^5.$$

(3) 根据(1)和对立事件的概率公式得

$$P(5\text{ 人生日不都在星期天}) = 1 - \left(\frac{1}{7}\right)^5.$$

4. 几何概型的概率计算

例 20 某公共汽车站每隔 10min 有一辆公共汽车到达, 一位乘客到达汽车站的时间是随意的, 求他等候时间不超过 3min 的概率.

解 由于乘客到达汽车站时间是随意的, 那么他在相继两辆公共汽车到站的时间间隔中任意时刻到达是可能的, 因而符合几何概型的条件. 设前一辆汽车到站时间

为 0,下一辆汽车到站时间为 10,则样本空间 $\Omega=[0,10]$. 相应地,"等候时间不超过 3min"这一事件,记为 A,则 $A=[7,10]$,根据几何概型概率的计算,得 $P(A)=\dfrac{3}{10}$.

例 21　在区间$[0,1]$中任取三个数,求三数之和不大于 1 的概率.

解　记$[0,1]$中任取三个数为 x,y,z,用 A 表示三数和不大于 1,则样本空间$\Omega=\{(x,y,z)\mid 0\leqslant x\leqslant 1,0\leqslant y\leqslant 1,1\leqslant z\leqslant 1\}$,事件 $A=\{(x,y,z)\mid x+y+z\leqslant 1\}\bigcap\Omega,\Omega$ 的体积 $m(\Omega)=1,A$ 的体积 $m(A)=\dfrac{1}{3}\times\dfrac{1}{2}\times 1=\dfrac{1}{6}$,故 $P(A)=\dfrac{m(A)}{m(\Omega)}=\dfrac{1/6}{1}=\dfrac{1}{6}$.

5. 独立性判定

例 22　设 $0<P(A)<1,0<P(B)<1$,则下列条件中不是 A 与 B 独立的充要条件的是(　　).

(A) $P(A\mid B)=P(A\mid\overline{B})$;　　　　　　(B) $P(A\mid B)+P(\overline{A}\mid\overline{B})=1$;

(C) $P(\overline{A}\mid B)+P(A)=1$;　　　　　　(D) $P(A\bigcup B)=P(A)+P(B)$.

分析　$P(A\bigcup B)=P(A)+P(B)$ 等价于 $P(AB)=0$,由于 $P(AB)=0\neq P(A)P(B)$,知 A 与 B 不独立. 故(D)不是 A 与 B 独立的充要条件.

答　(D).

注　(1) 读者容易将独立性与不相容混淆,错误地理解不相容就独立. 事实上,对两个非零概率的事件,独立则必然是相容的. 因为 $P(AB)=P(A)P(B)\neq 0$. 从而 $AB\neq\varnothing$. 反之,不相容也是不独立的. 因为不相容指 $AB=\Phi$,于是,$A\subset\overline{B}$,这意味着 A 发生,$\overline{B}$ 必发生,因此,A 与 B 不独立.

(2) 作为练习,读者可以证明本列中(A),(B),(C)均为 A 与 B 独立的充要条件.

例 23　设 A,B,C 相互独立,则下列事件中与 A 不一定独立的事件为(　　).

(A) $B\bigcap C$;　　　(B) $B\bigcup C$;　　　(C) $B-C$;　　　(D) $\overline{A}$.

分析　事实上有结论:A,B,C 相互独立,则 B 和 C 的任何事件运算均与 A 独立,但 A 与 $\overline{A}$ 为对立事件,当 A(或 $\overline{A}$)是一个非零概率事件时,它们是不独立的.

答　(D).

注　作为练习,读者可以证明(A),(B),(C)中三个事件均与事件 A 独立.

例 24　某型号高射炮每发射一发炮弹击中敌机的概率为 0.6. 现有若干门同型号的高射炮同时各发射一发炮弹,今欲以 99% 以上的把握击中来犯的一架敌机,问至少需要配置几门高射炮?

解　设需要配置 n 门高射炮,且 $A=$"一架敌机被击中",$A_i=$"第 i 门炮击中敌机"($i=1,2,\cdots,n$),于是

$$A=A_1+A_2+A_3+\cdots+A_n,\quad \overline{A}=\overline{A_1}\overline{A_2}\cdots\overline{A_n}.$$

因为 n 门高射炮是各自独立发射的,所以击中的概率

$$P(A)=1-P(\overline{A})=1-P(\overline{A_1})P(\overline{A_2})\cdots P(\overline{A_n})$$

$$= 1-(1-0.6)^n = 1-0.4^n,$$

令 $1-0.4^n \geqslant 0.99$，由此可得

$$n \geqslant \frac{\lg 0.01}{\lg 0.4} \approx 5.026.$$

因此，至少需要配置 6 门高射炮才能以 99% 以上的把握击中来犯的敌机.

6. 条件概率的计算与三个基本公式的应用

1) 用基本公式

例 25　一批产品中一等、二等、三等产品各占 $60\%, 30\%, 10\%$. 从中任取一件，结果不是三等品，求取到的是一等品的概率.

解　记事件 A 为"取出一件不是三等品"，B 为"取出一件一等品"，因为 $A=$"取出一件不是三等品"＝"取出一件是一等品或是二等品"$\supset B$，所以 $AB=B$，于是所求概率为

$$P(B \mid A) = \frac{P(AB)}{P(A)} = \frac{P(B)}{P(A)} = \frac{6/10}{9/10} = \frac{2}{3}.$$

例 26　一个家庭中有两个小孩，如果已知老大是女孩，则老二也是个女孩的概率为多大？如果已知其中有一个女孩，则另一个也是女孩的概率是多大？

分析　一般假设各胎生男生女的可能性相同，如果记 $A_1=\{$老大是女孩$\}$，$A_2=\{$老二是女孩$\}$，则 A_1 与 A_2 独立，且 $P(A_1)=P(A_2)=\frac{1}{2}$. 由此易解得第一个问题. 关键是要注意第二问与第一问的区别. 在第二问中，条件事件应理解为至少有一个是女孩.

解　A_1, A_2 如分析中所设，则第一问归结为求 $P(A_2|A_1)$，由于 A_1 与 A_2 独立，且 $P(A_1)=P(A_2)=\frac{1}{2}$，于是，$P(A_2|A_1)=P(A_2)=\frac{1}{2}$. 即已知老大是女孩的条件下，老二也是女孩的概率为 $\frac{1}{2}$.

对第二问，条件事件是"两个孩子中至少有一个是女孩"待求概率的事件可表述为"两个孩子均为女孩"，即求 $P(A_1 A_2|A_1+A_2)$. 由

$$P(A_1+A_2) = 1-P(\overline{A_1}\,\overline{A_2}) = 1-P(\overline{A_1})P(\overline{A_2}) = 1-\frac{1}{4} = \frac{3}{4},$$

$$P(A_1 A_2) = P(A_1)P(A_2) = \frac{1}{2} \times \frac{1}{2} = \frac{1}{4},$$

得

$$P(A_1 A_2|A_1+A_2) = \frac{1/4}{3/4} = \frac{1}{3},$$

即已知其中有一个女孩的条件下，另一个也是女孩的概率为 $\frac{1}{3}$.

注　(1) 求解条件概率关键要弄清哪个是条件事件，哪个是待求概率的事件，然后按条件概率计算公式计算相应的概率.

(2) 要注意条件概率与事件积的概率的区别，两者考虑的事件的最终发生情况

是一样的,但一个是有条件的一个是无条件的.

(3) 本例第二问也可直接用古典概率来计算:因为两个小孩的性别样本空间是
{(男,女),(男,男),(女,女),(女,男)},据题意,可认为每种情况的可能性相同,而
{至少有一个是女孩}={(男,女),(女,女),(女,男)},{ 两个都是女孩 }={(女,
女)},由此可得第二问所求概率是 $\dfrac{1}{3}$.

2) 用乘法公式

例 27　已知 $P(A)=\dfrac{1}{4}$,$P(B|A)=\dfrac{1}{3}$,$P(A|B)=\dfrac{1}{2}$,求 $P(A\bigcup B)$.

解　由乘法公式知

$$P(AB)=P(A)P(B\mid A)=\frac{1}{4}\times\frac{1}{3}=\frac{1}{12},$$

$$P(B)=\frac{P(AB)}{P(A\mid B)}=\frac{1/12}{1/2}=\frac{1}{6},$$

所以

$$P(A\bigcup B)=P(A)+P(B)-P(AB)=\frac{1}{4}+\frac{1}{6}-\frac{1}{12}=\frac{1}{3}.$$

例 28　一批灯泡共 100 只,次品率为 10%.不放回地抽取三次,每次一只,求第
三次才取得合格品的概率.

　分析　由题意知,第 1 次与第 2 次均取得的是次品,而第 3 次取得了合格品,这
是 3 件事同时发生的事件,故本题是积事件概率的计算问题.

　解　设 A_i=“第 i 次取得合格品”$i=1,2,3$,要求事件 $\overline{A_1}\overline{A_2}A_3$ 的概率.因为

$$P(\overline{A_1})=\frac{10}{100},\quad P(\overline{A_2}\mid\overline{A_1})=\frac{9}{99},\quad P(A_3\mid\overline{A_1}\overline{A_2})=\frac{90}{98},$$

由条件概率公式,得

$$P(\overline{A_1}\overline{A_2}A_3)=P(\overline{A_1})P(\overline{A_2}\mid\overline{A_1})P(A_3\mid\overline{A_1}\overline{A_2})=\frac{10}{100}\times\frac{9}{99}\times\frac{90}{98}\approx0.008.$$

　注　此题也可由古典概型算出

$$\frac{C_{10}^2 C_{90}^1}{C_{100}^3}=0.008.$$

3) 用全概率公式和贝叶斯公式.

　例 29　某同学掉了钥匙,掉在宿舍里、教室里、路上的概率分别是 40%、35%、
25%,而掉在上述三处地方被找到的概率分别是 0.8,0.3,0.1.试求找到钥匙的概率.

　解　记事件 A_1 为“钥匙掉在宿舍里”,A_2 为“钥匙掉在教室里”,A_3 为“钥匙掉在
路上”,事件 B 为“找到钥匙”由全概率公式得

$$P(B)=P(A_1)P(B\mid A_1)+P(A_2)P(B\mid A_2)+P(A_3)P(B\mid A_3)$$
$$=0.4\times0.8+0.35\times0.3+0.25\times0.1=0.45.$$

　例 30　玻璃杯成箱出售,每箱 20 只.假设各箱含 0 只、1 只、2 只残次品的概率
相应为 0.8,0.1,0.1,一名顾客欲购 1 箱玻璃杯.在购买时,售货员随意取一箱,而顾

客随机的查看 4 只,若无残次品,则买下该箱玻璃杯,否则退回. 试求:

(1) 顾客买下该箱玻璃杯的概率 α;

(2) 在顾客买下的 1 箱中,确实没有残次品的概率 β.

解　设 A＝"顾客买下所查看的一箱", B_i＝"箱中恰好有 i 只残次品" $i=0,1,2$,
则

$$P(B_0) = 0.8, \quad P(B_1) = 0.1, \quad P(B_2) = 0.1;$$

且

$$P(A \mid B_0) = 1, \quad P(A \mid B_1) = \frac{C_{19}^4}{C_{20}^4} = \frac{4}{5}, \quad P(A \mid B_2) = \frac{C_{18}^4}{C_{20}^4} = \frac{12}{19}.$$

(1) 由全概率公式,有

$$\alpha = P(A) = \sum_{i=0}^{2} P(B_i)P(A \mid B_i)$$

$$= 0.8 \times 1 + 0.1 \times \frac{4}{5} + 0.1 \times \frac{12}{19} \approx 0.94.$$

(2) 再由贝叶斯公式,得

$$\beta = P(B_0 \mid A) = \frac{P(B_0)P(A \mid B_0)}{P(A)} = \frac{0.8}{0.94} \approx 0.85.$$

注　一般,当问题比较复杂,需要将该问题转化为若干个简单问题时,用到全概率公式. 其解题的思想是化繁为简,有点"曹冲称象"的意思. 全概率公式的应用关键要找出完备事件组,将待求概率的事件转化为与完备事件组中各事件的交事件的概率去求,从而达到求解的目的.

例 31　发报台分别以 0.7 和 0.3 的概率发出信号 0 和 1(例如,分别用低电频和高电频表示). 由于随机干扰的影响,当发出信号 0 时,接收台不一定收到 0,而是以概率 0.8 和 0.2 收到信号 0 和 1;同样地,当发报发出信号 1 时,接收台收到信号以概率 0.9 和 0.1 收到信号 1 和 0. 试求:(1) 接收台收到信号 0 的概率;(2) 当接收台收到信号 0 时,发报台确实发出信号 0 的概率.

解　用 A_0, A_1 分别表示发出信号 0 和 1;用 B_0, B_1 分别表示收到信号 0 和 1. 依题设 A_0, A_1 是一完备事件组. $P(A_0)=0.7, P(A_1)=0.3$,且

$$P(B_1 \mid A_0) = 0.2, \quad P(B_0 \mid A_1) = 0.1, \quad P(B_1 \mid A_1) = 0.9.$$

(1) 由全概率公式

$$P(B_0) = P(A_0)P(B_0 \mid A_0) + P(A_1)P(B_0 \mid A_1)$$

$$= 0.7 \times 0.8 + 0.3 \times 0.1 = 0.59.$$

(2) 由贝叶斯公式

$$P(A_0 \mid B_0) = \frac{P(A_0)P(B_0 \mid A_0)}{P(B_0)} = \frac{0.7 \times 0.8}{0.59} = 0.9493.$$

例 32　设 A, B 相互独立, $AB \subset D, \overline{A}\,\overline{B} \subset \overline{D}$,试证 $P(AD) \geqslant P(A)P(D)$.

证明　由 $\overline{A}\,\overline{B} \subset \overline{D}$,知 $D \subset A+B$,从而

$$AB \subset D \subset A+B, \quad AD = AB + D\overline{B}.$$

注意到 AB 与 $D\bar{B}$ 互不相容,可得
$$P(AD) = P(AB) + P(D\bar{B}).$$
又利用 A 与 B 独立的条件及概率的性质有
$$P(AB) = P(A)P(B) \geqslant P(A)P(DB).$$
同理
$$P(D\bar{B}) \geqslant P(AD\bar{B}) = P(A)P(D\bar{B}) \quad (因为 D\bar{B} \subset \bar{B}, A, \bar{B} 独立),$$
所以, $\quad P(AD) = P(A)P(B) + P(D\bar{B}) \geqslant P(A)P(DB) + P(A)P(D\bar{B})$
$$= P(A)[P(DB) + P(D\bar{B})] = P(A)P(D).$$

7. 独立试验序列概型的概率计算

例 33 一袋中装有 10 个球,其中 3 个黑球,7 个白球,每次从中任取一球,取后放回.

(1) 如果共取 10 次,求 10 次中能取到黑球的概率及 10 次中恰好取到 3 次黑球的概率;

(2) 如果未取到黑球就一直取下去,直到取到黑球为止,求恰好取到 3 次的概率以及至少要取 3 次的概率.

分析 这是一个有放回的取球问题,如果将每次取球看成一次试验,那么这一问题就变成一个独立试验序列概型. 设每次试验取到黑球的事件为 B. 该问题就是一个伯努利概型,$P(B) = \dfrac{3}{10}$.

解 (1) 相当于做 10 次独立重复伯努利试验,再记 B_k="10 次试验中恰好取到 k 次黑球",则
$$P(B_k) = C_{10}^k \left(\frac{3}{10}\right)^k \left(\frac{7}{10}\right)^{10-k}.$$
特别地,10 次中能取到黑球(记为 C)的概率
$$P(C) = 1 - P(B_0) = 1 - \left(\frac{7}{10}\right)^{10},$$
10 次中恰好取到 3 次黑球的 B_3 的概率
$$P(B_3) = C_{10}^3 \left(\frac{3}{10}\right)^3 \left(\frac{7}{10}\right)^7.$$

(2) 如果未取到黑球就一直取下去,直到取到黑球为止,此时"恰好取 3 次"表明"前两次未取到黑球,第三次取到的是黑球,于是根据伯努利概型等待概率公式,所求概率为
$$\left(\frac{7}{10}\right)^2 \times \frac{3}{10} = 0.147.$$

"至少取 3 次"表明"取三次,取四次,取五次,……",相应的概率应为
$$\left(\frac{7}{10}\right)^2 \cdot \frac{3}{10} + \left(\frac{7}{10}\right)^3 \cdot \frac{3}{10} + \left(\frac{7}{10}\right)^4 \cdot \frac{3}{10} + \cdots$$

$$= \left(\frac{7}{10}\right)^2 \frac{3}{10}\left[1 + \frac{7}{10} + \left(\frac{7}{10}\right)^2 + \cdots\right] = 0.49,$$

或所求概率为 $1 - \frac{3}{10} - \frac{7}{10} \cdot \frac{3}{10} = 0.49$.

注　这里事件"至少取 3 次"是由可列个事件"取三次,取四次,取五次,……"的并构成.

例 34　某种产品每批中都有 $\frac{2}{3}$ 为合格品.验收每批产品时规定:从中任取一个,若是合格品,放回;再任取一个,如果仍为合格品,则接受该批产品.否则拒收.求检验 3 批,最多只有一批被拒收的概率.

分析　检验三批,可视为三重伯努利试验.为求得"最多有一批拒收"的概率,关键需要知道每批拒收的概率.而每批是否拒收又根据每批产品的两次检验,这又相当于二重伯努利试验.此题是两次使用伯努利概型的例子.

解　先确定每批产品被拒收的概率.依据题意设"产品拒收"可表示为两次放回检验中"至少一次检验为不合格",于是可以先计算"产品被接受"的概率,即"两次检验均合格"的概率.记 A_i ="第 i 次检验为合格", B ="产品拒收",则

$$P(\bar{B}) = P(A_1 A_2) = \left(\frac{2}{3}\right)^2 = \frac{4}{9},$$

于是产品拒收的概率

$$P(B) = 1 - \frac{4}{9} = \frac{5}{9}.$$

其次,设 B_i ="有 i 批拒收",则"最多只有一批被拒收可表示为 $B_0 + B_1$,所求概率

$$P(B_0 + B_1) = P(B_0) + P(B_1) = \left(\frac{4}{9}\right)^3 + C_3^1\left(\frac{5}{9}\right)\left(\frac{4}{9}\right)^2 = \frac{304}{729}.$$

四、教材习题选解

(A)

3. 在射击比赛中,一选手连续向目标射击三次,若事件 A_i 表示"第 i 次击中目标", $i = 1, 2, 3$. 试用这个三个事件 A_1, A_2, A_3 表示出下面的事件:

(1) "三次射击都击中目标";

(2) "三次射击至少有两次击中目标";

(3) "至少有一次未击中目标".

解　(1) $A_1 A_2 A_3$.

(2) $A_1 A_2 A_3 + A_1 A_2 \bar{A}_3 + A_1 \bar{A}_2 A_3 + \bar{A}_1 A_2 A_3$.

(3) $\Omega - A_1 A_2 A_3$.

5. 如果 A 与 B 互为对立事件,证明: $\bar{A}$ 与 $\bar{B}$ 也互为对立事件.

证明　因为 $\bar{A} \cap \bar{B} = \bar{A} \cap A = \Phi, \bar{A} \cup \bar{B} = \bar{A} \cup A = \Omega$,所以 $\bar{A}$ 与 $\bar{B}$ 也互为对立

事件.

8. 已知 $P(A)=0.5, P(B\overline{A})=0.2, P(C\overline{A}\overline{B})=0.1,$ 求 $P(A+B+C)$.

解　$P(A+B+C)=P(A+\overline{A}B+\overline{A}\overline{B}C)$

$\qquad\qquad\qquad =P(A)+P(B\overline{A})+P(C\overline{A}\overline{B})=0.8.$

11. 房间有 8 个人,求其中至少有两个人的生日在同一个月的概率.

解　基本事件总数为 12^8. 记 $A_k=$"第 i 月恰好有 k 人同月", $A=$"至少有两个人的生日在同一月". A_k 基本事件总数的求法:8 人任意取 k 人,共有 C_8^k 种取法,这 k 人生日在第 i 月;其他 $8-k$ 人在其余几个月,共有 $(12-1)^{8-k}$ 种可能. 由乘法法则,第 i 月恰好有 k 人同月的方法有 $C_8^k 11^{8-k}$,从而该事件的概率

$$P(A_k)=\frac{C_8^k 11^{8-k}}{12^8}=C_8^k\left(\frac{1}{12}\right)^k\left(\frac{11}{12}\right)^{8-k}.$$

所求概率

$$P(A)=1-C_8^0\left(\frac{1}{12}\right)^0\left(\frac{11}{12}\right)^8-C_8^1\left(\frac{1}{12}\right)\left(\frac{1}{12}\right)^7=1-\left(\frac{11}{12}\right)^8-8\left(\frac{1}{12}\right)\left(\frac{11}{12}\right)^7.$$

注　该问题可视为 8 重的概率为 $p=\frac{1}{12}$ 的伯努利试验序列. 那么 $A_k=$"第 i 个月恰好有 k 人同月"的概率由伯努利独立试验序列概型得

$$P(A_k)=C_8^k\left(\frac{1}{12}\right)^k\left(\frac{11}{12}\right)^{8-k}.$$

从而,

$$P(A)=1-\left(\frac{11}{12}\right)^8-8\left(\frac{1}{12}\right)\left(\frac{11}{12}\right)^7.$$

15. 10 个人随机地围一圆桌而坐,求甲乙两个人相邻而坐的概率.

解　对 10 人而言,第一个位置有 10 种排法,第二个位置有 9 种排法,……,第十个位置有 1 种排法,总计 10! 种排法. 因此样本空间基本事件总数为 10!. 记 $A=$"甲乙相邻",则 A 的基本事件总数为 $10\times8!\times2$. 所以

$$P(A)=\frac{10\times8!\times2}{10!}=\frac{2}{9}.$$

18. 10 把钥匙中有 4 把能打开门,因开门者忘记哪些能打开门,便逐把试开. 求下列事件的概率:

(1)"第 3 把钥匙才打开门";

(2)"第 3 把钥匙能打开门";

(3)"最多试 3 把钥匙就能打开门".

解　(1)(2)的样本空间基本事件数为 P_{10}^3. 记 $A=$"第 3 把钥匙才打开门", $B=$"第 3 把钥匙能打开门", $C=$"最多试 3 把钥匙就能打开门".

(1) 因为 A 的基本事件总数是 $P_6^2 P_4^1$,所以

$$P(A)=\frac{P_6^2 P_4^1}{P_{10}^3}=\frac{6\cdot5\cdot4}{10\cdot9\cdot8}=\frac{1}{6}.$$

(2) 因为 B 的基本事件总数是 $P_9^2 P_4^1$，所以

$$P(B) = \frac{P_9^2 P_4^1}{P_{10}^3} = \frac{9 \cdot 8 \cdot 4}{10 \cdot 9 \cdot 8} = \frac{2}{5}.$$

(3) 记 A_1 为试一把就能打开，A_2 为试第二把才能打开，A_3 为试第三把才能打开. 因为

$$P(A_1) = \frac{4}{10}, \quad P(A_2) = \frac{P_6^1 P_4^1}{P_{10}^2} = \frac{4}{15}, \quad P(A_3) = \frac{P_6^2 P_4^1}{P_{10}^3} = \frac{1}{6},$$

所以

$$P(C) = P(A_1 + A_2 + A_3) = P(A_1) + P(A_2) + P(A_3) = \frac{5}{6}.$$

21. 两个不相关的信号等可能地在时间间隔 30min 的一段时间的任何瞬间进入收音机，若只有当这两个信号进入收音机的时间间隔不大于 2min 时，收音机才受到干扰，求收音机受到干扰的概率.

解 设两个信号进入的时间为 x, y，则收音机受到干扰的事件 $A = \{(x, y) \mid |x - y| \leqslant 2\}$，样本空间 $\Omega = \{(x, y) \mid 0 \leqslant x \leqslant 30, 0 \leqslant y \leqslant 30\}$. 由几何概型计算公式得

$$P(A) = 1 - P(\overline{A}) = 1 - \frac{m(\overline{A})}{m(\Omega)} = 1 - \frac{28 \times 28}{30 \times 30} = 1 - \left(\frac{14}{15}\right)^2.$$

23. 一批产品共有 100 件，其中 10 件为次品. 现从中一个一个取出，求第三次才取到不合格品的概率.

解 设所求事件为 A，则 A 的基本事件总数为 $P_{90}^2 P_{10}^1$，样本空间基本事件总数为 P_{100}^3，因此，

$$P(A) = \frac{P_{90}^2 P_{10}^1}{P_{100}^3} = \frac{90 \cdot 89 \cdot 10}{100 \cdot 99 \cdot 98} = 0.0826.$$

26. 已知 A, B_1, B_2 是三个事件，且 $P(A) > 0, B_1 B_2 = \varnothing$. 证明：

$$P(B_1 + B_2 \mid A) = P(B_1 \mid A) + P(B_2 \mid A).$$

证明

$$P(B_1 + B_2 \mid A) = \frac{P((B_1 + B_2)A)}{P(A)} = \frac{P(BA_1 + BA_2)}{P(A)}$$

$$= \frac{P(BA_1) + P(BA_2)}{P(A)} = \frac{P(BA_1)}{P(A)} + \frac{P(BA_2)}{P(A)}$$

$$= P(B_1 \mid A) + P(B_2 \mid A).$$

32. 用血清甲蛋白法检查肝炎病毒. 假定该方法能正确测定出确实带有肝炎病病毒的人中的 95% 存在肝炎病毒，又把不带病毒的人中 10% 不正确地识别为存在肝炎病毒；假定在总人口中 4/10000 的人患有肝炎病. 现有一人被此检验法诊断为阳性. 求此人的确患肝炎病的概率是多少？

解 设 $A=$ "确实带有肝炎病病毒"，$B=$ "诊断为阳性"，则

$$P(A) = \frac{4}{10000}, \quad P(\overline{A}) = \frac{9996}{10000}.$$

依题意，要求 $P(A \mid B)$，由贝叶斯公式得

$$P(A \mid B) = \frac{P(A)P(B \mid A)}{P(A)P(B \mid A) + P(\overline{A})P(B \mid \overline{A})}$$

$$= \frac{\dfrac{4}{10000} \cdot \dfrac{95}{10000}}{\dfrac{4}{10000} \cdot \dfrac{95}{10000} + \dfrac{9996}{10000} \cdot \dfrac{10}{10000}}$$

$$= 0.0038.$$

35. 设 $0 < P(A) < 1, 0 < P(B) < 1$，且 $P(A \mid B) + P(\overline{A} \mid \overline{B}) = 1$，证明：$A$ 与 B 相互独立.

证明　因为

$$\frac{P(AB)}{P(B)} = P(A \mid B) = 1 - P(\overline{A} \mid \overline{B}) = 1 - \frac{P(\overline{A}\,\overline{B})}{P(\overline{B})} = \frac{P(\overline{B}) - P(\overline{A}\,\overline{B})}{P(\overline{B})}$$

$$= \frac{P(\overline{B}(\Omega - \overline{A}))}{P(\overline{B})} = \frac{P(\overline{B}A)}{P(\overline{B})} = \frac{P(\overline{B}A)}{1 - P(B)}$$

所以

$$(1 - P(B))P(AB) = P(B)P(\overline{B}A), \quad P(AB) = P(B)P(AB) + P(B)P(\overline{B}A),$$

因此，

$$P(AB) = P(B)(P(AB) + P(A\overline{B})) = P(B)P(A(B + \overline{B})) = P(A)P(B).$$

40. 电灯泡使用时数在 1000h 以上的概率为 0.4，求 3 个灯泡在使用 1000h 以后最多有一个坏了的概率.

解　设 $A_i = \{$第 i 个灯泡使用时数在 1000 个小时以上$\}$，$i = 1, 2, 3$，则 $P(A_i) = 0.4$，于是，所求事件的概率

$$\begin{aligned} P &= P(A_1 A_2 A_3 + \overline{A}_1 A_2 A_3 + A_1 \overline{A}_2 A_3 + A_1 A_2 \overline{A}_3) \\ &= P(A_1 A_2 A_3) + P(\overline{A}_1 A_2 A_3) + P(A_1 \overline{A}_2 A_3) + P(A_1 A_2 \overline{A}_3) \\ &= P(A_1)P(A_2)P(A_3) + 3P(\overline{A}_1)P(A_2)P(A_3) \\ &= 0.4 \times 0.4 \times 0.4 + 3 \times 0.6 \times 0.4 \times 0.4 = 0.352. \end{aligned}$$

(B)

2. 某人有两盒火柴，每一盒里有 n 根. 每次使用时，他在任意一盒中取一根，问他发现一盒空，而另一盒还有 k 根火柴的概率是多少？

解法一　将两盒火柴记之甲乙作为区别，设 $A =$ "取甲盒的"，$B =$ "取乙盒的"，则 $P(A) = P(B) = \dfrac{1}{2}$. 取一次火柴可视为一次伯努利试验. 若发现甲盒空而乙盒剩 k 根时，共做了 $(n+1) + (n-k)$ 次伯努利试验，其中 A 发生 $(n+1)$ 次，B 发生 $(n-k)$ 次，其概率为

$$P(\text{甲盒空，乙盒剩 } k \text{ 根}) = P(A)C_{2n-k}^{n} P(A)^n P(B)^{n-k}$$

$$= \frac{1}{2} C_{2n-k}^{n} \left(\frac{1}{2}\right)^n \left(\frac{1}{2}\right)^{n-k}.$$

由对称性，可知

$$P(\text{乙盒空},\text{甲盒剩 } k \text{ 根}) = P(B)C_{2n-k}^{n}P(B)^{n}P(A)^{n-k}$$
$$= \frac{1}{2}C_{2n-k}^{n}\left(\frac{1}{2}\right)^{n}\left(\frac{1}{2}\right)^{n-k}.$$

于是

$$P(\text{一盒空},\text{另一盒剩 } k \text{ 根}) = C_{2n-k}^{n}\left(\frac{1}{2}\right)^{n}\left(\frac{1}{2}\right)^{n-k} = C_{2n-k}^{n}\left(\frac{1}{2}\right)^{2n-k}.$$

解法二(用古典概型)　每取一次火柴有两种可能:或取甲盒的,或取乙盒的.发现甲盒空而乙盒剩 k 根时,共取了 $(n+1)+(n-k)=2n-k+1$ 次,因此,样本空间的基本事件总数为 2^{2n-k+1} 而在前 $n+(n-k)=2n-k$ 次中,取甲盒中的火柴 n 次,取乙盒中的火柴 $n-k$ 次,所以事件甲盒空乙盒剩 k 根的基本事件总数为 C_{2n-k}^{n},于是

$$P(\text{甲盒空},\text{乙盒剩 } k \text{ 根}) = \frac{C_{2n-k}^{n}}{2^{2n-k+1}} = \frac{1}{2}C_{2n-k}^{n}\left(\frac{1}{2}\right)^{n}\left(\frac{1}{2}\right)^{n-k},$$

由对称性

$$P(\text{乙盒空},\text{甲盒剩 } k \text{ 根}) = \frac{1}{2}C_{2n-k}^{n}\left(\frac{1}{2}\right)^{n}\left(\frac{1}{2}\right)^{n-k},$$

由此

$$P(\text{一盒空},\text{另一盒剩 } k \text{ 根}) = C_{2n-k}^{n}\left(\frac{1}{2}\right)^{2n-k}.$$

五、自 测 题

1. 设 A 与 B 为随机事件,B 和 $A+B$ 的概率分别为 0.3 和 0.6,则 $P(A-B)=$_____.

2. 已知 $P(A)=0.7,P(A-B)=0.3$,则 $P(\overline{AB})=$_____.

3. 同时抛掷 3 枚质地均匀的硬币,出现 3 个正面的概率是_____,恰好出现 1 个正面的概率是_____.

4. 若事件 A 与 B 满足条件 $P(AB)=P(\overline{A}\,\overline{B})$,而 $P(A)=p$,则 $P(B)=$_____.

5. 一批 MP3 共有 100 只,次品率为 10%,接连 2 次从其中任取一个(取后不放回),求第 2 次才取到正品的概率是_____.

6. 设 $P(A)=a,P(B)=b,P(A+B)=c$,则 $P(A\overline{B})=$(　　).

(A) $a-b$;　　　　(B) $c-b$;　　　　(C) $a(1-b)$;　　　　(D) $(b-a)$.

7. 若事件 A 与 B 为对立(互逆)事件,则下列结论中正确的是(　　).

(A) $P(A+B)=P(A)+P(B)-P(A)P(B)$;

(B) $P(AB)=P(A)P(B)$;

(C) $P(A)=1-P(B)$;

(D) $P(B|A)=P(B)$.

8. n 张奖券中含有 m 张有奖的,今有 k 个人每个人购买 1 张,则其中至少有 1

个人中奖的概率是(　　).

(A) $\dfrac{m}{C_n^k}$;　　　　　(B) $1-\dfrac{C_{n-m}^k}{C_n^k}$;　　　　(C) $\dfrac{C_m^1 C_{n-m}^{k-1}}{C_{n-k}}$;　　　　(D) $\sum\limits_{i=1}^{k}\dfrac{C_m^i}{C_n^k}$.

9. 袋中有 5 个球(3 新 2 旧),每次取 1 个,无放回地抽取 2 次,则第 2 次取到新球的概率为(　　).

(A) $\dfrac{3}{5}$;　　　　　(B) $\dfrac{3}{4}$;　　　　(C) $\dfrac{1}{2}$;　　　　(D) $\dfrac{3}{10}$.

10. 设某产品 10 只,已知其中有 3 只是次品,现从中抽取 2 次,每次任意取 1 只不放回. 若第 1 次取到 1 只是次品,则第 2 次再取到的 1 只还是次品的概率是(　　).

(A) $\dfrac{3}{10}$;　　　　　(B) $\dfrac{2}{10}$;　　　　(C) $\dfrac{2}{3}$;　　　　(D) $\dfrac{2}{9}$.

11. 有灯泡 150 个,其中次品 40 个,正品 110 个. 现从中(每次一个)不放回地任意取 20 个,求下列事件的概率:(1) A={恰有 9 个次品};(2) B={至少有 2 个次品}.

12. 某人打电话时,忘记了对方电话号码的开头一个数字,于是他随意地拨号. 问此人拨号不超过 3 次就能打通电话的概率是多少?

13. 2 名大学生约定在 12 时至 13 时之间在某处会面,且先到的学生在等候 $\dfrac{1}{4}$ h 后可离去. 假定每个大学生可在 12 时至 13 时之间在任意时刻到达,求他们相遇的概率.

14. 一个仓库有 10 箱同种规格的产品,分别有甲、乙、丙三厂生产 5 箱、3 箱和 2 箱,且三厂产品的废品率依次为 0.1、0.2、0.3. 今从这 10 箱产品中任取 1 箱,再从这 1 箱中任一取 1 件产品,求取得的产品是正品的概率.

15. 2 封信随机地投向标号为 Ⅰ、Ⅱ、Ⅲ、Ⅳ 的四个邮筒,问第 2 个邮筒恰好投入了 1 封信的概率是多少?

16. 某种动物由出生活到 20 岁的概率为 0.8,活到 25 岁的概率为 0.4,问现年已 20 岁的动物能活到 25 岁的概率是多少?

17. 50 件衣服里只有 2 件是红色的,今从中任取 n 件. 为了使这 n 件里至少有一件红色衣服的概率大于 0.5,问至少应取多少?

18. 设 A,B,C 三个事件相互独立,证明事件 $A-B$ 与事件 C 独立.

六、自测题参考答案

1. 0.3.

2. 0.6.

3. $\dfrac{1}{8}$, $\dfrac{3}{8}$.

4. $1-p$.

5. $\dfrac{1}{11}$.

6. (B).

7. (C).

8. (B).

9. (A).

10. (D).

11. (1) $P(A)=\dfrac{C_{40}^9\times C_{110}^{11}}{C_{150}^{20}}$；(2) $P(B)=1-\dfrac{C_{110}^{20}}{C_{150}^{20}}-\dfrac{C_{40}^1 C_{110}^{19}}{C_{150}^{20}}$.

12. 0.3.

13. $\dfrac{7}{16}$.

14. 0.83.

15. $\dfrac{3}{8}$.

16. $\dfrac{1}{2}$.

17. 15.

18. 略

第 2 章　随机变量及其分布

一、基 本 要 求

（1）理解随机变量的概念以及它与事件的联系.

（2）了解分布函数的概念和性质，学会计算与随机变量相联系的事件的概率.

（3）理解离散型随机变量的概率分布、连续型随机变量的密度函数及它们的性质.

（4）掌握几种重要的分布：0-1 分布、二项分布、泊松分布、均匀分布、指数分布、正态分布，且能熟练应用.

（5）学会直接从概念出发求随机变量的分布.

（6）学会根据随机变量的分布求简单随机变量函数的分布.

二、内 容 提 要

1. 随机变量的概念

设 E 是随机试验，它的样本空间为 $\Omega = \{\omega\}$，如果对于随机试验的每一个结果 ω，都有唯一的实数 $X(\omega)$ 与之对应，则称 $X(\omega)$ 为一个**随机变量**，简记为 X. 通常用 X，Y，Z 或 ξ，η，ζ 等表示随机变量，而随机变量的具体取值则用小写字母 x，y，z 表示.

2. 随机变量的分布函数

1）分布函数的概念

设 X 是任意一个随机变量，称函数

$$F(x) = P\{X \leqslant x\}, \quad -\infty < x < +\infty$$

为随机变量 X 的**分布函数**，记作 $X \sim F(x)$.

2）分布函数 $F(x)$ 的性质

（1）有界性. $0 \leqslant F(x) \leqslant 1, -\infty < x < +\infty$；

（2）单调性. 分布函数 $F(x)$ 是关于 x 的单调非减函数；

（3）$F(-\infty) = 0, F(+\infty) = 1$；

（4）右连续性. 分布函数 $F(x)$ 至多有可列个间断点，并且在其间断点处是右连续的，即对任何实数 $x, F(x+0) = F(x)$.

3）利用分布函数计算概率

（1）$P\{a < X \leqslant b\} = F(a) - F(b)$；

（2）$P\{X > a\} = 1 - P\{X \leqslant a\} = 1 - F(a)$；

(3) $P\{X=a\}=F(a)-F(a-0)$.

3. 离散型随机变量

1) 离散型随机变量的概念

如果随机变量 X 的全部可能取值,只有有限个或至多可列个,则称 X 为**离散型随机变量**.

2) 离散型随机变量的概率分布

设 X 为离散型随机变量,它的全部可能取值为 $x_i,i=1,2,\cdots$. 令
$$p_i=P\{X=x_i\},\quad i=1,2,\cdots,$$
则称 $P\{X=x_i\}(i=1,2,\cdots)$ 为 X 的**概率分布**,记为 p_i.

离散型随机变量的概率分布表如下:

X	x_1	x_2	$\cdots$	x_i	$\cdots$
P	p_1	p_2	$\cdots$	p_i	$\cdots$

3) 离散型随机变量概率分布的性质

(1) $p_i \geqslant 0, i=1,2,\cdots$;

(2) $\sum_i p_i = 1$.

4) 离散型随机变量的分布函数

设 X 为离散型随机变量,概率分布为 $p_i=P\{X=x_i\},i=1,2,\cdots$,则其分布函数
$$F(x)=P\{X\leqslant x\}=\sum_{x_i\leqslant x}p_i.$$

注:离散型随机变量的分布函数是一个概率的累计值。

4. 常见的离散型分布

1) 七个常用的离散型分布(表 2.1)

表 2.1

分布名称	概率分布	分布名称	概率分布
退化分布	$P\{X=c\}=1$	几何分布	$P\{X=n\}=(1-p)^{n-1}p$, $n=1,2,\cdots,p>0$
0-1 分布	$\begin{array}{c\|cc} X & 0 & 1 \\ \hline P & q & p \end{array}$ $p+q=1,p>0$		
离散型均匀分布	$P\{X=x_i\}=\dfrac{1}{n},k=1,2,\cdots,n$, 且当 $i\neq j$ 时,$x_i\neq x_j$	超几何分布	$P\{X=k\}=\dfrac{C_{N_1}^k C_{N_2}^{n-k}}{C_N^n},k=0,1,\cdots,n$, 其中 $N=N_1+N_2,n\leqslant N_1+N_2$
二项分布	$P\{X=k\}=C_n^k p^k q^{n-k},k=0,1,\cdots,n$, 其中 $0<p<1,q=1-p$; 记作 $X\sim b(n,p)$	泊松分布	$P\{X=k\}=\dfrac{\lambda^k}{k!}e^{-\lambda},k=0,1,2,\cdots$, 其中 $\lambda>0$;记作 $X\sim P(\lambda)$

2) 二项分布的特点及与泊松分布的关系

如果随机变量 $X\sim b(n,p)$,且 $Y=n-X$,则 $Y\sim b(n,q)$,其中

$$0 < p < 1, \quad q = 1 - p.$$

若 $X \sim b(n, p)$，$Y \sim b(n, q)$，$q = 1 - p$，则

(1) $P\{X = k\} = P\{Y = n - k\}$；

(2) $P\{X \leqslant k\} = P\{Y \geqslant n - k\}$.

在 n 重伯努利试验中，成功次数 X 服从二项分布，假设每次试验成功的概率为 $p_n(0 < p_n < 1)$，并且 $\lim\limits_{n \to \infty} n p_n = \lambda > 0$，则对于任何非负整数 k，有

$$\lim\limits_{n \to \infty} P\{X = k\} = \lim\limits_{n \to \infty} C_n^k p_n^k (1 - p_n)^{n-k} = \frac{\lambda^k}{k!} e^{-\lambda}.$$

3）超几何分布与二项分布的关系

对于固定的 n，当 $N \to \infty$，$\dfrac{N_1}{N} \to p$ 时，有

$$P\{X = k\} = \frac{C_{N_1}^k C_{N_2}^{n-k}}{C_N^n} \to C_n^k p^k q^{n-k},$$

其中 $q = 1 - p$，$p > 0$.

5. 连续型随机变量

1）连续型随机变量的概念及其密度函数

对随机变量 X，如果存在一个非负可积函数 $f(x)(-\infty < x < +\infty)$，使得对于任意两个实数 $a, b(a < b)$ 都有

$$P\{a < X < b\} = \int_a^b f(x)\mathrm{d}x,$$

则称 X 为**连续型随机变量**，称 $f(x)$ 为 X 的**概率密度函数**，简称**密度函数**，简记为 $X \sim f(x)$.

2）密度函数 $f(x)$ 的基本性质

(1) $f(x) \geqslant 0$，$-\infty < x < +\infty$；

(2) $\displaystyle\int_{-\infty}^{+\infty} f(x)\mathrm{d}x = 1$.

3）连续型随机变量的分布函数

设 X 是连续型随机变量，密度函数为 $f(x)$，则其分布函数为

$$F(x) = P\{X \leqslant x\} = \int_{-\infty}^x f(t)\mathrm{d}t, \quad -\infty < x < +\infty,$$

且
$$F'(x) = f(x).$$

4）连续型随机变量的概率计算

(1) $P\{X = c\} = 0$；

(2) $P\{a < X < b\} = P\{a \leqslant X < b\} = P\{a < X \leqslant b\} = P\{a \leqslant X \leqslant b\}$

$$= \int_a^b f(x)\mathrm{d}x = F(b) - F(a).$$

6. 常用的连续型分布

1) 六个常用的连续型分布(表 2.2)

表 2.2

分布名称	概率密度函数	分布函数	记　号
均匀分布	$f(x)=\begin{cases}\dfrac{1}{b-a}, & a\leqslant x\leqslant b\\ 0, & 其他\end{cases}$	$F(x)=\begin{cases}0, & x<a\\ \dfrac{x-a}{b-a}, & a\leqslant x\leqslant b\\ 1, & x>b\end{cases}$	$X\sim U[a,b]$
指数分布	$f(x)=\begin{cases}\lambda e^{-\lambda x}, & x>0\\ 0, & x\leqslant 0\end{cases}$ 其中 $\lambda>0$	$F(x)=\begin{cases}1-e^{-\lambda x}, & x>0\\ 0, & x\leqslant 0\end{cases}$	$X\sim E(\lambda)$
正态分布	$f(x)=\dfrac{1}{\sqrt{2\pi}\sigma}e^{-\frac{(x-\mu)^2}{2\sigma^2}}$, $-\infty<x<+\infty$,其中 $\sigma>0$	$F(x)=\dfrac{1}{\sqrt{2\pi}\sigma}\int_{-\infty}^{x}e^{-\frac{(t-\mu)^2}{2\sigma^2}}dt$	$X\sim N(\mu,\sigma^2)$
柯西分布	$f(x)=\dfrac{1}{\pi(1+x^2)}$	$F(x)=\dfrac{1}{2}+\dfrac{1}{\pi}\arctan x$	
Γ(伽马)分布	$f(x)=\begin{cases}0, & x\leqslant 0\\ \dfrac{\lambda^r}{\Gamma(r)}x^{r-1}e^{-\lambda x}, & x>0\end{cases}$ $\lambda、r$ 均为大于 0 的常数	$F(x)=\int_0^x \dfrac{\lambda^r}{\Gamma(r)}t^{r-1}e^{-\lambda t}dt$ 其中 $x>0$	$X\sim\Gamma(\lambda,r)$
对数正态分布	$f(x)=\begin{cases}\dfrac{1}{\sqrt{2\pi}\sigma x}e^{-\frac{(\ln x-\mu)^2}{2\sigma^2}}, & x>0\\ 0, & x\leqslant 0\end{cases}$ 其中 $\sigma>0$	$F(x)=\dfrac{1}{\sqrt{2\pi}\sigma}\int_0^x \dfrac{1}{t}e^{-\frac{(\ln t-\mu)^2}{2\sigma^2}}dt$ 其中 $x>0$	

2) 均匀分布的特点

随机变量 X 的密度函数 $f(x)$ 在区间 $[a,b]$ 上是一个常量,这个常量就是该区间长度的倒数 $\dfrac{1}{b-a}$;而随机变量 X 在 $[a,b]$ 的子区间 $[c,d]$ 上取值的概率恰好与子区间的长度 $d-c$ 成正比,并且比例系数就为 $\dfrac{1}{b-a}$.

3) 指数分布的特点

指数分布常用作各种"寿命"分布的近似,且具有"无后效性"或"无记忆性".

4) 一般正态分布和标准正态分布的特点及二者的关系

a. 正态分布密度函数 $f(x)$ 图像的特点

(1) $f(x)$ 的图像是分布在第一、第二象限内的一条连续曲线;

(2) 关于 $x=\mu$ 对称;

(3) 最大值点 $\left(\mu,\dfrac{1}{\sqrt{2\pi}\sigma}\right)$;

(4) 拐点 $x=\mu\pm\sigma$;

(5) 水平渐近线 $y=0$;

(6) 参数 μ 决定 $f(x)$ 的图像中的对称轴及极大值出现的位置;σ 决定曲线的

走势.

b. 标准正态分布的分布函数的特点

(1) 设随机变量 $X \sim N(0,1)$,则 X 的分布函数满足

$$\Phi(-x) = 1 - \Phi(x).$$

(2) 对于任何常数 c,若 $X \sim N(0,1)$,则有

$$P\{|X| < c\} = \begin{cases} 2\Phi(c) - 1, & c > 0, \\ 0, & c \leqslant 0. \end{cases}$$

c. 一般正态分布与标准正态分布的关系

(1) 设随机变量 $X \sim N(\mu,\sigma^2)$,则有

$$F(x) = \Phi\left(\frac{x-\mu}{\sigma}\right),$$

其中 $F(x)$ 和 $\Phi(x)$ 分别是一般正态分布和标准正态分布的分布函数.

(2) 设随机变量 $X \sim N(\mu,\sigma^2)$,则 $Y = \dfrac{X-\mu}{\sigma} \sim N(0,1)$.

5) Γ 分布的特点

(1) 当 $r=1$ 时,Γ 分布就是参数为 λ 的指数分布,即指数分布是 $r=1$ 时的 Γ 分布.

(2) 当 r 为正整数时,则有 $\Gamma(r) = (r-1)!$,此时 Γ 分布的密度函数可写为

$$f(x) = \begin{cases} 0, & x \leqslant 0, \\ \dfrac{\lambda^r}{(r-1)!} x^{r-1} \mathrm{e}^{-\lambda x}, & x > 0, \end{cases}$$

它是排队论中常用到的 r **阶埃尔朗(Erlang)分布**.

(3) 当 $\lambda = \dfrac{1}{2}$,$r = \dfrac{n}{2}$ 时,其中 n 是自然数,此时 Γ 分布的密度函数可写为

$$f(x) = \begin{cases} 0, & x \leqslant 0, \\ \dfrac{1}{2^{\frac{n}{2}} \Gamma\left(\dfrac{n}{2}\right)} x^{\frac{n}{2}-1} \mathrm{e}^{-\frac{x}{2}}, & x > 0, \end{cases}$$

称上式为具有 n 个自由度的 χ^2 分布,记作 $X \sim \chi^2(n)$.

7. 随机变量函数的分布

设 X 是一个随机变量,$g(x)$ 是 x 的一个函数(一般为连续函数),如果随机变量 X 取值 x 时,另一个随机变量 Y 取值 $g(x)$,称随机变量 Y 是 X 的函数,记为 $Y = g(X)$.

1) 离散型随机变量函数的分布

若 X 的概率分布为

X	x_1	x_2	$\cdots$	x_i	$\cdots$
P	p_1	p_2	$\cdots$	p_i	$\cdots$

则随机变量 $Y = g(X)$ 的概率分布为

Y	$g(x_1)$	$g(x_2)$	⋯	$g(x_i)$	⋯
P	p_1	p_2	⋯	p_i	⋯

注　若 $g(x_1),g(x_2),\cdots,g(x_i),\cdots$ 中有相同的值,则合并计算.

2) 连续型随机变量函数的分布

通常用"分布函数法"求连续型随机变量函数的分布.

结论 1　设 X 为连续型随机变量,其密度函数为 $f_X(x)$,且 $Y=kX+b(k\neq 0)$,则随机变量 Y 的密度函数 $f_Y(y)$ 为

$$f_Y(y) = \frac{1}{|k|} f_X\left(\frac{y-b}{k}\right).$$

结论 2　设 X 为连续型随机变量,其密度函数为 $f_X(x)$,$y=g(x)$ 是 x 的单调可导函数,其导数恒不为零.记 $x=h(y)$ 是 $y=g(x)$ 的反函数,(a,b) 为 $y=g(x)$ 的值域,其中 $-\infty<a<b<+\infty$,则 $Y=g(X)$ 是连续型随机变量,其密度函数为

$$f_Y(y) = \begin{cases} f_X(h(y))\,|\,h'(y)\,|, & a<y<b, \\ 0, & \text{其他.} \end{cases}$$

三、典 型 例 题

1. 求概率分布

例 1　一批产品有 10 件产品,其中 7 件正品,3 件次品.如果随机地从中每次取一件产品后,总以一件正品放回去,直到取到正品为止,求抽取次数 X 的概率分布.

分析　由题设可知,若取到正品则试验停止,若取到次品,次品不放回而另换一件正品放回产品中,虽然产品总数没有变,但正、次品的比例却发生了变化,抽取次数 X 的取值为 $1,2,3,4$(只有 3 个次品,取 3 次次品后,产品全为正品),故每次试验的结果是不相互独立的,利用古典概型概率的计算方法求抽取次数 X 的概率分布.

解　设 $A_i=\{$第 i 次取到正品$\}$,$i=1,2,3,4$,而抽取次数 X 的取值为 $X=1,2,3,4$,于是

$P\{X=1\}=P(A_1)=\dfrac{7}{10}=0.7;$

$P\{X=2\}=P(\overline{A_1}A_2)=P(\overline{A_1})P(A_2\mid\overline{A_1})=\dfrac{3}{10}\times\dfrac{8}{10}=0.24;$

$P\{X=3\}=P(\overline{A_1}\,\overline{A_2}A_3)=P(\overline{A_1})P(\overline{A_2}\mid\overline{A_1})P(A_3\mid\overline{A_1}\,\overline{A_2})$

$\qquad\qquad=\dfrac{3}{10}\times\dfrac{2}{10}\times\dfrac{9}{10}=0.054;$

$P\{X=4\}=P(\overline{A_1}\,\overline{A_2}\,\overline{A_3}A_4)=P(\overline{A_1})P(\overline{A_2}\mid\overline{A_1})P(\overline{A_3}\mid\overline{A_1}\,\overline{A_2})P(A_4\mid\overline{A_1}\,\overline{A_2}\,\overline{A_3})$

$\qquad\qquad=\dfrac{3}{10}\times\dfrac{2}{10}\times\dfrac{1}{10}\times\dfrac{10}{10}=0.006.$

因此抽取次数 X 的概率分布为

X	1	2	3	4
P	0.7	0.24	0.054	0.006

例 2　一汽车沿一街道行驶,需要通过 3 个设有红绿信号灯的路口. 每个信号灯之间是相互独立的,并且红绿灯显示的时间相等. 以 X 表示该汽车首次遇到红灯前已通过的路口数,求 X 的概率分布.

分析　在每个路口,汽车通过与不通过的概率均为 $\dfrac{1}{2}$,并且每个红绿灯是相互独立的,故可利用古典概型概率的计算方法来讨论.

解　设 X 表示该汽车首次遇到红灯前已通过的路口数,则 $X = 0,1,2,3$,

$$P\{X = 0\} = \frac{1}{2}, \quad P\{X = 1\} = \frac{1}{2} \times \frac{1}{2} = \frac{1}{4},$$

$$P\{X = 2\} = \frac{1}{2} \times \frac{1}{2} \times \frac{1}{2} = \frac{1}{8},$$

$$P\{X = 3\} = \frac{1}{2} \times \frac{1}{2} \times \frac{1}{2} = \frac{1}{8}.$$

所以 X 的概率分布为

X	0	1	2	3
P	$\dfrac{1}{2}$	$\dfrac{1}{4}$	$\dfrac{1}{8}$	$\dfrac{1}{8}$

2. 离散型随机变量概率分布性质的应用

例 3　设离散型随机变量 X,则下列哪一组可以作为 X 的概率分布.

(1) p, p^2（p 为任意实数）;　　(2) 0.1、0.2、0.3;

(3) $\left\{\dfrac{2^n}{n!} \mathrm{e}^{-2} : n = 1, 2, \cdots\right\}$;　　(4) $\left\{\dfrac{2^n}{n!} \mathrm{e}^{-2} : n = 0, 1, 2, \cdots\right\}$.

分析　作为离散型随机变量 X 的概率分布一定要满足两条性质:(1) $p_i \geqslant 0, i = 1, 2, \cdots$; (2) $\sum\limits_i p_i = 1$.

解　(1) p 与 p^2 对任意实数 p 都不能满足非负性(如 $p = -1$),也不能保证其和为 1(如 $p = 0$),所以不能作为 X 的概率分布.

(2) 因为 $0.1 + 0.2 + 0.3 = 0.6 \neq 1$,所以不能作为 X 的概率分布.

(3) 由于

$$\sum_{n=0}^{\infty} \frac{x^n}{n!} = \mathrm{e}^x \quad (-\infty < x < +\infty),$$

因此

$$\sum_{n=1}^{\infty} \frac{2^n}{n!} \mathrm{e}^{-2} = \mathrm{e}^{-2} \sum_{n=1}^{\infty} \frac{2^n}{n!} = \mathrm{e}^{-2} \left(\sum_{n=0}^{\infty} \frac{2^n}{n!} - 1 \right) = \mathrm{e}^{-2} (\mathrm{e}^2 - 1) = 1 - \mathrm{e}^{-2} \neq 1,$$

所以不能作为 X 的概率分布.

(4) 由于 $\sum_{n=0}^{\infty} \dfrac{x^n}{n!} = e^x (-\infty < x < +\infty)$，

$$\sum_{n=0}^{\infty} \frac{2^n}{n!} e^{-2} = e^{-2} \sum_{n=0}^{\infty} \frac{2^n}{n!} = e^{-2} e^2 = 1,$$

所以可以作为 X 的概率分布.

例 4　设离散型随机变量 X 的概率分布为 $P\{X=k\} = \dfrac{C}{k+1}, k=0,1,2,3$，求 C 的值.

分析　题中只有离散型随机变量 X 的概率分布这一个条件，因此只能从离散型随机变量概率分布的性质出发讨论.

解　由离散型随机变量概率分布的性质(1)，得 $C>0$；
由离散型随机变量概率分布的性质(2)，得

$$1 = \sum_{k=0}^{3} P\{X=k\} = \frac{C}{1} + \frac{C}{2} + \frac{C}{3} + \frac{C}{4} \Rightarrow \frac{25C}{12} = 1 \Rightarrow C = \frac{12}{25}.$$

例 5　设 $P\{X=k\} = \dfrac{c\lambda^k e^{-\lambda}}{k!} (k=0,2,4,\cdots)$ 是随机变量 X 的概率分布，则 λ, c 一定满足（　　）.

(A) $\lambda>0$；　　(B) $c>0$；　　(C) $c\lambda>0$；　　(D) $c>0$ 且 $\lambda>0$.

分析　因为 $P\{X=k\} = \dfrac{c\lambda^k e^{-\lambda}}{k!}$ 是随机变量 X 的概率分布，必然满足离散型随机变量概率分布的两条性质：(1) $p_i \geqslant 0, i=1,2,\cdots$；(2) $\sum_i p_i = 1$. 由性质(1)可知 $P\{X=k\} \geqslant 0$，又不可能对一切 k，都有 $P\{X=k\}=0$，否则与性质(2)矛盾，从而由性质(2)知，必有 k，使得 $P\{X=k\}>0$，于是必有 $c>0, \lambda^k>0$，因 $e^{-\lambda}>0$，且 $k!>0$. 因为 $k=0,2,4,\cdots$ 取偶数，当 $\lambda>0$ 或 $\lambda<0$ 时，均有 $\lambda^k>0$；又无论 $\lambda>0$ 或 $\lambda<0$ 时，均有 $e^{-\lambda}>0$，于是当 $c>0$ 而 $\lambda>0$ 或 $\lambda<0$ 时，均有 $P\{X=k\}>0$.

答案　(B).

例 6　设事件 A 在每一次试验中发生的概率为 0.3. 当 A 发生不少于 3 次时，指示灯发出信号.(1) 进行了 5 次重复独立试验，求指示灯发出信号的概率；(2) 进行了 7 次重复独立试验，求指示灯发出信号的概率.

分析　事件 A 在每一次试验中为不发生或发生两种结果，属于伯努利试验，可以重复独立试验，显然这是一个二项分布问题.

解　(1) 设 X 为 5 次重复独立试验中 A 发生的次数，则 $X \sim b(5, 0.3)$，从而
$P\{X \geqslant 3\} = P\{X=3\} + P\{X=4\} + P\{X=5\}$
$= C_5^3 (0.3)^3 (0.7)^2 + C_5^4 (0.3)^4 (0.7)^1 + C_5^5 (0.3)^5 (0.7)^0 = 0.163.$

(2) 设 Y 为 7 次重复独立试验中 A 发生的次数，则 $Y \sim b(7, 0.3)$，从而
$P\{Y \geqslant 3\} = 1 - P\{Y<3\} = 1 - P\{Y=0\} + P\{Y=1\} + P\{Y=2\}$
$= 1 - C_7^0 (0.3)^0 (0.7)^7 + C_7^1 (0.3)^1 (0.7)^6 + C_7^2 (0.3)^2 (0.7)^5 = 0.353.$

3. 离散型随机变量的概率分布和分布函数

　　例 7　设随机变量 X 的概率分布为

X	-1	2	3
P	$\frac{1}{4}$	$\frac{1}{2}$	$\frac{1}{4}$

　　(1) 求 X 的分布函数；　(2) 求 $P\left\{X\leqslant\frac{1}{2}\right\}$，$P\left\{\frac{3}{2}<X\leqslant\frac{5}{2}\right\}$，$P\{2\leqslant X\leqslant 3\}$.

　　分析　离散型随机变量的分布函数 $F(x)=P\{X\leqslant x\}=\sum\limits_{x_i\leqslant x}p_i$ 是概率分布的累计值，注意其随机变量取值的分段区间. 离散型随机变量在某区间上的概率既可以利用概率分布也可以利用分布函数来计算.

　　解　(1) 以随机变量 X 的取值为分段点，考虑概率的累计值.

　　当 $x<-1$ 时，$F(x)=P\{X\leqslant x\}=0$（在 $X\leqslant x$ 中，没有 X 的取值）；

　　当 $-1\leqslant x<2$ 时，$F(x)=P\{X\leqslant x\}=P\{X=-1\}=\frac{1}{4}$（在 $X\leqslant x$ 中，只含有一个点 $X=-1$，即在 x 在区间 $[-1,2)$ 上变化时，$X\leqslant x$ 的概率状态没有发生变化）；

　　当 $2\leqslant x<3$ 时，

$$F(x)=P\{X\leqslant x\}=P\{X=-1\}+P\{X=2\}=\frac{1}{4}+\frac{1}{2}=\frac{3}{4};$$

　　当 $x\geqslant 3$ 时，

$$F(x)=P\{X\leqslant x\}=P\{X=-1\}+P\{X=2\}+P\{X=3\}$$
$$=\frac{1}{4}+\frac{1}{2}+\frac{1}{4}=1.$$

因此 X 的分布函数为

$$F(x)=\begin{cases}0, & x<-1,\\[2mm]\dfrac{1}{4}, & -1\leqslant x<2,\\[2mm]\dfrac{3}{4}, & 2\leqslant x<3,\\[2mm]1, & x\geqslant 3.\end{cases}$$

　　(2) $P\left\{X\leqslant\frac{1}{2}\right\}=F\left(\frac{1}{2}\right)=\frac{1}{4}$ 或 $P\left\{X\leqslant\frac{1}{2}\right\}=P\{X=-1\}=\frac{1}{4}$；

　　$P\left\{\frac{3}{2}<X\leqslant\frac{5}{2}\right\}=F\left(\frac{5}{2}\right)-F\left(\frac{3}{2}\right)=\frac{3}{4}-\frac{1}{4}=\frac{1}{2}$；

或

　　$P\left\{\frac{3}{2}<X\leqslant\frac{5}{2}\right\}=P\{X=2\}=\frac{1}{2}$；

　　$P\{2\leqslant X\leqslant 3\}=F(3)-F(2)+P\{X=2\}=1-\frac{3}{4}+\frac{1}{2}=\frac{3}{4}$；

或
$$P\{2 \leqslant X \leqslant 3\} = P\{X=2\} + P\{X=3\} = \frac{1}{2} + \frac{1}{4} = \frac{3}{4}.$$

例8 已知离散型随机变量 X 的分布函数为
$$F(x) = \begin{cases} 0, & x < -1, \\ 0.3, & -1 \leqslant x < 0, \\ 0.6, & 0 \leqslant x < 1, \\ 0.8, & 1 \leqslant x < 3, \\ 1, & x \geqslant 3, \end{cases}$$

试求 X 的概率分布,并计算条件概率 $P\{X < 1 | X \neq 0\}$.

分析 离散型随机变量的分布函数的分段点就为离散型随机变量的取值,分布函数的分段点处的跳跃高度就为该点处的概率;利用古典概型中的条件概率公式可以计算离散型随机变量的条件概率.

解 由于 X 的概率分布为

X	-1	0	1	3
P	0.3	0.3	0.2	0.2

于是
$$P\{X < 1 | X \neq 0\} = \frac{P\{X < 1, X \neq 0\}}{P\{X \neq 0\}}$$
$$= \frac{P\{X = -1\}}{P\{X = -1\} + P\{X = 1\} + P\{X = 3\}}$$
$$= \frac{0.3}{0.3 + 0.2 + 0.2} = \frac{3}{7}.$$

4. 连续型随机变量的密度函数和分布函数

例9 设随机变量 X 的密度函数为
$$f(x) = \begin{cases} Ax + 1, & 0 \leqslant x \leqslant 2, \\ 0, & \text{其他}, \end{cases}$$

求(1) A 的值;(2) $P\{1.5 < x < 2.5\}$.

分析 密度函数中含有未知常数,不管位于什么位置(函数表达式或变量所在区间),均要利用密度函数的性质;若条件不够,再利用题中其他条件建立方程组,得到常数值.

解 (1) 由密度函数的性质,得
$$1 = \int_{-\infty}^{+\infty} f(x) dx = \int_0^2 (Ax+1) dx = \left(\frac{A}{2}x^2 + x\right)\Big|_0^2 = 2A + 2,$$

所以,

$$A = -0.5,$$

从而
$$f(x) = \begin{cases} -0.5x+1, & 0 \leqslant x \leqslant 2, \\ 0, & \text{其他.} \end{cases}$$

(2) $P\{1.5 < x < 2.5\} = \int_{1.5}^{2} (-0.5x+1)\mathrm{d}x = 0.0625.$

例 10 设连续型随机变量 X 的密度函数和分布函数分别为 $f(x), F(x)$,则下面选项正确的是(　　).

(A) $0 \leqslant f(x) \leqslant 1$;　　　　　　(B) $P\{X=x\} = F(x)$;

(C) $P\{X=x\} \leqslant F(x)$;　　　　　　(D) $P\{X=x\} = f(x)$.

分析 本题的出发点是连续型随机变量的密度函数、分布函数的性质以及密度函数与分布函数的关系.连续性随机变量密度函数的性质是 $f(x) \geqslant 0$,因此(A)不正确; $P\{X=x\}$ 表示随机变量 X 取一个点的概率,且对于连续性随机变量有 $P\{X=x\}=0$,这与分布函数 $F(x)=P\{X \leqslant x\}$ 的概念大相径庭,因此(B)不正确;由分布函数的性质 $0 \leqslant F(x) \leqslant 1$,而连续性随机变量有 $P\{X=x\}=0$,得到(C)正确;密度函数 $f(x)$ 在某一点 x 的值反映的是随机变量 X 取该点附近的值的概率的大小,但不等于 X 取该点值的概率.因此(D)不正确.

答案 (C).

例 11 设连续型随机变量 X 的分布函数为

$$F(x) = \begin{cases} 0, & x < 0, \\ A\sin x, & 0 \leqslant x < \dfrac{\pi}{2}, \\ 1, & x \geqslant \dfrac{\pi}{2}, \end{cases}$$

求 A 和 $P\left\{|X| < \dfrac{\pi}{6}\right\}$.

分析 逐一考虑分布函数的四条基本性质,由连续型随机变量的分布函数是连续为此题的突破口.

解 由于连续性随机变量的分布函数 $F(x)$ 是连续函数,因此 $\lim\limits_{x \to \frac{\pi}{2}^{-}} F(x) = \lim\limits_{x \to \frac{\pi}{2}^{-}}$

$A\sin x = A$,而 $F\left(\dfrac{\pi}{2}\right) = 1$,所以 $A = 1$;于是

$$F(x) = \begin{cases} 0, & x < 0, \\ \sin x, & 0 \leqslant x < \dfrac{\pi}{2}, \\ 1, & x \geqslant \dfrac{\pi}{2}, \end{cases}$$

$$P\left\{|X| < \dfrac{\pi}{6}\right\} = P\left\{-\dfrac{\pi}{6} < X < \dfrac{\pi}{6}\right\} = F\left(\dfrac{\pi}{6}\right) - F\left(-\dfrac{\pi}{6}\right) = \sin\dfrac{\pi}{6} - 0 = \dfrac{1}{2}.$$

例 12 设随机变量 X 的密度函数为

$$f(x)=\begin{cases}\dfrac{1}{25}x, & 0\leqslant x<5,\\[2mm]\dfrac{2}{5}-\dfrac{1}{25}x, & 5\leqslant x<10,\\[2mm]0, & \text{其他},\end{cases}$$

求分布函数 $F(x)$.

分析 在求连续型随机变量的分布函数时,密度函数的分段点就是分布函数的分段点;在范围划分上,等号放在不影响该区间概率的范围上. 注意不管划分区间怎样,求分布函数的积分式始终是上限为 x,下限为 $-\infty$.

解 当 $x<0$ 时,

$$F(x)=P\{X\leqslant x\}=\int_{-\infty}^{x}f(t)\mathrm{d}t=\int_{-\infty}^{x}0\mathrm{d}t=0;$$

当 $0\leqslant x<5$ 时,

$$F(x)=P\{X\leqslant x\}=\int_{-\infty}^{x}f(t)\mathrm{d}t=\int_{0}^{x}\frac{1}{25}t\mathrm{d}t=\frac{1}{50}x^2;$$

当 $5\leqslant x<10$ 时,

$$F(x)=P\{X\leqslant x\}=\int_{-\infty}^{x}f(t)\mathrm{d}t$$
$$=\int_{1}^{5}\frac{1}{25}t\mathrm{d}t+\int_{5}^{x}\left(\frac{2}{5}-\frac{1}{25}t\right)\mathrm{d}t=-1+\frac{2}{5}x-\frac{1}{50}x^2;$$

当 $x\geqslant10$ 时,

$$F(x)=P\{X\leqslant x\}=\int_{-\infty}^{x}f(t)\mathrm{d}t=\int_{1}^{5}\frac{1}{25}t\mathrm{d}t+\int_{5}^{10}\left(\frac{2}{5}-\frac{1}{25}t\right)\mathrm{d}t=1.$$

所以

$$F(x)=\begin{cases}0, & x<0,\\[2mm]\dfrac{1}{50}x^2, & 0\leqslant x<5,\\[2mm]-1+\dfrac{2}{5}x-\dfrac{1}{50}x^2, & 5\leqslant x<10,\\[2mm]1, & x\geqslant10.\end{cases}$$

例 13 设随机变量 X 的分布函数为

$$F(x)=\begin{cases}0, & x<0,\\0.5x, & 0\leqslant x<1,\\x-0.5, & 1\leqslant x<1.5,\\1, & x\geqslant1.5,\end{cases}$$

求 $P\{0.4<X\leqslant1.3\},P\{X>0.5\},P\{1.7<X\leqslant2\}$ 以及密度函数 $f(x)$.

分析 分布函数求连续型随机变量的概率时非常方便,常用公式
$$P\{a<X<b\}=P\{a\leqslant X<b\}=P\{a<X\leqslant b\}=P\{a\leqslant X\leqslant b\}=F(b)-F(a),$$
由 $F'(x)=f(x)$ 可得相应的密度函数.

解 $P\{0.4<X\leqslant1.3\}=F(1.3)-F(0.4)=1.3-0.5-0.5\cdot0.4=0.6;$

$$P\{X>0.5\}=1-P\{X\leqslant0.5\}=1-F(0.5)=1-0.5\cdot0.5=0.75;$$
$$P\{1.7<X\leqslant2\}=F(2)-F(1.7)=1-1=0.$$

而

$$f(x)=F'(x)=\begin{cases}0.5,& 0<x<1,\\1,& 1<x<1.5,\\0,& \text{其他}.\end{cases}$$

由于 $F'(1)$ 不存在,补充 $f(1)=1$,得

$$f(x)=\begin{cases}0.5,& 0<x<1,\\1,& 1\leqslant x<1.5,\\0,& \text{其他}.\end{cases}$$

注　由于在密度函数 $f(x)$ 的连续点上才有 $F'(x)=f(x)$,而本题中有分布函数导数不存在的点,则在密度函数上补充定义就可以了.

5. 一般正态分布和标准正态分布的关系

例 14　设随机变量 $X\sim N(1,1)$,其密度函数记为 $f(x)$,则(　　).

(A) $P\{X\leqslant0\}=P\{X\geqslant0\}=0.5$;　　　　(B) $f(x)=f(-x),x\in(-\infty,+\infty)$;

(C) $P\{X\leqslant1\}=P\{X\geqslant1\}=0.5$;　　　　(D) $F(x)=F(-x),x\in(-\infty,+\infty)$.

分析　正态分布的密度函数为 $f(x)=\dfrac{1}{\sqrt{2\pi}\sigma}\mathrm{e}^{-\frac{(x-\mu)^2}{2\sigma^2}}$ ($-\infty<x<+\infty$,其中 $\sigma>0$)

是关于参数 μ 对称,因此从密度函数的图像的特点就可以解决此题.

答案　(C).

例 15　设 $X\sim f(x)$,如果(　　),则恒有 $0\leqslant f(x)\leqslant1$.

(A) $X\sim N(0,1)$;　　　　　　　　(B) $X\sim N(\mu,\sigma^2)$;

(C) $X\sim N(\mu,1)$;　　　　　　　　(D) $X\sim N(0,\sigma^2)$.

分析　选项中涉及的是正态分布,考虑正态分布的密度函数的性质及函数图像.因为 $X\sim N(\mu,\sigma^2)$ 时,其密度函数在 $x=\mu$ 处取得最大值 $f(\mu)=\dfrac{1}{\sigma\sqrt{2\pi}}$,显然有

$f(x)\geqslant0$,且当 $\sigma=1$ 时,$f(x)$ 的最大值 $f(\mu)=\dfrac{1}{\sqrt{2\pi}}<1$,从而 $0\leqslant f(x)<1$. 而由

$f(\mu)=\dfrac{1}{\sigma\sqrt{2\pi}}>1$,得 $\sigma<\dfrac{1}{\sqrt{2\pi}}=0.3989$,因而当 $\sigma<0.3989$ 时,就有 $f(x)>1$.

答案　(A),(C).

例 16　设随机变量 X 与 Y 均服从正态分布 $X\sim N(\mu,4^2)$,$Y\sim N(\mu,5^2)$,而 $p_1=P\{X\leqslant\mu-4\}$,$p_2=P\{Y\geqslant\mu+5\}$,则(　　).

(A) 对任何实数 μ,都有 $p_1=p_2$;　　　　(B) 对任何实数 μ,都有 $p_1<p_2$;

(C) 只有对 μ 的个别值,才有 $p_1=p_2$;　　(D) 对任何实数 μ,都有 $p_1>p_2$.

分析　本题涉及的是正态分布概率的计算,而计算一般正态分布的概率,就要转换成为标准正态分布来讨论.本题中两个概率的结果分别为

$$p_1 = P\{X \leqslant \mu - 4\} = P\left\{\frac{X-\mu}{4} \leqslant -1\right\} = \Phi(-1) = 1 - \Phi(1);$$

$$p_2 = P\{Y \geqslant \mu + 5\} = P\left\{\frac{Y-\mu}{5} \geqslant 1\right\} = 1 - \Phi(1),$$

因此 $p_1 = p_2$.

答案　(A).

例 17　一工厂生产的某种元件的寿命 $X \sim N(160, \sigma^2)$（其中 $\sigma > 0$）. 若要 $P\{120 < X \leqslant 200\} \geqslant 0.80$，允许 σ 最大为多少？

分析　本题考虑的是正态分布概率的计算，利用正态分布和标准正态分布的关系，查标准正态分布表得到结果.

解　因为 $X \sim N(160, \sigma^2)$，而

$$P\{120 < X \leqslant 200\} = F(200) - F(120) = \Phi\left(\frac{200-160}{\sigma}\right) - \Phi\left(\frac{120-160}{\sigma}\right)$$

$$= \Phi\left(\frac{40}{\sigma}\right) - \Phi\left(-\frac{40}{\sigma}\right) = 2\Phi\left(\frac{40}{\sigma}\right) - 1 \geqslant 0.80,$$

即

$$\Phi\left(\frac{40}{\sigma}\right) \geqslant 0.90 = \Phi(1.282),$$

则有 $\frac{40}{\sigma} \geqslant 1.282$，从而 $\sigma \leqslant \frac{40}{1.282} = 31.2$，即允许 σ 最大为 31.2.

6. 关于分布函数的讨论

例 18　设分布函数 $F(x) = \begin{cases} 0, & x < 0, \\ \dfrac{1}{2}, & 0 \leqslant x < 1, \\ 1, & x \geqslant 1, \end{cases}$ 则（　　）.

(A) $F(x)$ 是随机变量 X 的分布函数；

(B) $F(x)$ 不是随机变量 X 的分布函数；

(C) $F(x)$ 是离散型随机变量的分布函数；

(D) $F(x)$ 是连续型随机变量的分布函数.

分析　分布函数具有四条性质，逐一判断.

答案　(A)、(C).

例 19　设随机变量 X 的绝对值不大于 1，且 $P\{X = -1\} = \dfrac{1}{8}$，$P\{X = 1\} = \dfrac{1}{4}$，在事实 $\{-1 < X < 1\}$ 出现的条件下，X 在 $(-1, 1)$ 内的任一子区间上取值的条件概率与该子区间的长度成正比，试求 X 的分布函数 $F(x)$.

分析　随机变量 X 在区间 $(-1, 1)$ 端点都有正的概率，同时在 $(-1, 1)$ 上条件分布是均匀分布，因而 X 既不是离散型随机变量也不是连续型随机变量，因而从分布函数的概念出发求分布函数.

解　由于 $P\{|X|\leqslant 1\}=1$,且 $P\{X=-1\}=\dfrac{1}{8}$, $P\{X=1\}=\dfrac{1}{4}$,故有

$$P\{-1<X<1\}=P\{|X|\leqslant 1\}-P\{|X|=1\}$$
$$=1-P\{X=-1\}-P\{X=1\}=1-\frac{1}{8}-\frac{1}{4}=\frac{5}{8}.$$

又因为在事实 $\{-1<X<1\}$ 出现的条件下, X 在 $(-1,1)$ 内的任一子区间上取值的条件概率与该子区间的长度成正比,故有

$$P\{-1<X<x\,|-1<X<1\}=K(x+1),$$

特别地, $1=P\{-1<X<1\,|-1<X<1\}=2K\Rightarrow K=\dfrac{1}{2}$,即

$$P\{-1<X<x\,|-1<X<1\}=\frac{1}{2}(x+1),$$

则

$$P\{-1<X<x\}=P\{-1<X<1\}P\{-1<X<x\,|-1<X<1\}$$
$$=\frac{5}{8}\cdot\frac{1}{2}(x+1)=\frac{5}{16}(x+1).$$

于是,当 $x<-1$ 时,
$$F(x)=0;$$
当 $x=-1$ 时,
$$F(x)=\frac{1}{8};$$
当 $-1<x<1$ 时,
$$F(x)=P\{X=-1\}+P\{-1<X<x\}=\frac{5x+7}{16};$$
当 $x\geqslant 1$ 时,
$$F(x)=1.$$

从而
$$F(x)=\begin{cases}0, & x<-1,\\[2mm]\dfrac{5x+7}{16}, & -1\leqslant x<1,\\[2mm]1, & x\geqslant 1.\end{cases}$$

7. 随机变量函数的分布

例 20　设随机变量 X 的概率分布为

X	-2	-1	0	1	3
P	$\dfrac{1}{5}$	$\dfrac{1}{6}$	$\dfrac{1}{5}$	$\dfrac{1}{15}$	$\dfrac{11}{30}$

求 $Y=X^2$ 的概率分布.

分析　离散型随机变量函数的概率分布,可根据变量之间的函数等价变换得到.

解　$Y=X^2$ 的全部可能取值为 $0,1,4,9$. 且

$$P\{Y=0\}=P\{X^2=0\}=P\{X=0\}=\frac{1}{5},$$

$$P\{Y=1\}=P\{X^2=1\}=P\{X=-1\}+P\{X=1\}=\frac{1}{6}+\frac{1}{15}=\frac{7}{30},$$

$$P\{Y=4\}=P\{X^2=4\}=P\{X=-2\}+P\{X=2\}=\frac{1}{5}+0=\frac{1}{5},$$

$$P\{Y=9\}=P\{X^2=9\}=P\{X=-3\}+P\{X=3\}=0+\frac{11}{30}=\frac{11}{30},$$

所以 Y 的概率分布为

Y	0	1	4	9
P	$\frac{1}{5}$	$\frac{7}{30}$	$\frac{1}{5}$	$\frac{11}{30}$

例 21　若随机变量 X 服从区间 $[0,1]$ 上的均匀分布，$Y=2X+1$，则(　　)．
(A) Y 也服从区间 $[0,1]$ 上的均匀分布；　(B) Y 服从区间 $[1,3]$ 上的均匀分布；
(C) $P\{0\leqslant Y\leqslant1\}=1$；　　　　　　(D) $P\{0\leqslant Y\leqslant1\}=0$．

分析　本题涉及的是连续性随机变量函数的分布，有两种方法，即公式法和分布函数法，本题适合用公式法，即设 X 为连续型随机变量，其概率密度函数为 $f_X(x)$，且 $Y=kX+b(k\neq0)$，则随机变量 Y 的概率密度函数为 $f_Y(y)=\frac{1}{|k|}f_X\left(\frac{y-b}{k}\right)$．利用上述公式可得 Y 服从区间 $[1,3]$ 上的均匀分布，由均匀分布的特点得到 $P\{0\leqslant Y\leqslant1\}=0$．

答案　(B)、(D)．

例 22　设随机变量 X 服从区间 $[0,2]$ 上的均匀分布，则随机变量 $Y=X^2$ 的概率密度函数 $f_Y(y)=$____．

分析　由于随机变量的函数不是单调函数，因此只能利用分布函数法来讨论．

解　因为 X 服从区间 $[0,2]$ 上的均匀分布，即

$$f_X(x)=\begin{cases}\frac{1}{2},&0\leqslant x\leqslant2,\\0,&\text{其他},\end{cases}\qquad F_X(x)=\begin{cases}0,&x<0,\\\frac{x}{2},&0\leqslant x<2,\\1,&x\geqslant2,\end{cases}$$

则　　　　　　　　　$F_Y(y)=P\{Y\leqslant y\}=P\{X^2\leqslant y\}.$

当 $y<0$ 时，

$$F_Y(y)=P\{Y\leqslant y\}=P\{X^2\leqslant y\}=0;$$

当 $0\leqslant y\leqslant4$ 时，

$$F_Y(y)=P\{-\sqrt{y}\leqslant X\leqslant\sqrt{y}\}=F_X(\sqrt{y})-F_X(-\sqrt{y});$$

当 $y>4$ 时，

$$F_Y(y)=P\{Y\leqslant y\}=P\{X^2\leqslant y\}=1.$$

因此　　　　　$f_Y(y)=[F_Y(y)]'=\begin{cases}\dfrac{1}{4\sqrt{y}},&0\leqslant y\leqslant4,\\0,&\text{其他}.\end{cases}$

例 23　设随机变量 X 在区间 $[1,2]$ 上服从均匀分布, 试求随机变量 $Y=e^{2X}$ 的密度函数 $f_Y(y)$.

分析　利用分布函数法可求得连续型随机变量函数的密度函数, 先要确定连续型随机变量函数的分布函数, 再根据分布函数和密度函数的关系得到结果, 注意随机变量域之间的转换.

解　由题设 $X \sim f(x) = \begin{cases} 1, & 1 \leqslant x \leqslant 2, \\ 0, & \text{其他}, \end{cases}$ 随机变量 X 的分布函数记为 $F_X(x)$, 由于 $y = e^{2x}$ 是单调递增函数, 因此对 $1 \leqslant x \leqslant 2$ 得到 $e^2 \leqslant y \leqslant e^4$,

当 $y < e^2$ 时, $F_Y(y) = P\{Y \leqslant y\} = P\{e^{2X} \leqslant y\} = 0$, 从而 $f_Y(y) = 0$;

当 $e^2 \leqslant y \leqslant e^4$ 时,

$$F_Y(y) = P\{Y \leqslant y\} = P\{e^{2X} \leqslant y\} = P\left\{X \leqslant \frac{\ln y}{2}\right\} = F_X\left(\frac{\ln y}{2}\right),$$

于是

$$f_Y(y) = [F_Y(y)]' = \left[F_X\left(\frac{\ln y}{2}\right)\right]' = \left(\frac{\ln y}{2}\right)' f\left(\frac{\ln y}{2}\right) = \frac{1}{2y} \cdot 1 = \frac{1}{2y};$$

当 $y > e^4$ 时, $F_Y(y) = P\{Y \leqslant y\} = P\{e^{2X} \leqslant y\} = 1$, 从而 $f_Y(y) = 0$. 故

$$f_Y(y) = \begin{cases} \dfrac{1}{2y}, & e^2 \leqslant y \leqslant e^4, \\ 0, & \text{其他}. \end{cases}$$

四、教材习题选解

(A)

2. 设离散型随机变量 X 的分布函数为

$$F(x) = \begin{cases} 0, & x < -5, \\ 0.2, & -5 \leqslant x < -2, \\ 0.3, & -2 \leqslant x < 0, \\ 0.5, & 0 \leqslant x < 2, \\ 1, & x \geqslant 2, \end{cases}$$

求 (1) X 的概率分布; 　(2) $P\{X > -3\}$; 　(3) $P\{|X| < 3\}$; 　(4) $P\{|X+1| > 2\}$.

解　(1) 根据离散型随机变量的分布函数和概率分布的关系, 得到 X 的概率分布为

X	-5	-2	0	2
P	0.2	0.1	0.2	0.5

(2) $P\{X > -3\} = 1 - P\{X \leqslant -3\} = 1 - F(-3) = 1 - 0.2 = 0.8$;

或

$$P\{X>-3\}=P\{X=-2+X=0+X=2\}$$
$$=P\{X=-2\}+P\{X=0\}+P\{X=2\}$$
$$=0.1+0.2+0.5=0.8.$$

(3) $P\{|X|<3\}=P\{-3<X<3\}=P\{-3<X\leqslant3\}-P\{X=3\}$
$$=F(3)-F(-3)-0=1-0.2-0=0.8;$$

或

$$P\{|X|<3\}=P\{-3<X<3\}=P\{X=-2+X=0+X=2\}$$
$$=P\{X=-2\}+P\{X=0\}+P\{X=2\}$$
$$=0.1+0.2+0.5=0.8.$$

(4) $P\{|X+1|>2\}=P\{X>1+X<-3\}=P\{X>1\}+P\{X<-3\}$
$$=1-P\{X\leqslant1\}+P\{X\leqslant-3\}-P\{X=-3\}$$
$$=1-F(1)+F(-3)-0=1-0.5+0.2-0=0.7;$$

或

$$P\{|X+1|>2\}=P\{X>1+X<-3\}=P\{X>1\}+P\{X<-3\}$$
$$=P\{X=2\}+P\{X=-5\}=0.5+0.2=0.7.$$

3. 离散型随机变量 X 的概率分布为

(1) $P\{X=i\}=a2^i, i=1,2,\cdots,100$;

(2) $P\{X=i\}=2a^i, i=1,2,\cdots$;

分别求(1),(2)中 a 的值.

解 (1) 由离散型随机变量概率分布的性质(1),$0<a2^i<1$,即 $0<a<\dfrac{1}{2^i}$;由离散型随机变量概率分布的性质(2),得

$$1=\sum_{i=1}^{100}P\{X=i\}=\sum_{i=1}^{100}a2^i=a(2^1+2^2+\cdots+2^{100})=a\frac{2(1-2^{100})}{1-2},$$

故 $a=\dfrac{1}{2(2^{100}-1)}$.

(2) 由离散型随机变量概率分布的性质(1),$0<2a^i<1$,即 $0<a<\dfrac{1}{\sqrt[i]{2}}$;由离散型随机变量概率分布的性质(2),得

$$1=\sum_{i=1}^{\infty}P\{X=i\}=\sum_{i=1}^{\infty}2a^i=2(a^1+a^2+\cdots+a^n+\cdots)=2\frac{a}{1-a},$$

故 $a=\dfrac{1}{3}$.

4. 一批产品共 10 件,其中 7 件正品,3 件次品,每次从中任取一件,求下面两种情形下直到取到正品为止所需抽取次数的概率分布.(1) 每次取出后再放回去;(2) 每次取出后不放回.

解　(1) 每次取出后再放回去(每一次取的时候产品总数和分类数都不变)设随机变量为 X 为抽取次数,则 $X=1,2,3,\cdots$,

$$P\{X=1\}=\frac{7}{10},\quad P\{X=2\}=\frac{3}{10}\times\frac{7}{10},\quad P\{X=3\}=\left(\frac{3}{10}\right)^2\times\frac{7}{10},\cdots.$$

X	1	2	3	$\cdots$
P	$\frac{7}{10}$	$\frac{3}{10}\times\frac{7}{10}$	$\left(\frac{3}{10}\right)^2\times\frac{7}{10}$	$\cdots$

(2) 每次取出后不放回(每次取的时候,产品数目比上一次减少,并且抽取次数是有限的). 设随机变量为 X 为抽取次数,则 $X=1,2,3,4$,

$$P\{X=1\}=\frac{7}{10},\quad P\{X=2\}=\frac{3}{10}\times\frac{7}{9}=\frac{7}{30},$$

$$P\{X=3\}=\frac{3}{10}\times\frac{2}{9}\times\frac{7}{8}=\frac{7}{120},\quad P\{X=3\}=\frac{3}{10}\times\frac{2}{9}\times\frac{1}{8}\times\frac{7}{7}=\frac{1}{120}.$$

X	1	2	3	4
P	$\frac{7}{10}$	$\frac{7}{30}$	$\frac{7}{120}$	$\frac{1}{120}$

7. 设随机变量 X 服从泊松分布,且已知 $P\{X=1\}=P\{X=2\}$,求 $P\{X=4\}$.

解　因为随机变量 X 服从泊松分布,即 $P\{X=k\}=\frac{\lambda^k}{k!}\mathrm{e}^{-\lambda}$, $k=0,1,2,\cdots$,其中 $\lambda>0$;又因为 $P\{X=1\}=P\{X=2\}$,即

$$P\{X=1\}=\frac{\lambda^1}{1!}\mathrm{e}^{-\lambda}=P\{X=2\}=\frac{\lambda^2}{2!}\mathrm{e}^{-\lambda},$$

则 $2\lambda=\lambda^2\Rightarrow\lambda=0$ 或 $\lambda=2$,由于 $\lambda>0$,所以 $\lambda=2$. 所以

$$P\{X=4\}=\frac{\lambda^4}{4!}\mathrm{e}^{-\lambda}=\frac{2}{3}\mathrm{e}^{-2}.$$

9. 函数 $f(x)=\begin{cases}\sin x, & 0\leqslant x\leqslant\pi,\\ 0, & \text{其他}\end{cases}$ 是否可以作为某一随机变量的密度函数,如果不可以,乘以取何值的 A 才能使它成为密度函数?

解　因为在区间 $[0,\pi]$ 上,$\sin x\geqslant 0$,满足条件(1),但

$$\int_{-\infty}^{+\infty}f(x)\mathrm{d}x=\int_0^\pi\sin x\,\mathrm{d}x=-\cos x\Big|_0^\pi=-(\cos\pi-\cos0)=2,$$

所以 $f(x)=\begin{cases}\sin x, & 0\leqslant x\leqslant\pi,\\ 0, & \text{其他}\end{cases}$ 不能作为某一随机变量的密度函数,将其乘以数 A,

则函数 $f(x)=\begin{cases}A\sin x, & 0\leqslant x\leqslant\pi,\\ 0, & \text{其他}\end{cases}$ 有

$$1=\int_{-\infty}^{+\infty}f(x)\mathrm{d}x=\int_0^\pi A\sin x\,\mathrm{d}x=-A\cos x\Big|_0^\pi=-A(\cos\pi-\cos0)=2A,$$

则 $A=\dfrac{1}{2}$，所以 $f(x)=\begin{cases}\dfrac{1}{2}\sin x, & 0\leqslant x\leqslant\pi,\\ 0, & \text{其他}\end{cases}$ 可以作为某一随机变量的密度函数.

11. 已知连续型随机变量 X 的密度函数为

(1) $f(x)=a\mathrm{e}^{-|x|}$；　　　(2) $f(x)=\begin{cases}x, & 0\leqslant x<1,\\ 2-x, & 1\leqslant x<a,\\ 0, & \text{其他}.\end{cases}$

求 a 及分布函数 $F(x)$，$P\left\{-1<X\leqslant\dfrac{\sqrt{2}}{2}\right\}$，$P\left\{\dfrac{\sqrt{2}}{2}\leqslant X\leqslant\sqrt{2}\right\}$，$P\{X>1\}$.

解　(1) 由密度函数的性质：首先 $a\geqslant0$；其次

$$1=\int_{-\infty}^{+\infty}f(x)\mathrm{d}x=2\int_{0}^{+\infty}a\mathrm{e}^{-x}\mathrm{d}x=-2a\mathrm{e}^{-x}\Big|_{0}^{+\infty}=-2a(0-1),$$

则 $a=\dfrac{1}{2}$，所以

$$f(x)=\begin{cases}\dfrac{1}{2}\mathrm{e}^{x}, & x<0,\\[2mm] \dfrac{1}{2}\mathrm{e}^{-x}, & x\geqslant0.\end{cases}$$

当 $x<0$ 时，

$$F(x)=\int_{-\infty}^{x}f(t)\mathrm{d}t=\int_{-\infty}^{x}\dfrac{1}{2}\mathrm{e}^{t}\mathrm{d}t=\dfrac{1}{2}\mathrm{e}^{x};$$

当 $x\geqslant0$ 时，

$$F(x)=\int_{-\infty}^{x}f(t)\mathrm{d}t=\int_{-\infty}^{0}\dfrac{1}{2}\mathrm{e}^{t}\mathrm{d}t+\int_{0}^{x}\dfrac{1}{2}\mathrm{e}^{-t}\mathrm{d}t=1-\dfrac{1}{2}\mathrm{e}^{-x}.$$

所以

$$F(x)=\begin{cases}\dfrac{1}{2}\mathrm{e}^{x}, & x<0,\\[2mm] 1-\dfrac{1}{2}\mathrm{e}^{-x}, & x\geqslant0,\end{cases}$$

$$P\left\{-1<X\leqslant\dfrac{\sqrt{2}}{2}\right\}=F\left(\dfrac{\sqrt{2}}{2}\right)-F(-1)=1-\dfrac{1}{2}\mathrm{e}^{-\frac{\sqrt{2}}{2}}-\dfrac{1}{2}\mathrm{e}^{-1},$$

$$P\left\{\dfrac{\sqrt{2}}{2}\leqslant X\leqslant\sqrt{2}\right\}=F(\sqrt{2})-F\left(\dfrac{\sqrt{2}}{2}\right)=\dfrac{1}{2}(\mathrm{e}^{-\frac{\sqrt{2}}{2}}+\mathrm{e}^{-\sqrt{2}}),$$

$$P\{X>1\}=1-F(1)=\dfrac{1}{2}\mathrm{e}^{-1}.$$

(2) 由密度函数的性质，得

$$1=\int_{-\infty}^{+\infty}f(x)\mathrm{d}x=\int_{0}^{1}x\mathrm{d}x+\int_{1}^{a}(2-x)\mathrm{d}x=\dfrac{x^{2}}{2}\Big|_{0}^{1}+\left(2x-\dfrac{x^{2}}{2}\right)\Big|_{1}^{a}$$

则

$$1 = -\frac{a^2}{2} + 2a - 1 \Rightarrow (a-2)^2 = 0 \Rightarrow a = 2,$$

所以

$$f(x) = \begin{cases} x, & 0 \leqslant x < 1, \\ 2-x, & 1 \leqslant x < 2, \\ 0, & \text{其他}. \end{cases}$$

当 $x < 0$ 时，

$$F(x) = \int_{-\infty}^{x} f(t)\,dt = \int_{-\infty}^{x} 0\,dt = 0;$$

当 $0 \leqslant x < 1$ 时，

$$F(x) = \int_{-\infty}^{x} f(t)\,dt = \int_{0}^{x} t\,dt = \frac{t^2}{2}\Big|_{0}^{x} = \frac{x^2}{2};$$

当 $1 \leqslant x < 2$ 时，

$$F(x) = \int_{-\infty}^{x} f(t)\,dt = \int_{0}^{1} t\,dt + \int_{1}^{x} (2-t)\,dt$$
$$= \frac{t^2}{2}\Big|_{0}^{1} + \left(2t - \frac{t^2}{2}\right)\Big|_{1}^{x} = -\frac{x^2}{2} + 2x - 1;$$

当 $x \geqslant 2$ 时，

$$F(x) = \int_{-\infty}^{x} f(t)\,dt = \int_{0}^{1} t\,dt + \int_{1}^{2} (2-t)\,dt + \int_{2}^{x} 0\,dt = 1.$$

所以，

$$F(x) = \begin{cases} 0, & x < 0, \\ \dfrac{x^2}{2}, & 0 \leqslant x < 1, \\ -\dfrac{x^2}{2} + 2x - 1, & 1 \leqslant x < 2, \\ 1, & x \geqslant 2, \end{cases}$$

$$P\left\{-1 < X \leqslant \frac{\sqrt{2}}{2}\right\} = F\left(\frac{\sqrt{2}}{2}\right) - F(-1) = \frac{1}{4},$$

$$P\left\{\frac{\sqrt{2}}{2} \leqslant X \leqslant \sqrt{2}\right\} = F(\sqrt{2}) - F\left(\frac{\sqrt{2}}{2}\right) = 2\sqrt{2} - \frac{4}{9},$$

$$P\{X > 1\} = 1 - F(1) = \frac{1}{2}.$$

13. 某班数学考试成绩呈正态分布 $N(70,100)$，老师将成绩的 5% 定为优秀，那么成绩为优秀的最少成绩是多少？

解　设数学考试成绩为随机变量 X，则 $X \sim N(70,100)$，又设最少成绩为 a，则

$$P\{X \geqslant a\} = 0.05 \Rightarrow 1 - F(a) = 0.05$$
$$\Rightarrow 1 - \Phi\left(\frac{a-70}{10}\right) = 0.05,$$

即 $\Phi\left(\dfrac{a-70}{10}\right)=0.95$，查标准正态分布表，得$\dfrac{a-70}{10}=1.645$，$\Rightarrow a=86.45$，所以，成绩为优秀的最少成绩是 86.45.

14. 测一圆的半径 R，其概率分布为

R	10	11	12	13
p_i	0.1	0.4	0.3	0.2

求圆的面积 X 和周长 Y 的分布.

解　设圆的面积为 X，则 $X=\pi R^2=100\pi,121\pi,144\pi,169\pi$.

$$P\{X=100\pi\}=P\{\pi R^2=100\pi\}=P\{R=-10\}+P\{R=10\}=0.1,$$
$$P\{X=121\pi\}=P\{\pi R^2=121\pi\}=P\{R=-11\}+P\{R=11\}=0.4,$$
$$P\{X=144\pi\}=P\{\pi R^2=144\pi\}=P\{R=-12\}+P\{R=12\}=0.3,$$
$$P\{X=169\pi\}=P\{\pi R^2=179\pi\}=P\{R=-13\}+P\{R=13\}\geqslant 0.2.$$

所以

X	100π	121π	144π	169π
P	0.1	0.4	0.3	0.2

设圆的周长为 Y，则 $Y=2\pi R=20\pi,22\pi,24\pi,26\pi$. 和上述方法一样得到圆的周长的概率分布

Y	20π	22π	24π	26π
P	0.1	0.4	0.3	0.2

15. 设 X 为非负随机变量，密度函数为 $f(x)$，证明 $Y=\sqrt{X}$ 的密度函数为
$$f_Y(y)=\begin{cases}2yf(y^2), & y>0,\\ 0, & y\leqslant 0.\end{cases}$$

解　因为
$$F_Y(y)=P\{Y\leqslant y\}=P\{\sqrt{X}\leqslant y\},$$

当 $y<0$ 时，显然 $\sqrt{X}\leqslant y$ 不成立，即 $F_Y(y)=0$，所以 $f_Y(y)=0$；当 $y\geqslant 0$ 时，
$$F_Y(y)=P\{Y\leqslant y\}=P\{\sqrt{X}\leqslant y\}=P\{0\leqslant X\leqslant y^2\}=F_X(y^2)-F_X(0),$$
所以
$$f_Y(y)=[F_Y(y)]'=[F_X(y^2)-F_X(0)]'=(y^2)'F_X'(y^2)=2yf(y^2).$$
故 $Y=\sqrt{X}$ 的密度函数为
$$f_Y(y)=\begin{cases}2yf(y^2), & y>0,\\ 0, & y\leqslant 0.\end{cases}$$

$$(B)$$

2. 一大楼装有 5 个同类型的供水设备. 调查表明在任一时刻 t, 每个设备被使用的概率为 0.1, 问: 在同一时刻

(1) 恰有 2 个设备被使用的概率是多少?

(2) 至少有 3 个设备被使用的概率是多少?

(3) 至多有 3 个设备被使用的概率是多少?

(4) 至少有 1 个设备被使用的概率是多少?

解　设被使用的设备的个数是 X, 则 $X \sim b(5, 0.1)$.

(1) $P\{X=2\}=C_5^2(0.1)^2(0.9)^3=0.0729$.

(2) $P\{X \geqslant 3\}=P\{X=3\}+P\{X=4\}+P\{X=5\}$

$\qquad =C_5^3(0.1)^3(0.9)^2+C_5^4(0.1)^4(0.9)^1+C_5^5(0.1)^5(0.9)^0$

$\qquad =0.00856$.

(3) $P\{X \leqslant 3\}=1-P\{X>3\}=1-P\{X=4\}-P\{X=5\}$

$\qquad =1-C_5^4(0.1)^4(0.9)^1-C_5^5(0.1)^5(0.9)^0=0.99954$.

(4) $P\{X \geqslant 1\}=1-P\{X<1\}=1-P\{X=0\}$

$\qquad =1-C_5^0(0.1)^0(0.9)^5=0.40951$.

5. 设随机变量 $X \sim N(\mu, \sigma^2)$, 对 $P\{|X-\mu|<k\sigma\}=0.95; P\{|X-\mu|<k\sigma\}=0.90; P\{|X-\mu|<k\sigma\}=0.99$, 分别找出相应的 k 值(查表). 又对于 k 的什么值有 $P\{X>\mu-k\sigma\}=0.95$?

解　因为 $X \sim N(\mu, \sigma^2) \Rightarrow \dfrac{X-\mu}{\sigma} \sim N(0,1)$, 所以

$$P\left\{\left|\frac{X-\mu}{\sigma}\right|<k\right\}=0.95 \Rightarrow 2\Phi(k)-1=0.95 \Rightarrow \Phi(k)=0.975 \Rightarrow k=1.96;$$

$$P\left\{\left|\frac{X-\mu}{\sigma}\right|<k\right\}=0.90 \Rightarrow 2\Phi(k)-1=0.90 \Rightarrow \Phi(k)=0.95 \Rightarrow k=1.64;$$

$$P\left\{\left|\frac{X-\mu}{\sigma}\right|<k\right\}=0.99 \Rightarrow 2\Phi(k)-1=0.99 \Rightarrow \Phi(k)=0.995 \Rightarrow k=2.58;$$

$$P\{X>\mu-k\sigma\}=1-P\{X \leqslant \mu-k\sigma\}=1-P\left\{\frac{X-\mu}{\sigma} \leqslant -k\right\}$$

$$=1-\Phi(-k)=1-1+\Phi(k)=\Phi(k)=0.95 \Rightarrow k=1.64.$$

8. 设随机变量 X 的密度函数为

$$f(x)=\begin{cases}\dfrac{1}{3\sqrt[3]{x^2}}, & x \in [1,8], \\ 0, & \text{其他,}\end{cases}$$

又 $F(x)$ 是 X 的分布函数. 求随机变量 $Y=F(X)$ 的分布函数.

解　当 $x<1$ 时, $F(x)=0$; 当 $1 \leqslant x \leqslant 8$ 时,

$$F(x)=\int_{-\infty}^x f(t)\mathrm{d}t=\int_1^x \frac{1}{3}t^{-\frac{2}{3}}\mathrm{d}t=t^{\frac{1}{3}}\Big|_1^x=\sqrt[3]{x}-1;$$

当 $x>8$ 时,$F(x)=1$. 所以,

$$F(x)=\begin{cases}0, & x<1,\\ \sqrt[3]{x}-1, & 1\leqslant x\leqslant 8,\\ 1, & x>8.\end{cases}$$

而 $F_Y(y)=P\{Y\leqslant y\}=P\{F(X)\leqslant y\}$.

当 $y\leqslant 0$ 时,$F_Y(y)=0$;当 $0<y<1$ 时,

$$F_Y(y)=P\{Y\leqslant y\}=P\{F(X)\leqslant y\}$$
$$=P\{X\leqslant F^{-1}(y)\}=F(F^{-1}(y))=y;$$

当 $y\geqslant 1$ 时,$F_Y(y)=1$. 所以

$$F_Y(y)=\begin{cases}0, & y\leqslant 0,\\ y, & 0<y<1,\\ 1, & y\geqslant 1.\end{cases}$$

五、自 测 题

1. 用一台机器接连独立制造 3 个同种零件,第 i 个零件是不合格品的概率为 $p_i=\dfrac{1}{i+1}(i=1,2,3)$,以 3 个零件中的合格品数为随机变量 X,则 $P\{X=2\}=$____.

2. 设离散型随机变量 x 的概率分布为

X	x_1	x_2	...	x_i	...
P	p_1	p_2	...	p_i	...

除各 $p_i\geqslant 0$ 外,这些 p_i 还应满足____.

3. 设随机变量的分布列为 $P\{X=k\}=\dfrac{k}{10}$,$k=1,2,3,4$,则 $P\left\{\dfrac{1}{2}\leqslant X\leqslant\dfrac{5}{2}\right\}=$____.

4. 设随机变量 X 的概率分布为

X	0	1	2
P	0.25	0.5	0.25

则 X 的分布函数为____.

5. 某处有供水龙头 5 个,调查表明每一龙头被打开的可能性为 1/10,令 X 表示同时被打开的水龙头的个数,则 $P\{X=3\}=$____.

6. 设离散型随机变量 X 服从参数 $\lambda(\lambda>0)$ 的泊松分布,已知 $P\{X=1\}=P\{X=2\}$,则 $\lambda=$____.

7. 连续型随机变量 X 服从区间 $[1,5]$ 上的均匀分布,当 $x_1<1<x_2<5$ 时,$P\{x_1\leqslant X\leqslant x_2\}=$____.

8. 设随机变量 $X \sim N(-1,2)$，$f(x)$ 为 X 的密度函数，则 $f(x) = $ ___.

9. 已知 X 服从 $N(\mu,1)$ 正态分布，则 $P(|X-\mu|<0.05) \approx $ ___.

10. 设随机变量 X 的密度函数为 $f(x) = \begin{cases} 2x, & 0<x<1, \\ 0, & \text{其他}, \end{cases}$ 用 Y 表示对 X 的 3 次独立重复观察中事件 $\left\{ X \leqslant \dfrac{1}{2} \right\}$ 出现的次数，则 $P\{Y=2\} = $ ___.

11. 设随机变量 X 的概率分布为

X	0	1	2
P	0.5	0.3	0.2

则 X^2 的概率分布为___，$2X+1$ 的概率分布为___.

12. 设随机变量 X 服从 $(0,2)$ 上的均匀分布，则随机变量 $Y=X^2$ 在 $(0,4)$ 内的密度函数 $f_Y(y) = $ ___.

13. 设随机变量 X 的密度函数是 $f(x)$，且 $f(-x)=f(x)$，$F(x)$ 是 X 的分布函数，则对任意实数 a，有（ ）.

(A) $F(-a) = -\displaystyle\int_0^a f(x)\mathrm{d}x$；

(B) $F(-a) = \dfrac{1}{2} - \displaystyle\int_0^a f(x)\mathrm{d}x$；

(C) $F(-a)=F(a)$；

(D) $F(-a)=2F(a)-1$.

14. 一电话交换台每分钟接到的呼唤次数 X 服从 $\lambda=4$ 的泊松分布，那么每分钟接到的呼唤次数大于 20 的概率是（ ）.

(A) $\dfrac{4^{20}}{20}\mathrm{e}^{-4}$；

(B) $\displaystyle\sum_{k=0}^{\infty} \dfrac{4^k}{k!}\mathrm{e}^{-4}$；

(C) $\displaystyle\sum_{k=21}^{\infty} \dfrac{4^k}{20!}\mathrm{e}^{-4}$；

(D) $\displaystyle\sum_{k=21}^{\infty} \dfrac{4^k}{k!}\mathrm{e}^{-4}$.

15. 设 X 的概率分布为

X	0	1	2	3
P	0.1	0.3	0.4	0.2

又 $F(x)$ 是 X 的分布函数，则 $F(2)=$（ ）.

(A) 0.2；　　　(B) 0.4；　　　(C) 0.8；　　　(D) 1.

16. 设随机变量 X 的密度函数为 $f(x) = \begin{cases} 5x^4, & 0<x<a, \\ 0, & \text{其他}, \end{cases}$ 则常数 $a=$（ ）.

(A) 1；　　　(B) 2；　　　(C) 3；　　　(D) 4.

17. 设随机变量 X 服从参数 $\lambda=\dfrac{1}{9}$ 的指数分布，则 $P\{3<X<9\}=$（ ）.

(A) $F\left(\dfrac{9}{9}\right) - F\left(\dfrac{3}{9}\right)$；

(B) $\dfrac{1}{9}\left(\dfrac{1}{\sqrt[3]{\mathrm{e}}} - \dfrac{1}{\mathrm{e}}\right)$；

(C) $\dfrac{1}{\sqrt[3]{e}}-\dfrac{1}{e}$;　　　　　　　　　　(D) $\displaystyle\int_3^9 e^{-\frac{x}{9}}dx$.

18. 设随机变量 $X\sim N(2,2^2)$,且 $aX+b$ 服从标准正态分布 $N(0,1)$,则(　　　).

(A) $a=2,b=-2$;　　　　　　　　(B) $a=-2,b=-1$;

(C) $a=\dfrac{1}{2},b=-2$;　　　　　　　(D) $a=\dfrac{1}{2},b=-1$.

19. 设随机变量 $X\sim N(\mu,\sigma^2)$,则随着 σ 的增大,概率 $P\{|X-\mu|<\sigma\}$ 将会(　　　).

(A) 单调增加;　　(B) 单调减少;　　(C) 保持不变;　　(D) 增减不定.

20. 六张卡片上,分别写有 1,2,3,4,5,6. 从中随机地同时取其中三张,设随机变量 X 表示取出的三张卡片的最大号码,求 X 的概率分布.

21. 设随机变量 X 的密度函数为 $f(x)=Ax^2e^{-|x|}$,$-\infty<x<+\infty$,求:

(1) 常数 A; (2) X 的分布函数; (3) X 落在区间 $(-1,2)$ 内的概率.

22. 设 K 服从区间 $[0,5]$ 上的均匀分布,求方程 $4x^2+4Kx+K+2=0$ 有实根的概率.

23. 一大型设备在任何长为 t 的时间内,发生故障的次数 X 服从参数为 λt 的泊松分布,求:(1) 相继两次故障之间的时间间隔 T 的概率分布;(2) 在设备无故障工作 8h 的情况下,再无故障运行 8h 的概率.

24. 对某地抽样的结果表明,考生的外语成绩(按百分制计)近似服从正态分布 $N(72,\sigma^2)$,且 96 分以上的考生数占 2.3%,求考生的外语成绩在 60~84 分的概率.

25. 设 X 的概率分布为 $P\{X=k\}=\dfrac{1}{2^k}(k=1,2,\cdots)$,求 $Y=\sin\left(\dfrac{\pi}{2}X\right)$ 的概率分布.

26. 设 $X\sim E(2)$,求证:$Y=1-e^{-2X}$ 在 $[0,1]$ 服从均匀分布.

27. 设随机变量 X 的分布函数 $F(x)$ 连续,求 $Y=-2\ln F(X)$ 的密度函数.

六、自测题参考答案

1. $\dfrac{11}{24}$.

2. $\displaystyle\sum_{i=1}^{\infty}p_i=1$.

3. $\dfrac{3}{10}$.

4. $F(x)=\begin{cases}0, & x<0,\\ 0.25, & 0\leqslant x<1,\\ 0.75, & 1\leqslant x<2,\\ 1, & x\geqslant 2.\end{cases}$

5. $C_5^3(0.1)^3(0.9)^7$.

6. 2.

7. $\dfrac{x_2-1}{4}$.

8. $\dfrac{1}{2\sqrt{\pi}}e^{-\frac{(x+1)^2}{4}}$.

9. 0.03989.

10. $\dfrac{9}{64}$.

11.

x^2	0	2	4
P	$\dfrac{1}{2}$	$\dfrac{3}{10}$	$\dfrac{1}{5}$

$2x+1$	1	3	5
P	$\dfrac{1}{2}$	$\dfrac{3}{10}$	$\dfrac{1}{5}$

12. $f_Y(y)=\dfrac{1}{4\sqrt{y}}$, $0<y<4$.

13. (B).

14. (D).

15. (C).

16. (A).

17. (C).

18. (D).

19. (C).

20.

X	3	4	5	36
P	$\dfrac{1}{20}$	$\dfrac{3}{20}$	$\dfrac{6}{20}$	$\dfrac{10}{20}$

21. (1) $A=\dfrac{1}{4}$;　(2) $F(x)=\begin{cases}\dfrac{1}{4}(x^2-2x+2)e^x, & x<0,\\[2mm] 1-\dfrac{1}{4}(x^2+2x+2)e^{-x}, & x\geqslant 0.\end{cases}$

(3) $1-\dfrac{5}{2}e^{-2}-\dfrac{5}{4}e^{-1}$.

22. $\dfrac{3}{5}$.

23. (1) $T\sim E(\lambda)$;　(2) e^{-8t}.

24. 0.682.

25.

Y	-1	0	1
P	$\dfrac{2}{15}$	$\dfrac{1}{3}$	$\dfrac{8}{15}$

26. 略.

27. $f_Y(y) = \begin{cases} 0, & y < 0, \\ \dfrac{1}{2}\mathrm{e}^{-\frac{y}{2}}, & y \geqslant 0. \end{cases}$

第3章 随机变量的数字特征

一、基本要求

（1）理解随机变量数学期望和方差的概念，掌握它们的性质与计算.

（2）学会求随机变量函数的数学期望.

（3）掌握 0-1 分布、二项分布、泊松分布、均匀分布、指数分布、正态分布的数学期望和方差，且能熟练应用.

（4）了解矩的概念，掌握切比雪夫不等式及其应用.

（5）了解随机变量的数字特征在经济中的应用.

二、内容提要

1. 数学期望

1）数学期望的概念

数学期望又称均值，是反映随机变量平均状况的数字特征.

2）数学期望的性质

（1）对任意常数 a，有 $E(a)=a$；

（2）$E(X+a)=E(X)+a$；

（3）$E(aX+b)=aE(X)+b$.

2. 方差

1）方差的概念

设 X 为一个随机变量，其数学期望 $E(X)$ 存在，则称 $E[X-E(X)]^2$ 为随机变量 X 的方差，记作 $D(X)$ 或 $\mathrm{Var}X$，并称 $\sqrt{D(X)}$ 为 X 的标准差.

2）方差的性质

设 X 的方差 $D(X)$ 存在，a 为任意常数，则

（1）$D(X) \geqslant 0$；

（2）$D(a)=0$；

（3）$D(X+a)=D(X)$；

（4）$D(aX)=a^2D(X)$；

（5）$D(X)=E(X^2)-[E(X)]^2$.

3. 离散型随机变量的数学期望和方差

1) 离散型随机变量的数学期望和方差的概念

(1) 设离散性随机变量 X 的可能值为 $x_i(i=1,2,\cdots)$，其概率分布为

$P\{X=x_i\}=p_i,i=1,2,\cdots$，如果 $\sum\limits_{i=1}^{\infty}|x_i|p_i<\infty$，则称 $\sum\limits_{i=1}^{\infty}x_ip_i<\infty$ 为随机

变量 X 的**数学期望**(简称**期望**)，也称 X 的**均值**. 记作 $E(X)$，即

$$E(X)=\sum_{i=1}^{\infty}x_ip_i.$$

(2) 设 X 为离散随机变量，其概率分布为 $P\{X=x_i\}=p_i(i=1,2,\cdots)$，则

$$D(X)=E[X-E(X)]^2=\sum_i[x_i-E(X)]^2p_i.$$

2) 常用离散型分布的数学期望和方差(表 3.1)

表 3.1

分布名称	概率分布	数学期望	方　差
退化分布	$P\{X=c\}=1$	$E(X)=c$	$D(X)=0$
0-1 分布	$\begin{array}{c\|c\|c}X&0&1\\\hline P&q&p\end{array}$　$p+q=1,p>0$	$E(X)=p$	$D(X)=pq$
离散型均匀分布	$P\{X=x_i\}=\dfrac{1}{n}$, $k=1,2,\cdots,n$,且当 $i\neq j$ 时,$x_i\neq x_j$	$E(X)=\dfrac{1}{n}\sum\limits_{i=1}^{n}x_i$	$D(X)=\dfrac{1}{n^2}\left[n\sum\limits_{i=1}^{n}x_i^2-\left(\sum\limits_{i=1}^{n}x_i\right)^2\right]$
二项分布	$P\{X=k\}=C_n^kp^kq^{n-k},k=0,1,\cdots,n$, 其中 $0<p<1,q=1-p$	$E(X)=np$	$D(X)=npq$
几何分布	$P\{X=n\}=(1-p)^{n-1}p$, $n=1,2,\cdots,p>0$	$E(X)=\dfrac{1}{p}$	$D(X)=\dfrac{p^2-2p+3}{p^2}$
超几何分布	$P\{X=k\}=\dfrac{C_{N_1}^kC_{N_2}^{n-k}}{C_N^n},k=0,1,\cdots,n$, 其中 $N=N_1+N_2,n\leqslant N_1+N_2$	$E(X)=n\cdot\dfrac{N_1}{N}$	$D(X)=n\dfrac{N_1}{N}\cdot\dfrac{N_2}{N}\cdot\dfrac{N-n}{N-1}$
泊松分布	$P\{X=k\}=\dfrac{\lambda^k}{k!}e^{-\lambda}$, $k=0,1,2,\cdots$,其中 $\lambda>0$	$E(X)=\lambda$	$D(X)=\lambda$

4. 连续型随机变量的数学期望和方差

1) 连续型随机变量的数学期望和方差的概念

(1) 设连续随机变量 $X\sim f(x)$，如果 $\int_{-\infty}^{+\infty}|x|f(x)\mathrm{d}x<\infty$，则称 $\int_{-\infty}^{+\infty}xf(x)\mathrm{d}x$

为随机变量 X 的**数学期望**(又称**期望**或**均值**)，记为 $E(X)$，即

$$E(X)=\int_{-\infty}^{+\infty}xf(x)\mathrm{d}x.$$

(2) 设 X 为连续随机变量，$f(x)$ 是其密度函数，则

$$D(X) = E[X - E(X)]^2 = \int_{-\infty}^{+\infty} [x - E(X)]^2 f(x) \mathrm{d}x.$$

2) 常用连续型分布的数学期望和方差（表 3.2）

表 3.2

分布名称	概率密度函数	数学期望	方　差
均匀分布	$f(x) = \begin{cases} \dfrac{1}{b-a}, & a \leqslant x \leqslant b \\ 0, & \text{其他} \end{cases}$	$E(X) = \dfrac{a+b}{2}$	$D(X) = \dfrac{(b-a)^2}{12}$
柯西分布	$f(x) = \dfrac{1}{\pi(1+x^2)}$	不存在	不存在
指数分布	$f(x) = \begin{cases} \lambda e^{-\lambda x}, & x > 0 \\ 0, & x \leqslant 0 \end{cases}$ 其中 $\lambda > 0$	$E(X) = \dfrac{1}{\lambda}$	$D(X) = \dfrac{1}{\lambda^2}$
正态分布	$f(x) = \dfrac{1}{\sqrt{2\pi}\sigma} e^{-\frac{(x-\mu)^2}{2\sigma^2}}$ $-\infty < x < +\infty$, 其中 $\sigma > 0$	$E(X) = \mu$	$D(X) = \sigma^2$
标准正态分布	$\varphi(x) = \dfrac{1}{\sqrt{2\pi}} e^{-\frac{x^2}{2}}, -\infty < x < +\infty$	$E(X) = 0$	$D(X) = 1$
Γ 分布 （伽玛分布）	$f(x) = \begin{cases} 0, & x \leqslant 0 \\ \dfrac{\lambda^r}{\Gamma(r)} x^{r-1} e^{-\lambda x}, & x > 0 \end{cases}$ 其中 λ、r 均为大于 0 的常数	$E(X) = \dfrac{r}{\lambda}$	$D(X) = \dfrac{r}{\lambda^2}$
对数正态 分布	$f(x) = \begin{cases} \dfrac{1}{\sqrt{2\pi}\sigma x} e^{-\frac{(\ln x - \mu)^2}{2\sigma^2}}, & x > 0 \\ 0, & x \leqslant 0 \end{cases}$ 其中 $\sigma > 0$	$E(X) = e^{\mu + \frac{\sigma^2}{2}}$	$DX = e^{2\mu + \sigma^2}(e^{\sigma^2} - 1)$

5. 随机变量函数的数学期望

设 X 是一个随机变量，$g(x)$ 是一个实函数.

(1) 若 X 为离散型随机变量，概率分布为 $P\{X = x_i\} = p_i, i = 1, 2, \cdots,$ 且 $\sum\limits_{i=1}^{\infty} |g(x_i)| p_i < \infty$，则 $E[g(X)]$ 存在，且

$$E[g(X)] = \sum_{i=1}^{\infty} g(x_i) p_i.$$

(2) 若 X 为连续性随机变量，$f(x)$ 是其密度函数，且 $\int_{-\infty}^{+\infty} |g(x)| f(x) \mathrm{d}x < \infty$，则 $E[g(X)]$ 存在，且

$$E[g(X)] = \int_{-\infty}^{+\infty} g(x) f(x) \mathrm{d}x.$$

6. 矩

(1) X 为一随机变量，k 为正整数，如果 $v_k = E(X^k)$ 存在（即 $E(|X|^k) < \infty$），则

称 $E(X^k)$ 为 X 的 k 阶原点矩,称 $E(|X|^k)$ 为 X 的 k 阶原点绝对矩. 当 $k=1$ 时, v_1 就是 X 的数学期望 $E(X)$.

(2) X 为一随机变量, k 为正整数,如果 $E(X^k)$ 存在,则称 $\mu_k=E[X-E(X)]^k$ 为 X 的 k 阶中心矩,称 $E|X-E(X)|^k$ 为 X 的 k 阶中心绝对矩. 当 $k=2$ 时, μ_2 就是 X 的方差 $D(X)=E[X-E(X)]^2$,且一阶中心矩恒等于 0.

7. 切比雪夫不等式

设随机变量 X 的数学期望和方差都存在,则对任意 $\varepsilon>0$,事件 $\{|X-E(X)|\geqslant\varepsilon\}$ 的概率有一个估计式——切比雪夫不等式

$$P\{|X-E(X)|\geqslant\varepsilon\}\leqslant\frac{D(X)}{\varepsilon^2}.$$

切比雪夫不等式在概率论中有着重要的地位. 不等式表明,当方差愈小时,事件 $\{|X-E(X)|\geqslant\varepsilon\}$ 的概率愈小,这也再次表明方差可用来作为描述随机变量 X 关于其数学期望分散程度的一个指标.

如果令 $\varepsilon=k\sqrt{D(X)}$,则由切比雪夫不等式可得

$$P\{|X-E(X)|\geqslant k\sqrt{D(X)}\}\leqslant\frac{1}{k^2}.$$

因为 $\{|X-E(X)|\geqslant\varepsilon\}$ 与 $\{|X-E(X)|<\varepsilon\}$ 为对立事件,故

$$P\{|X-E(X)|<\varepsilon\}=1-P\{|X-E(X)|\geqslant\varepsilon\}\geqslant1-\frac{D(X)}{\varepsilon^2}.$$

三、典型例题

1. 随机变量及随机变量函数的数字特征

例 1 有 3 只球,4 只盒子,盒子的编号为 $1,2,3,4$. 将球逐个独立地、随机地放入 4 只盒子中去,以 X 表示其中至少有一只球的盒子的最小号码(例如 $X=3$ 表示 1 号,2 号盒子是空的,第 3 号盒子至少有 1 只球),试求 $E(X)$.

分析 要求离散型随机变量的期望,首先要得到离散型随机变量的概率分布,然后根据公式得到结果. 本题中,由于每只球都有 4 种放法,根据乘法原理共有 $4^3=64$ 种放法. 其中 3 只球都放在 4 号盒子里只有 1 中放法. 而 $\{X=3\}$ 表示 1 号,2 号盒子是空的,3 号盒子至少有 1 只球,因 1,2 号盒子空,球只能放在 3,4 号盒子里,共有 $2^3=8$ 种,但其中有一种是 3 只球都放在 4 号盒子里了,需除去. 其余也是如此讨论.

解 设 X 表示其中至少有一只球的盒子的最小号码,则 $X=1,2,3,4$,

$$P\{X=4\}=\frac{1}{64};\quad P\{X=3\}=\frac{2^3-1}{64}=\frac{7}{64};$$

$$P\{X=2\}=\frac{3^3-2^3}{64}=\frac{19}{64};\quad P\{X=1\}=\frac{4^3-3^3}{64}=\frac{37}{64}.$$

则

$$E(X) = \sum_{i=1}^{\infty} x_i p_i = 1 \times \frac{37}{64} + 2 \times \frac{19}{64} + 3 \times \frac{7}{64} + 4 \times \frac{1}{64} = \frac{25}{16}.$$

例 2　设随机变量 X 的概率分布为 $P\{X=i\}=P\{X=-i\}=\dfrac{1}{2i(i+1)}(i=1,2,$

$3\cdots)$,则 $E(X)=(\quad)$.

(A) 0;　　　　(B) 1;　　　　(C) 0.5;　　　　(D) 不存在.

分析　离散型随机变量的数学期望一定要满足级数 $\sum\limits_{i=1}^{\infty} |x_i| p_i$ 收敛,因此要进

行判断. 因 $\sum\limits_{i=1}^{\infty} |x_i| p_i = \sum\limits_{i=1}^{\infty} |\pm i| \dfrac{1}{2i(i+1)} = \dfrac{1}{2} \sum\limits_{i=1}^{\infty} \dfrac{1}{i+1}$,而调和级数 $\sum\limits_{i=1}^{\infty} \dfrac{1}{i+1}$ 发

散,故随机变量 X 的数学期望 $E(X)$ 不存在.

答案　(D).

例 3　设随机变量 X 的概率分布为 $P\{X=(-1)^k\}=\dfrac{1}{k(1+k)}$,$k=1,2,\cdots$,求

$E(X)$.

分析　离散型随机变量的数学期望不一定存在,要判断级数 $\sum\limits_{i=1}^{\infty} |x_i| p_i$ 是否收

敛,才能计算数学期望.

解　由于 $\sum\limits_{k=1}^{\infty} |x_k| p_k = \sum\limits_{k=1}^{\infty} |x_k p_k| = \sum\limits_{k=1}^{\infty} \left| (-1)^k k \dfrac{1}{k(1+k)} \right| = \sum\limits_{k=1}^{\infty} \left| \dfrac{1}{(1+k)} \right|$,

显然是发散的,因此 $E(X)$ 不存在.

例 4　设随机变量 X 的概率分布为

X	0	2	6
P	$\frac{3}{12}$	$\frac{4}{12}$	$\frac{5}{12}$

求 $E(X)$,$E[\ln(X+2)]$.

分析　此题涉及的是计算离散型随机变量的数学期望和计算离散型随机变量函
数的数学期望,利用公式即可.

解　$E(X) = \sum\limits_{i=1}^{\infty} x_i p_i = 0 \times \dfrac{3}{12} + 2 \times \dfrac{4}{12} + 6 \times \dfrac{5}{12} = \dfrac{19}{6}$;

$$E[g(X)] = \sum_{i=1}^{\infty} g(x_i) p_i = \ln(0+2) \times \frac{3}{12} + \ln(2+2) \times \frac{4}{12} + \ln(6+2) \times \frac{5}{12}$$

$$= \frac{13}{6} \ln 2.$$

例 5　证明:事件在一次试验中发生次数的方差不超过 $\dfrac{1}{4}$.

分析　事件在一次试验中可以发生,也可以不发生,则发生次数服从 0-1 分布,利用 0-1 分布的方差公式讨论就可得到结果.

证明　设发生的概率为 p,则发生次数 X 服从参数为 p 的 0-1 分布,发生次数 X 的概率分布为

$$P\{X=1\}=p,\quad P\{X=0\}=1-p=q\quad(0<p<1).$$

则

$$E(X)=0\cdot(1-p)+1\cdot p=p,\quad E(X^2)=0^2\cdot(1-p)+1^2\cdot p=p,$$

所以

$$D(X)=E(X^2)-[E(X)]^2=p-p^2=-\left(p-\frac{1}{2}\right)^2+\frac{1}{4}\leqslant\frac{1}{4}.$$

例6　设一次试验成功的概率为 p,进行 100 次独立重复试验,当 $p=$＿＿时,成功次数的标准差最大,其最大值为＿＿.

分析　显然在 100 次独立重复试验中,成功次数服从参数为 $100,p$ 的二项分布,可根据二项分布的标准差进行讨论.

解　设在 100 次独立重复试验中成功次数为随机变量 X,则 $X\sim b(100,p)$,则随机变量 X 的标准差为 $\sqrt{D(X)}=\sqrt{100p(1-p)}$,又因为 $100p(1-p)=25-100\left(p-\frac{1}{2}\right)^2$,显然当 $p=\frac{1}{2}$ 时,$\sqrt{D(X)}$ 最大,其最大值为 $\sqrt{D(X)}=\sqrt{100p(1-p)}=5$.

例7　设随机变量 X 的密度函数为 $f(x)=\begin{cases}3x,&0\leqslant x<1,\\4-3x,&1\leqslant x<2,\\0,&\text{其他},\end{cases}$ 计算 $E(X)$,$E(X^2),D(X)$.

分析　此题涉及的是计算连续型随机变量的数学期望和计算连续型随机变量函数的数学期望,利用公式即可;连续性随机变量求方差一般用公式 $D(X)=E(X^2)-[E(X)]^2$,如果上述公式用不了,就只好用方差的最初概念了.

解　$E(X)=\displaystyle\int_{-\infty}^{+\infty}xf(x)\mathrm{d}x=\int_0^1x\cdot3x\mathrm{d}x+\int_1^2x(4-3x)\mathrm{d}x=0,$

$$E(X^2)=\int_{-\infty}^{+\infty}x^2f(x)\mathrm{d}x=\int_0^1x^2\cdot3x\mathrm{d}x+\int_1^2x^2(4-3x)\mathrm{d}x=\frac{7}{6},$$

$$D(X)=E(X^2)-[E(X)]^2=\frac{7}{6}-0=\frac{7}{6}.$$

例8　已知离散型随机变量 X 服从参数为 2 的泊松分布,即 $P\{X=m\}=\dfrac{2^m}{m!}\mathrm{e}^{-2},m=0,1,2,\cdots$,则随机变量 $Y=3X-2$ 的数学期望 $E(Y)=$＿＿.

分析　随机变量 Y 是随机变量 X 的函数,可以利用数学期望的性质得到随机变量 Y 的数学期望.

解　因为离散型随机变量 X 服从参数为 2 的泊松分布,则 $E(X)=2$,由数学期望的性质,得

$$E(Y) = E(3X - 2) = 3E(X) - 2 = 4.$$

例 9　设随机变量 X 的密度函数为 $f(x) = \begin{cases} ax, & 0 < x < 2, \\ cx + b, & 2 \leqslant x \leqslant 4, \\ 0, & \text{其他}, \end{cases}$ 已知 $E(X) = 2$,

$P\{1 < X < 3\} = \dfrac{3}{4}$. 求 (1) a, b, c 的值; (2) 求 $Y = e^X$ 的期望与方差.

分析　连续型随机变量的密度函数中有未知参数,一般利用密度函数的性质,但本题中有 3 个未知参数,显然只用其性质是不行的,题目中又给了另外两个条件,可以用此来建立方程组得到参数的值;问题二涉及的是连续型随机变量函数的期望与方差的求法.

解　(1) 由密度函数的性质 (2),得

$$1 = \int_{-\infty}^{+\infty} f(x)\mathrm{d}x = \int_0^2 ax\,\mathrm{d}x + \int_2^4 (cx + b)\mathrm{d}x \Rightarrow 2a + 6c + 2b = 1;$$

由 $E(X) = 2$,得

$$2 = \int_{-\infty}^{+\infty} x f(x)\mathrm{d}x = \int_0^2 x \cdot ax\,\mathrm{d}x + \int_2^4 x(cx + b)\mathrm{d}x \Rightarrow \frac{8}{3}a + \frac{56}{3}c + 6b = 1;$$

由 $P\{1 < X < 3\} = \dfrac{3}{4}$,得

$$\frac{3}{4} = P\{1 < X < 3\} = \int_1^2 ax\,\mathrm{d}x + \int_2^3 (cx + b)\mathrm{d}x \Rightarrow \frac{3}{2}a + \frac{5}{2}c + b = \frac{3}{4}.$$

联立求解上述 3 个方程,得到 $a = \dfrac{1}{4}, b = 1, c = -\dfrac{1}{4}$. 即

$$f(x) = \begin{cases} \dfrac{1}{4}x, & 0 < x < 2, \\ -\dfrac{1}{4}x + 1, & 2 \leqslant x \leqslant 4, \\ 0, & \text{其他}. \end{cases}$$

(2) $E(Y) = \displaystyle\int_{-\infty}^{+\infty} e^x f(x)\mathrm{d}x$

$$= \int_0^2 e^x \cdot \frac{1}{4}x\,\mathrm{d}x + \int_2^4 e^x\left(-\frac{1}{4}x + 1\right)\mathrm{d}x = \frac{1}{4}(e^2 - 1)^2,$$

$E(Y^2) = \displaystyle\int_{-\infty}^{+\infty} e^{2x} f(x)\mathrm{d}x$

$$= \int_0^2 e^{2x} \cdot \frac{1}{4}x\,\mathrm{d}x + \int_2^4 e^{2x}\left(-\frac{1}{4}x + 1\right)\mathrm{d}x = \frac{1}{16}(e^4 - 1)^2,$$

所以

$$D(Y) = E(Y^2) - [E(Y)]^2$$

$$= \frac{1}{16}(e^4 - 1)^2 - \left[\frac{1}{4}(e^2 - 1)^2\right]^2 = \frac{1}{4}e^2(e^2 - 1)^2.$$

2. 离散型分布与连续型分布的综合

例 10　设随机变量 X 的密度函数为 $f(x)=\begin{cases}\dfrac{1}{2}\cos\dfrac{x}{2}, & 0\leqslant x\leqslant\pi,\\[2mm] 0, & \text{其他},\end{cases}$ 对 X 独立地

重复观察 4 次,用 Y 表示观察值大于 $\dfrac{\pi}{3}$ 的次数,求 Y^2 的数学期望.

分析　这是一道连续型和离散型混合的题目.分清楚每个随机变量的属性,二者的关系,问题就迎刃而解了.显然 Y 是离散型的,由于观察值是否大于 $\dfrac{\pi}{3}$ 的次数,服从参数 n,p 的二项分布,其中参数 p 就是观察值大于 $\dfrac{\pi}{3}$ 的概率.

解　因为
$$P\left\{X>\frac{\pi}{3}\right\}=\int_{\frac{\pi}{3}}^{+\infty}f(x)\mathrm{d}x=\int_{\frac{\pi}{3}}^{\pi}\frac{1}{2}\cos\frac{x}{2}\mathrm{d}x=\frac{1}{2},$$
即观察值大于 $\dfrac{\pi}{3}$ 的概率 $p=\dfrac{1}{2}$,所以
$$Y\sim b\left(4,\frac{1}{2}\right),$$
于是
$$E(Y)=np=4\times\frac{1}{2}=2,\quad D(Y)=npq=4\times\frac{1}{2}\times\frac{1}{2}=1,$$
故
$$E(Y^2)=D(Y)+[E(Y)]^2=1+4=5.$$

例 11　游客乘电梯从底层到电视塔顶层观光.电梯于每个整点的第 5 分钟,第 25 分钟和第 55 分钟从底层起行,假设游客在早八点的第 X 分钟到达底层候梯处,且 X 在 $[0,60]$ 上服从均匀分布,求该游客等候时间 Y 的数学期望.

分析　本题涉及的两个随机变量都是连续的,搞清楚游客等候时间与到达底层候梯处的时间的关系,问题就可以解决了.

解　已知 $X\sim f(x)=\begin{cases}\dfrac{1}{60}, & 0\leqslant x\leqslant60,\\[2mm] 0, & \text{其他},\end{cases}$ 而游客的等候时间 Y 是 X 的函数,即
$$Y=g(X)=\begin{cases}5-X, & 0<X\leqslant5,\\ 25-X, & 5<X\leqslant25,\\ 55-X, & 25<X\leqslant55,\\ 65-X, & 55<X\leqslant60,\end{cases}$$
故
$$E(Y)=E[g(X)]=\int_{-\infty}^{+\infty}g(x)f(x)\mathrm{d}x$$
$$=\int_0^5(5-x)\frac{1}{60}\mathrm{d}x+\int_5^{25}(25-x)\frac{1}{60}\mathrm{d}x+\int_{25}^{55}(55-x)\frac{1}{60}\mathrm{d}x+\int_{55}^{60}(65-x)\frac{1}{60}\mathrm{d}x$$

$$= \frac{1}{60}(12.5 + 200 + 400 + 37.5) = 11.67(\text{分}).$$

3. 切比雪夫不等式的应用

例 12　在每次试验中,事件 A 发生的概率均为 0.75. 用切比雪夫不等式估计,需要进行多少次独立重复试验,才能使事件发生的频率在 0.74~0.76 的概率至少为 0.90?

分析　利用切比雪夫不等式,就要确定随机变量的数学期望与方差,再利用切比雪夫不等式的两种形式讨论.

解　设 X 为在 n 次独立重复试验中 A 发生的次数,则 $X \sim b(n, 0.75)$,以 $\frac{X}{n}$ 表示在 n 次独立重复试验中 A 发生的频率,则

$$E\left(\frac{X}{n}\right) = \frac{1}{n}E(X) = \frac{1}{n} \times n \times 0.75 = 0.75,$$

$$D\left(\frac{X}{n}\right) = \frac{1}{n^2}D(X) = \frac{1}{n^2} \times n \times 0.75 \times 0.25 = \frac{0.1875}{n},$$

由切比雪夫不等式

$$P\left\{0.74 \leqslant \frac{X}{n} \leqslant 0.76\right\} = P\left\{\left|\frac{X}{n} - 0.75\right| \leqslant 0.01\right\} = P\left\{\left|\frac{X}{n} - E\left(\frac{X}{n}\right)\right| \leqslant 0.01\right\}$$

$$\geqslant 1 - \frac{D\left(\frac{X}{n}\right)}{0.01^2} = 1 - \frac{30000}{16n},$$

因此,要使 $P\left\{0.74 \leqslant \frac{X}{n} \leqslant 0.76\right\} \geqslant 0.90$,只要 $1 - \frac{30000}{16n} \geqslant 0.90$,知 $n \geqslant 18750$,故至少应进行 18750 次试验才能达到要求.

四、教材习题选解

（A）

2. 离散型随机变量 X 的概率分布为

$$P\{X = i\} = 2\left(\frac{1}{3}\right)^i, \quad i = 1, 2, \cdots,$$

求数学期望 $E(X)$.

解　$E(X) = \sum_{i=1}^{\infty} x_i p_i = \sum_{i=1}^{\infty} i \cdot 2\left(\frac{1}{3}\right)^i$

$$= 1 \cdot 2\left(\frac{1}{3}\right)^1 + 2 \cdot 2\left(\frac{1}{3}\right)^2 + \cdots + n \cdot 2\left(\frac{1}{3}\right)^n + \cdots$$

$$= \frac{3}{2}.$$

4. 假设一厂家生产的每台仪器以概率 0.7 可直接出厂,以概率 0.3 需进一步调试,经调试后以概率 0.8 可出厂,概率 0.2 不合格而不能出厂,现该厂生产 $n(n \geqslant 2)$ 台仪器(设仪器生产过程相互独立). 求:(1) 能出场的仪器数 X 的分布列;(2) n 台仪器全部出厂的概率;(3) 至少有两台不能出厂的概率;(4) 不能出厂的仪器数的期望和方差.

解 (1) 设事件 A 为仪器可出厂,事件 B 为直接出厂,事件 C 为调试后出厂,则
$$P(A) = P(B + \bar{B}C) = P(B) + P(\bar{B}C) = P(B) + P(\bar{B})P(C \mid \bar{B})$$
$$= 0.7 + 0.3 \times 0.8 = 0.94,$$
故 $X \sim b(n, 0.94)$,即 X 的分布列为
$$P\{X = k\} = C_n^k (0.94)^k (0.06)^{n-k}, \quad k = 1, 2, \cdots, n.$$
(2) $P\{X=n\} = C_n^n (0.94)^n (0.06)^0 = 0.94^n.$

(3) 设不能出厂的仪器数为 Y,则 $Y \sim b(n, 0.06)$,
$$P\{Y \geqslant 2\} = 1 - P\{Y < 2\} = 1 - P\{Y = 0\} - P\{Y = 1\}$$
$$= 1 - C_n^0 (0.94)^n (0.06)^0 - C_n^1 (0.94)^{n-1} (0.06)^1$$
$$= 1 - 0.94^n - 0.06n \times 0.94^{n-1}.$$

(4) 设不能出厂的仪器数为 Y,则 $Y \sim b(n, 0.06)$,则
$$E(Y) = np = 0.06n,$$
$$D(Y) = npq = 0.06 \times 0.94 \times n = 0.0564n.$$

6. 设随机变量 X 服从泊松分布,已知 $P\{X=1\} = 2P\{X=2\}$,求 $E(X), D(X), E(X^2), P\{X=3\}$.

解 因为 $X \sim P(\lambda)$,所以 $P\{X=k\} = \dfrac{\lambda^k}{k!} e^{-\lambda}, k = 0, 1, 2, \cdots$,其中 $\lambda > 0$;又 $P\{X=1\} = 2P\{X=2\}$,即
$$P\{X = 1\} = \frac{\lambda^1}{1!} e^{-\lambda} = 2P\{X = 2\} = 2 \frac{\lambda^2}{2!} e^{-\lambda},$$
则 $\lambda = \lambda^2 \Rightarrow \lambda = 0$ 或 $\lambda = 1$,由于 $\lambda > 0$,所以 $\lambda = 1$,于是
$$E(X) = 1, \quad D(X) = 1, \quad E(X^2) = D(X) + [E(X)]^2 = 1 + 1 = 2,$$
$$P\{X = 3\} = \frac{\lambda^3}{3!} e^{-\lambda} = \frac{1}{6} e^{-1}.$$

9. 3 个电子元件并连成一个系统,只有当 3 个元件损坏两个或两个以上时,系统便报废,已知电子元件的寿命服从均值为 1000 的指数分布,求系统的寿命超过 1000h 的概率.

解 设元件寿命为 X,则 $X \sim E(\lambda)$,而 $E(X) = 1000$,得到 $\lambda = \dfrac{1}{1000}$,即
$$X \sim f(x) = \begin{cases} \dfrac{1}{1000} e^{-\frac{1}{1000}x}, & x > 0, \\ 0, & x \leqslant 0, \end{cases}$$
从而

$$P\{X>1000\}=\int_{1000}^{+\infty}\frac{1}{1000}e^{-\frac{1}{1000}x}dx=-\left.e^{-\frac{1}{1000}x}\right|_{1000}^{+\infty}=e^{-1}.$$

另设系统寿命为 Y，则 $Y\sim B(3,p)$，其中 p 为元件寿命超过 1000h 的概率，所以 $Y\sim B(3,e^{-1})$，

$$P\{Y\geqslant 2\}=P\{Y=2\}+P\{Y=3\}$$
$$=C_3^2(e^{-1})^2(1-e^{-1})+C_3^3(e^{-1})^3(1-e^{-1})^0=3e^{-2}-2e^{-3}.$$

即系统的寿命超过 1000h 的概率为 $3e^{-2}-2e^{-3}$.

10. 设测量的随机误差 X 服从的是均值为 0，方差为 100 的正态分布，试求 100 次独立重复测量，至少有三次测量误差的绝对值大于 19.6 的概率 α，并用泊松分布求 α 的近似值.

解 设误差为 X，显然 $X\sim N(0,10^2)$，

$$P\{|X|>19.6\}=1-P\{|X|\leqslant 19.6\}=1-P\left\{\left|\frac{X-0}{10}\right|\leqslant 1.96\right\}$$
$$=1-2\Phi(1.96)+1=2-2\times 0.975=0.05.$$

另设 100 次测量中误差的绝对值大于 19.6 的次数为 Y，则 $Y\sim b(100,p)$，其中 p 为每一次测量误差的绝对值大于 19.6 的概率，因此 $Y\sim b(100,0.05)$，所以

$$P\{Y\geqslant 3\}=1-P\{Y<3\}=1-P\{Y=0\}-P\{Y=1\}-P\{Y=2\}$$
$$=1-C_{100}^0(0.05)^0(0.95)^{100}-C_{100}^1(0.05)^1(0.95)^{99}-C_{100}^2(0.05)^2(0.95)^{98}$$
$$=1-0.0059-0.0312-0.0804\approx 0.8825.$$

因为 $\lambda=np=100\times 0.05=5$，则随机变量 Y 近似服从参数 $\lambda=5$ 的泊松分布，则

$$P\{Y\geqslant 3\}=1-P\{Y<3\}=1-P\{Y=0\}-P\{Y=1\}-P\{Y=2\}$$
$$=1-\frac{5^0}{0!}e^{-5}-\frac{5^1}{1!}e^{-5}-\frac{5^2}{2!}e^{-5}=1-18.5e^{-5}.$$

12. 对球直径做测量，设其服从 $[a,b]$ 上的均匀分布，求球的体积的均值.

解 设球的直径为 X，则 $X\sim f(x)=\begin{cases}\dfrac{1}{b-a}, & a\leqslant x\leqslant b,\\ 0, & \text{其他},\end{cases}$ 球的体积为 V，则

$$V=\frac{4}{3}\pi\left(\frac{X}{2}\right)^3.$$

$$E(V)=E\left[\frac{4}{3}\pi\left(\frac{X}{2}\right)^3\right]=\frac{\pi}{6}E(X^3)=\frac{\pi}{6}\int_{-\infty}^{+\infty}x^3 f(x)dx$$
$$=\frac{\pi}{6}\int_a^b x^3\frac{1}{b-a}dx=\frac{1}{b-a}\cdot\frac{\pi}{6}\cdot\left.\frac{x^4}{4}\right|_a^b=\frac{\pi}{24}(a+b)(a^2+b^2).$$

16. 设袋中装有 m 只颜色各不相同的球，有放回地摸取 n 次，摸到球的颜色种数为 X，求证：$E(X)=m\left[1-\left(1-\dfrac{1}{m}\right)^n\right]$.

证明 记

$$X_k=\begin{cases}1, & \text{第 }k\text{ 个球在 }n\text{ 次中被摸到},\\ 0, & \text{否则},\end{cases}\quad k=1,2,\cdots,m,$$

则 $X = \sum\limits_{k=1}^{m} X_k$,且

$$
\begin{aligned}
P\{X_k = 1\} &= P\{\text{第 } k \text{ 个球在 } n \text{ 次中被摸到}\} \\
&= 1 - P\{\text{第 } k \text{ 个球在 } n \text{ 次中没被摸到}\} \\
&= 1 - \left(\frac{m-1}{m}\right)^n = 1 - \left(1 - \frac{1}{m}\right)^n,
\end{aligned}
$$

于是

$$
E(X_k) = 1 - \left(1 - \frac{1}{m}\right)^n, \quad k = 1, 2, \cdots, m,
$$

$$
E(X) = E\left(\sum_{k=1}^{m} X_k\right) = m\left[1 - \left(1 - \frac{1}{m}\right)^n\right].
$$

(B)

1. 对某一目标进行射击,直到击中 r 次为止. 如果每次射击的命中为 p,求需要射击的次数的均值和方差.

解 设需要射击的次数为 X,则 $X = r, r+1, r+2, \cdots$,记击中的概率为 p,没中的概率为 $1-p=q$,记

$$
X_i = \begin{cases} 1, & \text{第 } i \text{ 次射击击中}, \\ 0, & \text{否则}, \end{cases} \quad i = 1, 2, \cdots,
$$

则 $r = \sum\limits_{i=1}^{\infty} X_i$,且

$$
P\{X_i = 1\} = P\{\text{第 } i \text{ 次射击击中}\} = (1-p)^{i-1} p,
$$

则

$$
E(X_i) = \frac{1}{p}, \quad D(X_i) = \frac{q}{p^2},
$$

$$
E(r) = E\left(\sum_{i=1}^{\infty} X_i\right) = \frac{r}{p}, \quad D(r) = D\left(\sum_{i=1}^{\infty} X_i\right) = \frac{rq}{p^2}.
$$

2. 设随机变量 X 的密度函数为

$$
f(x) = \begin{cases} \dfrac{k}{1+x^2}, & -1 < x < 1, \\ 0, & \text{其他}, \end{cases}
$$

试求(1) k 的值;(2) $E(X)$;(3) $D(X)$.

解 由密度函数的性质(2),可得

$$
1 = \int_{-\infty}^{+\infty} f(x)\mathrm{d}x = \int_{-1}^{1} \frac{k}{1+x^2}\mathrm{d}x = k\arctan x \Big|_{-1}^{1} = \frac{\pi}{2} k \Rightarrow k = \frac{2}{\pi}.
$$

因此

$$
f(x) = \begin{cases} \dfrac{2}{\pi(1+x^2)}, & -1 < x < 1, \\ 0, & \text{其他}, \end{cases}
$$

$$E(X) = \int_{-\infty}^{+\infty} xf(x)\mathrm{d}x = \int_{-1}^{1} x\frac{2}{\pi(1+x^2)}\mathrm{d}x = \frac{1}{2}\ln(1+x^2)\Big|_{-1}^{1} = 0,$$

$$E(X^2) = \int_{-\infty}^{+\infty} x^2 f(x)\mathrm{d}x = \int_{-1}^{1} x^2 \frac{2}{\pi(1+x^2)}\mathrm{d}x = (x-\arctan x)\Big|_{-1}^{1} = \frac{4}{\pi} - 1,$$

则

$$D(X) = E(X^2) - [E(X)]^2 = \frac{4}{\pi} - 1.$$

6. 设 X 为随机变量，c 是常数，证明：
$$D(X) \leqslant E[(X-c)^2].$$

证明　因为 $D(X) = E(X^2) - [E(X)]^2$，即
$$E(X^2) = D(X) + [E(X)]^2,$$

则

$$\begin{aligned} E[(X-c)^2] &= E(X^2 - 2cX + c^2) = E(X^2) - 2cE(X) + c^2 \\ &= D(X) + [E(X)]^2 - 2cE(X) + c^2 = D(X) + [E(X)-c]^2, \end{aligned}$$

显然，

$$DX \leqslant E[(X-c)^2].$$

7. 设随机变量 X 在区间 $[-1,2]$ 上服从均匀分布；随机变量
$$Y = \begin{cases} 1, & \text{若 } X > 0, \\ 0, & \text{若 } X = 0, \\ -1, & \text{若 } X < 0, \end{cases}$$

则计算随机变量 Y 的方差 $D(Y)$.

解　因为 $X \sim U[-1,2]$，则密度函数 $f(x) = \begin{cases} \dfrac{1}{3}, & -1 \leqslant x \leqslant 2, \\ 0, & \text{其他}, \end{cases}$

又因为 $Y = \begin{cases} 1, & \text{若 } X > 0, \\ 0, & \text{若 } X = 0, \text{得} \\ -1, & \text{若 } X < 0, \end{cases}$

$$P\{Y = -1\} = P\{X < 0\} = \int_{-\infty}^{0} f(x)\mathrm{d}x = \int_{-1}^{0} \frac{1}{3}\mathrm{d}x = \frac{1}{3},$$

$$P\{Y = 0\} = P\{X = 0\} = 0,$$

$$P\{Y = 1\} = P\{X > 0\} = \int_{0}^{+\infty} f(x)\mathrm{d}x = \int_{0}^{2} \frac{1}{3}\mathrm{d}x = \frac{2}{3}.$$

则随机变量 Y 的概率分布为

Y	-1	0	1
P	$\dfrac{1}{3}$	0	$\dfrac{2}{3}$

$$E(Y) = (-1) \times \frac{1}{3} + 0 \times 0 + 1 \times \frac{2}{3} = \frac{1}{3},$$

$$E(Y^2) = (-1)^2 \times \frac{1}{3} + 0^2 \times 0 + 1^2 \times \frac{2}{3} = 1,$$

$$D(Y) = E(Y^2) - [E(Y)]^2 = 1 - \left(\frac{1}{3}\right)^2 = \frac{8}{9}.$$

9. 设随机变量 X 的密度函数为

$$f(x) = \frac{x^m}{m!} e^{-x}, \quad x \geqslant 0,$$

试利用切比雪夫不等式证明:

$$P\{0 < X < 2(m+1)\} \geqslant \frac{m}{m+1}.$$

证明

$$E(X) = \int_{-\infty}^{+\infty} x f(x) dx = \int_0^{+\infty} x \frac{x^m}{m!} e^{-x} dx = \frac{1}{m!} \int_0^{+\infty} x^{m+1} e^{-x} dx$$

$$= -\frac{1}{m!} \int_0^{+\infty} x^{m+1} de^{-x} = -\frac{1}{m!} \left(x^{m+1} e^{-x} \Big|_0^{+\infty} - (m+1) \int_0^{+\infty} x^m e^{-x} dx \right)$$

$$= \frac{1}{m!} (m+1) \int_0^{+\infty} x^m e^{-x} dx = \cdots = \frac{1}{m!} (m+1) \times m \times \cdots \times 2 \times 1$$

$$= m+1,$$

$$E(X^2) = \int_{-\infty}^{+\infty} x^2 f(x) dx = \int_0^{+\infty} x^2 \frac{x^m}{m!} e^{-x} dx = \frac{1}{m!} \int_0^{+\infty} x^{m+2} e^{-x} dx$$

$$= -\frac{1}{m!} \int_0^{+\infty} x^{m+2} de^{-x} = -\frac{1}{m!} \left(x^{m+2} e^{-x} \Big|_0^{+\infty} - (m+2) \int_0^{+\infty} x^{m+1} e^{-x} dx \right)$$

$$= \frac{1}{m!} (m+2) \int_0^{+\infty} x^{m+1} e^{-x} dx = \cdots = \frac{1}{m!} (m+2) \times (m+1) \times m \times \cdots \times 2 \times 1$$

$$= (m+2)(m+1),$$

$$D(X) = E(X^2) - [E(X)]^2 = (m+2)(m+1) - (m+1)^2 = m+1,$$

则

$$P\{0 < X < 2(m+1)\} = P\{-(m+1) < X - (m+1) < (m+1)\}$$
$$= P\{|X - (m+1)| < (m+1)\},$$

即

$$P\{|X - E(X)| < \varepsilon\} \geqslant 1 - \frac{D(X)}{\varepsilon^2} = 1 - \frac{m+1}{(m+1)^2} = \frac{m}{m+1},$$

由此得证.

五、自 测 题

1. 设 X 表示 10 次独立试验重复射击命中目标的次数,每次射中目标的概率为 0.4,则 X^2 的数学期望 $E(X^2) = \underline{\quad}$.

2. 已知离散型随机变量 X 的分布函数为

$$F(x) = \begin{cases} 0, & x < -2, \\ 0.1, & -2 \leqslant x < 0, \\ 0.4, & 0 \leqslant x < 1, \\ 0.8, & 1 \leqslant x < 3, \\ 1, & x \geqslant 3, \end{cases}$$

则 $E(X) = \underline{\quad}$，$D(X) = \underline{\quad}$，$E(1-2X) = \underline{\quad}$，$D(1-2X) = \underline{\quad}$.

3. 设随机变量 $X \sim b(n, p)$，已知 $E(X) = 1.6$，$D(X) = 1.28$，则参数 $n = \underline{\quad}$；$p = \underline{\quad}$.

4. 已知离散型随机变量 X 服从参数为 2 的泊松分布，则随机变量 $Z = 3X - 2$ 的数学期望 $E(Z) = \underline{\quad}$.

5. 设连续型随机变量 X 的密度函数为 $f(x) = \begin{cases} ax+b, & 0 < x < 1, \\ 0, & 其他, \end{cases}$ 且 $E(X) = \dfrac{1}{3}$，则 $a = \underline{\quad}$，$b = \underline{\quad}$.

6. 设随机变量 X 服从区间 $[0,2]$ 上的均匀分布，则 $\dfrac{DX}{[E(X)]^2} = \underline{\quad}$.

7. 设 X 服从参数为 1 的指数分布，则 $E(e^{-2X}) = \underline{\quad}$，$D(X^2) = \underline{\quad}$.

8. 设随机变量 $X \sim N(0,2)$，则标准差 $\sqrt{D(X)} = \underline{\quad}$.

9. 对于随机变量 X，仅知其 $E(X) = 3$，$D(X) = \dfrac{1}{25}$，则由切比雪夫不等式可知 $P\{|X-3| < 2\} \geqslant \underline{\quad}$.

10. 已知 $E(X) = 3$，$D(X) = 5$，则 $E[(X+2)^2] = \underline{\quad}$.

11. 设 X 的均值、方差均存在，且 $D(X) \neq 0$，并且 $Y = \dfrac{X - E(X)}{\sqrt{DX}}$，则 $E(Y) = \underline{\quad}$，$D(Y) = \underline{\quad}$.

12. 瓶中有 6 个红球，4 个白球，从中任取一球，记住颜色后再放回，连续摸取 4 次，设 X 为取得红球的次数，则 X 的期望 $E(X) = ($ 　　 $)$.

(A) $\dfrac{16}{10}$；　　　　(B) $\dfrac{4}{10}$；　　　　(C) $\dfrac{24}{10}$；　　　　(D) $\dfrac{4^2 \times 6}{10}$.

13. 设随机变量 $X \sim b(n, p)$，则 $\dfrac{D(X)}{E(X)} = ($ 　　 $)$.

(A) n；　　　　(B) $1-p$；　　　　(C) p；　　　　(D) $\dfrac{1}{1-p}$.

14. 设随机变量 $X \sim P(\lambda)(\lambda > 0)$，则 $\dfrac{[D(X)]^2}{E(X)} = ($ 　　 $)$.

(A) 1；　　　　(B) $\dfrac{1}{\lambda}$；　　　　(C) λ；　　　　(D) λ^2.

15. 若随机变量 X 满足 $D(X) = [E(X)]^2$，则 X 服从的分布是 $($ 　　 $)$.

(A) 正态分布；　　(B) 指数分布；　　(C) 二项分布；　　(D) 泊松分布.

16. 设随机变量 X 服从正态分布,其密度函数为 $f(x)=\dfrac{1}{2\sqrt{2\pi}}e^{-\frac{(x+1)^2}{8}}$,则 $E(2X^2-1)=$（　　）.

(A) 1;　　　　(B) 6;　　　　(C) 4;　　　　(D) 9.

17. 若随机变量 X 的方差存在,则 $P\left\{\dfrac{|X-E(X)|}{a}>1\right\}\leqslant$（　　）,其中 $a>0$.

(A) $D(X)$;　　(B) 1;　　(C) $\dfrac{D(X)}{a^2}$;　　(D) $a^2 D(X)$.

18. 已知 $E(X)=-1,D(X)=3$,则 $E[3(X^2-2)]=$（　　）.

(A) 6;　　　　(B) 9;　　　　(C) 30;　　　　(D) 36.

19. 某设备由三大部件构成,设备运转时,各部件需调整的概率为 0.1,0.2,0.3,若各部件的状态相互独立,求同时需要调整的部件数 X 的期望与方差.

20. 设随机变量 X 的密度函数为 $f(x)=\begin{cases}\dfrac{3}{8}x^2, & 0<x<2,\\ 0, & \text{其他},\end{cases}$ 且 Y 与 X 同分布,又事件 $A=\{X>a\}$ 与 $B=\{Y>a\}$ 独立,且 $P(A+B)=\dfrac{3}{4}$,求 (1) a 的值;(2) $\dfrac{1}{X^2}$ 的期望.

21. 设熊猫牌彩电的使用寿命 X(h) 服从参数 $\lambda=10^{-4}$ 的指数分布,随机地抽取一台,已经使用了 5000h 而未坏,问还能平均使用多少小时?

22. 由自动线加工的某种零件的内径 X(mm) 服从正态分布 $N(\mu,1)$,内径小于 10 或大于 12 的为不合格,其余为合格品,销售每件合格品活了,销售每件不合格品亏损,设销售利润 L(元) 与销售零件的内径 X 的关系为

$$L=\begin{cases}-1, & X<10,\\ 20, & 10\leqslant X\leqslant 12,\\ -5, & X>12,\end{cases}$$

问平均内径 μ 取何值时,销售一个零件的平均利润最大?

23. 某单位招聘 2500 人,按考试成绩从高分到低分依次录取,共有 10000 人报名.假设报名者的成绩 $X\sim N(\mu,\sigma^2)$,已知 90 分以上有 359 人,60 分以下有 1151 人,问被录用者中最低分为多少?

24. 设随机变量 X 的密度函数为 $f(x)=\begin{cases}\dfrac{x^2}{2}e^{-x}, & x>0,\\ 0, & x\leqslant 0,\end{cases}$ 利用切比雪夫不等式证明: $P\{0<X<6\}\geqslant\dfrac{2}{3}$.

六、自测题参考答案

1. 18.4.
2. 0.8;1.96;-0.6;7.84.

3. 8;0.2.

4. 4.

5. $-2,2$.

6. $\dfrac{1}{3}$.

7. $\dfrac{1}{3}$;20.

8. $\sqrt{2}$.

9. 0.99.

10. 30.

11. 0;1.

12. (C).

13. (B).

14. (C).

15. (B).

16. (D).

17. (C).

18. (A).

19. $E(X)=0.6$;$D(X)=0.46$.

20. (1) $\sqrt[3]{4}$; (2) $\dfrac{3}{4}$.

21. 10^4.

22. 10.9.

23. 78.75.

24. 略.

第 4 章　多维随机变量及其分布

一、基 本 要 求

(1) 了解多维随机变量的概念,了解二维随机变量的联合分布函数的概念和性质.

(2) 理解二维离散型随机变量的联合概率分布的概念,理解二维连续型随机变量的联合密度函数的概念及性质.

(3) 理解二维离散型随机变量的边缘概率分布的概念,理解二维连续型随机变量的边缘密度函数的概念,了解二维随机变量的条件分布.

(4) 理解随机变量独立性的概念.

(5) 会求两个独立随机变量简单函数的分布(和、极大、极小),了解有限个相互独立的服从正态分布的随机变量的线性组合仍服从正态分布的结论.

(6) 理解二维随机变量函数的数学期望的概念及性质,并会计算.

(7) 了解协方差、相关系数的概念及性质,并会计算.

(8) 了解二维正态分布和二维均匀分布.

二、内 容 提 要

1. 多维随机变量及其分布函数

1) n 维随机变量

设 $X_1, X_2, \cdots, X_n$ 是概率空间 (Ω, P) 上的 n 个随机变量,则称 $(X_1, X_2, \cdots, X_n)$ 为 (Ω, P) 上的一个 n 维随机变量或随机向量.

2) 联合分布函数

$(X_1, X_2, \cdots, X_n)$ 是 n 维随机变量,称函数

$$F(x_1, x_2, \cdots, x_n) = P\{X_1 \leqslant x_1, X_2 \leqslant x_2, \cdots, X_n \leqslant x_n\}$$

为 $(X_1, X_2, \cdots, X_n)$ 的分布函数,或 $X_1, X_2, \cdots, X_n$ 的联合分布函数.

3) 二维随机变量的分布函数

函数 $F(x, y) = P\{X \leqslant x, Y \leqslant y\}$ 称为二维随机变量 (X, Y) 的分布函数,或随机变量 X 和 Y 的联合分布函数.

4) 二维联合分布函数的基本性质

(1) 单调性. $F(x, y)$ 关于变量 x 或 y 都是单调非减,右连续的.

(2) 有界性. 对任意的 x, y,有 $0 \leqslant F(x, y) \leqslant 1$.

(3) $F(-\infty,y)=0,F(x,-\infty)=0,F(-\infty,-\infty)=0,F(+\infty,+\infty)=1$.

(4) 非负性. 对于任意的实数 $x_1<x_2,y_1<y_2$,有
$$F(x_2,y_2)-F(x_2,y_1)-F(x_1,y_2)+F(x_1,y_1)\geqslant 0.$$

5) 边缘分布函数

若 (X,Y) 的联合分布函数为 $F(x,y)$,则关于 X 和 Y 的边缘分布函数分别为
$$F_X(x)=P\{X\leqslant x\}=F(x,+\infty),$$
$$F_Y(y)=P\{Y\leqslant y\}=F(+\infty,y).$$

2. 二维离散型随机变量及其概率分布

1) 二维离散型随机变量

二维随机变量 (X,Y) 的全部可能的不同取值至多取有限个或可列无限个数对 (x_i,y_j),则称 (X,Y) 是二维离散型随机变量.

2) 联合概率分布

称 $p_{ij}=P\{X=x_i,Y=y_j\}(i,j=1,2,\cdots)$ 为 (X,Y) 的联合概率分布或称为联合分布律.

3) 联合概率分布的性质

(1) $p_{ij}\geqslant 0,i,j=1,2,\cdots$;

(2) $\sum\limits_i\sum\limits_j p_{ij}=1$.

4) 区域 D 上的概率
$$P\{(X,Y)\in D\}=\sum\limits_{(x_i,y_j)\in D}p_{ij}.$$

特别地,(X,Y) 的联合分布函数为
$$F(x,y)=P\{X\leqslant x,Y\leqslant y\}=\sum\limits_{x_i\leqslant x,y_j\leqslant y}p_{ij}.$$

5) 边缘概率分布

设 (X,Y) 的联合概率分布为
$$p_{ij}=P\{X=x_i,Y=y_j\},\quad i,j=1,2,\cdots,$$
则称 $p_{i\cdot}=P\{X=x_i\}=\sum\limits_j p_{ij}(i=1,2,\cdots)$ 为 X 的边缘概率分布,称 $p_{\cdot j}=P\{Y=y_j\}=\sum\limits_i p_{ij}(j=1,2,\cdots)$ 为 Y 的边缘概率分布.

6) 条件概率分布

设 (X,Y) 的联合概率分布为
$$p_{ij}=P\{X=x_i,Y=y_j\},\quad i,j=1,2,\cdots,$$
则称
$$p_{i|j}=P\{X=x_i\mid Y=y_j\}=\frac{P\{X=x_i,Y=y_j\}}{P\{Y=y_j\}}=\frac{p_{ij}}{p_{\cdot j}},\quad i=1,2,\cdots$$
为给定 $Y=y_j$ 条件下 X 的条件概率分布.同样,称

$$p_{j|i} = P\{Y = y_j \mid X = x_i\} = \frac{P\{X = x_i, Y = y_j\}}{P\{X = x_i\}} = \frac{p_{ij}}{p_{i\cdot}}, \quad j = 1, 2, \cdots$$

为给定 $X = x_i$ 的条件下 Y 的条件概率分布.

3. 二维连续型随机变量

1）二维连续型随机变量及其概率密度函数

设二维随机变量 (X, Y) 的分布函数为 $F(x, y)$，如果存在一个非负可积的二元函数 $f(x, y)$，使得对任意实数 x, y，均有

$$F(x, y) = \int_{-\infty}^{x} \int_{-\infty}^{y} f(s, t) \mathrm{d}s \mathrm{d}t,$$

则称 (X, Y) 为二维连续型随机变量，并称 $f(x, y)$ 为 (X, Y) 的联合概率密度函数（或称联合密度函数）.

2）联合密度函数 $f(x, y)$ 的基本性质

(1) $f(x, y) \geqslant 0$；

(2) $\int_{-\infty}^{+\infty} \int_{-\infty}^{+\infty} f(x, y) \mathrm{d}x \mathrm{d}y = 1.$

3）若 $f(x, y)$ 在点 (x, y) 处连续，则有 $\dfrac{\partial^2 F(x, y)}{\partial x \partial y} = f(x, y).$

4）区域 D 上的概率

$$P\{(X, Y) \in D\} = \iint\limits_{D} f(x, y) \mathrm{d}x \mathrm{d}y.$$

5）边缘密度函数

设 (X, Y) 的联合密度函数为 $f(x, y)$，则分别称

$$f_X(x) = \int_{-\infty}^{+\infty} f(x, y) \mathrm{d}y, \quad f_Y(y) = \int_{-\infty}^{+\infty} f(x, y) \mathrm{d}x$$

为关于 X 和关于 Y 的边缘密度函数.

6）条件密度函数

设连续型随机变量 (X, Y) 的联合密度函数为 $f(x, y)$，边缘密度函数为 $f_X(x)$，$f_Y(y)$，则分别称

$$f_{Y|X}(y \mid x) = \frac{f(x, y)}{f_X(x)}, \quad f_{X|Y}(x \mid y) = \frac{f(x, y)}{f_Y(y)}$$

为在 $X = x$ 的条件下 Y 的条件密度函数及在 $Y = y$ 的条件下 X 的条件密度函数.

4. 两个重要的二维连续型分布

1）二维均匀分布

若二维随机变量 (X, Y) 的联合密度函数为

$$f(x, y) = \begin{cases} \dfrac{1}{S_D}, & (x, y) \in D, \\ 0, & \text{其他,} \end{cases}$$

则称 (X,Y) 服从区域 D 上的二维均匀分布. 其中 S_D 为平面区域 D 的面积 $(0<S_D<+\infty)$.

2）二维正态分布

若二维随机变量 (X,Y) 的联合密度函数为

$$f(x,y) = \frac{1}{2\pi\sigma_1\sigma_2\sqrt{1-\rho^2}} e^{-\frac{1}{2(1-\rho^2)}\left[\left(\frac{x-\mu_1}{\sigma_1}\right)^2 - 2\rho\left(\frac{x-\mu_1}{\sigma_1}\right)\left(\frac{y-\mu_2}{\sigma_2}\right) + \left(\frac{y-\mu_2}{\sigma_2}\right)^2\right]},$$

其中，$\mu_1,\mu_2,\sigma_1,\sigma_2,\rho$ 均为参数，且 $\sigma_1>0,\sigma_2>0,|\rho|<1$，则称 (X,Y) 服从参数为 $\mu_1,\mu_2,\sigma_1,\sigma_2,\rho$ 的二维正态分布，记为 $(X,Y)\sim N(\mu_1,\mu_2,\sigma_1^2,\sigma_2^2,\rho)$.

注　二维正态分布的边缘分布是一维正态分布，且

$$X \sim N(\mu_1,\sigma_1^2), \quad Y \sim N(\mu_2,\sigma_2^2).$$

5. 随机变量的独立性

1）两个随机变量的独立性

设 X 和 Y 的联合分布函数为 $F(x,y)$，边缘分布函数为 $F_X(x)$ 和 $F_Y(y)$. 如果满足

$$P\{X \leqslant x, Y \leqslant y\} = P\{X \leqslant x\} \cdot P\{Y \leqslant y\}, \quad (x,y) \in \mathbf{R}^2,$$

或

$$F(x,y) = F_X(x) \cdot F_Y(y), (x,y) \in \mathbf{R}^2,$$

则称随机变量 X 与 Y 相互独立，简称 X 与 Y 独立.

2）$n(n>2)$ 个随机变量的相互独立性

设 $X_1,X_2,\cdots,X_n$ 的联合分布函数为 $F(x_1,x_2,\cdots,x_n)$，边缘分布函数为 $F_i(x_i)$，$i=1,2,\cdots,n$. 如果满足

$$F(x_1,x_2,\cdots,x_n) = F_1(x_1)F_2(x_2)\cdots F_n(x_n),(x_1,x_2,\cdots,x_n) \in \mathbf{R}^n,$$

则称 $X_1,X_2,\cdots,X_n$ 相互独立.

3）可数个随机变量（随机变量序列）的相互独立性

如果随机变量序列 $X_1,X_2,\cdots,X_n,\cdots$ 中的任意有限个随机变量均相互独立，则称 $X_1,X_2,\cdots,X_n,\cdots$ 相互独立.

4）独立性的性质与结论

（1）X 与 Y 独立，则对任意集合 $A,B \subset \mathbf{R}$，有

$$P\{X \in A, Y \in B\} = P\{X \in A\} \cdot P\{Y \in B\};$$

（2）X 与 Y 独立，则对任意两个函数 g_1,g_2，有 $g_1(X)$ 与 $g_2(Y)$ 相互独立；

（3）如果 (X,Y) 是二维离散型随机变量，则 X 与 Y 独立等价于

$$p_{ij} = p_i. \cdot p_{.j}, \quad i,j = 1,2,\cdots;$$

（4）如果 (X,Y) 是二维连续型随机变量，则 X 与 Y 独立等价于

$$f(x,y) = f_X(x) \cdot f_Y(y),(x,y) \in \mathbf{R}^2;$$

（5）二维正态随机变量的两个分量独立的充要条件是 $\rho=0$；

（6）有限个相互独立的正态随机变量的线性可加性　若 $X_i \sim N(\mu_i, \sigma_i^2)$，$i=1,2,\cdots,n$，且它们相互独立，则

$$a_1 X_1 + a_2 X_2 + \cdots + a_n X_n \sim N\left(\sum_{i=1}^{n} a_i \mu_i, \sum_{i=1}^{n} a_i^2 \sigma_i^2\right),$$

其中 $a_i(i=1,2,\cdots,n)$ 为常数.

6. 二维随机变量函数的分布

1）离散型随机变量函数的分布

设二维离散型随机变量 (X,Y) 的概率分布为 $p_{ij}=P\{X=x_i,Y=y_j\}(i,j=1,2,\cdots)$，$g(x,y)$ 是一个二元函数，则 $Z=g(X,Y)$ 为离散型随机变量，且其概率分布为

$$P\{Z=z_k\} = \sum_{g(x_i,y_j)=z_k} P\{X=x_i,Y=y_j\}, \quad k=1,2,\cdots.$$

特别地，对 $Z=X+Y$ 的情形，当 X 与 Y 相互独立时，有

$$P\{Z=z_k\} = \sum_{g(x_i,y_j)=z_k} P\{X=x_i,Y=y_j\}$$
$$= \sum_i P\{X=x_i,Y=z_k-x_i\} = \sum_j P\{X=z_k-y_j,Y=y_j\}.$$

上面的式子称为离散场合的卷积公式，在满足条件的时候，可直接作为公式用.

2）续型随机变量函数的分布

设 (X,Y) 为二维连续型随机变量，其联合密度函数为 $f(x,y)$，$g(x,y)$ 为已知的二元连续函数，则随机变量 $Z=g(X,Y)$ 的分布函数的一般求法为

$$F_Z(z) = P\{Z \leqslant z\} = P\{g(X,Y) \leqslant z\} = \iint_{g(x,y) \leqslant z} f(x,y)\mathrm{d}x\mathrm{d}y,$$

而随机变量 $Z=g(X,Y)$ 的密度函数为 $f_Z(z)=F_Z'(z)$.

特别地，对 $Z=X+Y$ 的情形，当 X 与 Y 相互独立时，有

$$f_Z(z) = \int_{-\infty}^{+\infty} f_X(x) \cdot f_Y(z-x)\mathrm{d}x \quad 或 f_Z(z) = \int_{-\infty}^{+\infty} f_X(z-y) \cdot f_Y(y)\mathrm{d}y.$$

上面两个式子称为连续场合的卷积公式，在满足条件的时候，可直接作为公式用.

3）最大值与最小值的分布

设随机变量 X 与 Y 相互独立，其分布函数分别为 $F_X(x)$，$F_Y(y)$，则 $M=\max\{X,Y\}$ 的分布函数为

$$F_M(z) = F_X(z) \cdot F_Y(z),$$

$N=\min\{X,Y\}$ 的分布函数为

$$F_N(z) = 1 - [1-F_X(z)] \cdot [1-F_Y(z)].$$

一般地，若随机变量 $X_1,X_2,\cdots,X_n$ 相互独立，设其分布函数分别为 $F_1(x)$，$F_2(x),\cdots,F_n(x)$，则 $M=\max\{X_1,X_2,\cdots,X_n\}$ 的分布函数为

$$F_M(z) = F_1(z) \cdot F_2(z) \cdot \cdots \cdot F_n(z),$$

$N=\min\{X_1,X_2,\cdots,X_n\}$ 的分布函数为

$$F_N(z) = 1 - [1 - F_1(z)] \cdot [1 - F_2(z)] \cdot \cdots \cdot [1 - F_n(z)].$$

特别地,当 $X_1, X_2, \cdots, X_n$ 独立同分布时,其分布函数为 $F(x)$,则

$$F_M(z) = [F(z)]^n, \quad F_N(z) = 1 - [1 - F(z)]^n.$$

4) 两个连续型随机变量之差、积与商的密度函数

设二维连续型随机变量 (X,Y) 的联合密度函数为 $f(x,y)$,随机变量 X 与 Y 的密度函数分别为 $f_X(x)$ 和 $f_Y(y)$,则有

(1) 两个随机变量之差. $Z = X - Y$ 是连续型随机变量,其密度函数为

$$f(z) = \int_{-\infty}^{+\infty} f(z+y, y) \mathrm{d}y;$$

(2) 两个随机变量之积. $Z = XY$ 是连续型随机变量,其密度函数为

$$f(z) = \int_{-\infty}^{+\infty} f\left(x, \frac{z}{x}\right) \cdot \frac{1}{|x|} \mathrm{d}x = \int_{-\infty}^{+\infty} f\left(\frac{z}{y}, y\right) \cdot \frac{1}{|y|} \mathrm{d}y;$$

(3) 两个随机变量之商. $Z = X/Y$ 是连续型随机变量,其密度函数为

$$f(z) = \int_{-\infty}^{+\infty} f(yz, y) \cdot |y| \mathrm{d}y.$$

7. 二维随机变量的数字特征

1) 两个随机变量函数的数学期望

设 (X,Y) 是二维随机变量,$g(x,y)$ 是一个二元函数,$Z = g(X,Y)$,则

(1) (X,Y) 为离散型时,

$$E(Z) = E[g(X,Y)] = \sum_i \sum_j g(x_i, y_j) p_{ij};$$

(2) (X,Y) 为连续型时,

$$E(Z) = E[g(X,Y)] = \int_{-\infty}^{+\infty} \int_{-\infty}^{+\infty} g(x,y) f(x,y) \mathrm{d}x \mathrm{d}y.$$

2) 协方差及相关系数

(1) 协方差. $\sigma_{XY} = \mathrm{Cov}(X,Y) = E[(X-E(X))(Y-E(Y))]$.

(2) 相关系数. 如果 $D(X) > 0, D(Y) > 0$,则称 $\rho_{XY} = \dfrac{\mathrm{Cov}(X,Y)}{\sqrt{D(X)}\sqrt{D(Y)}}$

为随机变量 X 与 Y 的相关系数.

(3) 不相关. 当 $\mathrm{Cov}(X,Y) = 0$ 时,称 X 与 Y 不相关.

(4) 协方差矩阵. $(X_1, X_2, \cdots, X_n)$ 是 n 维随机变量,令 $\sigma_{ij} = \mathrm{Cov}(X_i, Y_j), i,j = 1,2,\cdots,n$,则称矩阵 $(\sigma_{ij})_{n \times n}$ 为 $(X_1, X_2, \cdots, X_n)$ 的协方差矩阵.

3) 协方差的性质

(1) $\mathrm{Cov}(X,X) = D(X)$;

(2) 对于任意常数 a,有 $\mathrm{Cov}(X,a) = 0$;

(3) $\mathrm{Cov}(X,Y) = \mathrm{Cov}(Y,X)$;

(4) 对于任意常数 a 和 b,有 $\mathrm{Cov}(aX, bY) = ab\mathrm{Cov}(X,Y)$;

（5）对于任意随机变量 X,Y,Z，有
$$\text{Cov}(X+Y,Z) = \text{Cov}(X,Z) + \text{Cov}(Y,Z),$$
$$\text{Cov}(X,Y+Z) = \text{Cov}(X,Y) + \text{Cov}(X,Z);$$

（6）$|\text{Cov}(X,Y)| \leqslant \sqrt{D(X)} \cdot \sqrt{D(Y)}.$

4）相关系数的性质及意义

（1）对任意随机变量 X 和 Y，若 $D(X)>0,D(Y)>0$，则有 $|\rho_{XY}|\leqslant 1$；

（2）$|\rho_{XY}|=1$ 的充分必要条件是 X 与 Y 间几乎处处存在线性关系，即存在常数 $a(a\neq 0)$ 与 b，使得 $P\{Y=aX+b\}=1$；

（3）相关系数 ρ_{XY} 刻画了 Y 与 X 的线性关系强弱，随着 $|\rho_{XY}|$ 从 0 增加到 1，这种线性关系的程度越来越高.

5）有关数字特征的一些重要结论与公式

（1）对任意 n 个随机变量 $X_1,X_2,\cdots,X_n$，如果数学期望均存在，则
$$E(X_1+X_2+\cdots+X_n) = E(X_1)+E(X_2)+\cdots+E(X_n);$$

（2）对 n 个相互独立的随机变量 $X_1,X_2,\cdots,X_n$，如果数学期望存在，则
$$E(X_1X_2\cdots X_n) = E(X_1) \cdot E(X_2) \cdot \cdots \cdot E(X_n);$$

（3）若 $X_1,X_2,\cdots,X_n$ 的两两协方差存在，则其方差均存在，且有
$$D(X_1 \pm X_2 \pm \cdots \pm X_n) = \sum_{i=1}^{n} D(X_i) + 2\sum_{1\leqslant i<j\leqslant n} \text{Cov}(X_i,Y_j);$$

（4）$X_1,X_2,\cdots,X_n$ 相互独立$\Rightarrow X_1,X_2,\cdots,X_n$ 两两独立$\Rightarrow X_1,X_2,\cdots,X_n$ 两两不相关$\Rightarrow D(X_1+X_2+\cdots+X_n) = \sum_{i=1}^{n} D(X_i);$

（5）X 与 Y 相互独立$\Rightarrow X$ 与 Y 不相关$\Leftrightarrow \text{Cov}(X,Y)=0 \Leftrightarrow E(XY)=E(X)E(Y) \Leftrightarrow D(X+Y)=D(X)+D(Y);$

（6）$\text{Cov}(X,Y)=E(XY)-E(X)E(Y);$

（7）$D(X\pm Y)=D(X)+D(Y)\pm 2\text{Cov}(X,Y);$

（8）如果 $D(X)>0,D(Y)>0$，则 X 与 Y 不相关$\Leftrightarrow \text{Cov}(X,Y)=0 \Leftrightarrow \rho_{XY}=0;$

（9）如果 $(X,Y)\sim N(\mu_1,\mu_2,\sigma_1^2,\sigma_2^2,\rho)$，则相关系数 $\rho_{XY}=\rho$，并且 X 与 Y 相互独立$\Leftrightarrow X$ 与 Y 不相关$\Leftrightarrow \rho=0.$

三、典 型 例 题

1. 二维随机变量及其分布的基本概念及性质

例 1 设 $F_1(x),F_2(x)$ 均为分布函数，问下列函数是否为分布函数？为什么？

(A) $[1-F_1(x)]F_2(x)$；　　(B) $[1-F_1(x)][1-F_2(x)]$；

(C) $F_1(x)+F_2(x)$；　　(D) $F_1(x)-F_2(x).$

分析 本题主要考查随机变量分布函数的基本性质与随机变量函数的分布的基

本结论.

(A)、(C)、(D)均不是分布函数. 这是因为

$$\lim_{x\to+\infty}[1-F_1(x)]F_2(x)=0\neq 1,$$
$$\lim_{x\to+\infty}[F_1(x)+F_2(x)]=2\neq 1,$$
$$\lim_{x\to+\infty}[F_1(x)-F_2(x)]=0\neq 1.$$

(B)是分布函数. 因为,它满足分布函数的四条基本性质. 实际上如果设 $F_1(x)$, $F_2(x)$ 分别为随机变量 X,Y 的分布函数,且设 X 与 Y 独立,则 $[1-F_1(x)][1-F_2(x)]$ 是 $\min\{X,Y\}$ 的分布函数.

答案 (B).

例2 二元函数

$$F(x,y)=\begin{cases}0, & x+y<-\dfrac{1}{2},\\[2mm] 1, & x+y\geqslant -\dfrac{1}{2}.\end{cases}$$

是否为某个二维随机变量的分布函数? 为什么?

分析 本题是要考察 $F(x,y)$ 是否满足二维随机变量分布函数的四条基本性质.

解 易验证:对每个变元,$F(x,y)$ 单调不减,右连续,且

$$0\leqslant F(x,y)\leqslant 1,\quad F(-\infty,y)=0,\quad F(x,-\infty)=0,$$
$$F(-\infty,-\infty)=0,\quad F(+\infty,+\infty)=1.$$

但是,$F(x,y)$ 不是二维分布函数,这是因为

$$F(1,1)-F(1,-1)-F(-1,1)+F(-1,-1)=1-1-1+0=-1<0.$$

例3 设随机变量 (X,Y) 的联合概率分布为

X \ Y	-1	0
1	$\dfrac{1}{4}$	$\dfrac{1}{4}$
2	$\dfrac{1}{6}$	a

求:(1) a 的值;(2) (X,Y) 的联合分布函数.

分析 本题主要考察联合概率分布的性质及由联合概率分布确定联合分布函数.

解 (1) 由性质 $\sum_i\sum_j p_{ij}=1$,可得 $\dfrac{1}{4}+\dfrac{1}{4}+\dfrac{1}{6}+a=1$,所以,$a=\dfrac{1}{3}$.

(2) (X,Y) 的联合分布函数为

$$F(x,y)=P\{X\leqslant x,Y\leqslant y\}=\sum_{x_i\leqslant x,y_j\leqslant y}p_{ij}.$$

当 $x<1$ 或 $y<-1$ 时,

$$F(x,y) = P\{\varnothing\} = 0;$$

当 $1 \leqslant x < 2, -1 \leqslant y < 0$ 时，

$$F(x,y) = P\{X = 1, Y = -1\} = \frac{1}{4};$$

当 $x \geqslant 2, -1 \leqslant y < 0$ 时，

$$F(x,y) = P\{X = 1, Y = -1\} + P\{X = 2, Y = -1\} = \frac{1}{4} + \frac{1}{6} = \frac{5}{12};$$

当 $1 \leqslant x < 2, y > 0$ 时，

$$F(x,y) = P\{X = 1, Y = -1\} + P\{X = 1, Y = 0\} = \frac{1}{4} + \frac{1}{4} = \frac{1}{2};$$

当 $x \geqslant 2, y \geqslant 0$ 时，

$$F(x,y) = P\{X = 1, Y = -1\} + P\{X = 2, Y = -1\} + P\{X = 1, Y = 0\}$$
$$+ P\{X = 2, Y = 0\} = \frac{1}{4} + \frac{1}{4} + \frac{1}{6} + \frac{1}{3} = 1.$$

综上所述，得 (X,Y) 的联合分布函数为

$$F(x,y) = \begin{cases} 0, & x < 1 \text{ 或 } y < -1, \\ 0.25, & 1 \leqslant x < 2, -1 \leqslant y < 0, \\ \dfrac{5}{12}, & x \geqslant 2, -1 \leqslant y < 0, \\ 0.5, & 1 \leqslant x < 2, y \geqslant 0, \\ 1, & x \geqslant 2, y \geqslant 0. \end{cases}$$

2. 由给定的试验确定各种概率分布

例 4　一袋中装有 5 个白球，3 个红球. 第一次从袋中任意取一个球，不放回；第二次又从袋中任取两个球，X 表示第 1 次取到的白球数，Y 表示第 2 次取到的白球数. 求：(1) (X,Y) 的联合概率分布及边缘概率分布；(2) 概率 $P\{X = 0, Y \neq 0\}$，$P\{X = Y\}$，$P\{XY = 0\}$.

分析　这是一个根据实际的试验结果求二维随机变量联合概率分布的问题，解决这类问题的关键是首先确定 X, Y 所有可能取值，然后对每个可能取值，求相应事件的概率. 一般情况下，可利用概率的乘法公式

$$P\{X = x_i, Y = y_j\} = P\{Y = y_j\} P\{X = x_i \mid Y = y_j\}$$

或

$$P\{X = x_i, Y = y_j\} = P\{X = x_i\} P\{Y = y_j \mid X = x_i\}.$$

解　(1) X 的所有可能取值为 $0, 1$；Y 的所有可能取值为 $0, 1, 2$. 由概率的乘法公式可得

$$P\{X = 0, Y = 0\} = P\{X = 0\} P\{Y = 0 \mid X = 0\} = \frac{3}{8} \times \frac{1}{C_7^2} = \frac{1}{56},$$

$$P\{X = 0, Y = 1\} = P\{X = 0\} P\{Y = 1 \mid X = 0\} = \frac{3}{8} \times \frac{C_5^1 C_2^1}{C_7^2} = \frac{5}{28},$$

$$P\{X=0,Y=2\}=P\{X=0\}P\{Y=2\mid X=0\}=\frac{3}{8}\times\frac{C_5^2}{C_7^2}=\frac{5}{28},$$

$$P\{X=1,Y=0\}=P\{X=1\}P\{Y=0\mid X=1\}=\frac{5}{8}\times\frac{C_3^2}{C_7^2}=\frac{5}{56},$$

$$P\{X=1,Y=1\}=P\{X=1\}P\{Y=1\mid X=1\}=\frac{5}{8}\times\frac{C_4^1C_3^1}{C_7^2}=\frac{5}{14},$$

$$P\{X=1,Y=2\}=P\{X=1\}P\{Y=2\mid X=1\}=\frac{5}{8}\times\frac{C_4^2}{C_7^2}=\frac{5}{28}.$$

即 (X,Y) 的联合概率分布及边缘概率分布为

X \ Y	0	1	2	$p_i.$
0	$\frac{1}{56}$	$\frac{5}{28}$	$\frac{5}{28}$	$\frac{3}{8}$
1	$\frac{5}{56}$	$\frac{5}{14}$	$\frac{5}{28}$	$\frac{5}{8}$
$p._j$	$\frac{3}{28}$	$\frac{15}{28}$	$\frac{5}{14}$	

(2) $P\{X=0,Y\neq0\}=P\{X=0,Y=1\}+P\{X=0,Y=2\}$

$$=\frac{5}{28}+\frac{5}{28}=\frac{5}{14},$$

$$P\{X=Y\}=P\{X=0,Y=0\}+P\{X=1,Y=1\}$$

$$=\frac{1}{56}+\frac{5}{14}=\frac{3}{8},$$

$$P\{XY=0\}=P\{X=0,Y=0\}+P\{X=0,Y=1\}$$

$$+P\{X=0,Y=2\}+P\{X=1,Y=0\}$$

$$=P\{X=0\}+P\{X=1,Y=0\}=\frac{3}{8}+\frac{5}{56}=\frac{13}{28}.$$

例 5 将一枚硬币连掷三次,以 X 表示在三次中出现正面的次数,Y 表示在三次中出现正面次数与出现反面次数之差的绝对值. 求:(1) (X,Y) 的联合概率分布与两个边缘概率分布;(2) 在 $Y=1$ 的条件下,X 的条件概率分布.

分析 先确定 X 与 Y 所有可能的取值,再利用第 1 章的公式即可求出 (X,Y) 的联合概率分布,进一步可容易求出边缘概率分布与条件概率分布.

解 (1) X 的所有可能取值为 $0,1,2,3$. 由 $Y=|X-(3-X)|$ 知,当 X 取 $0,3$ 时,Y 取 3;当 X 取 $1,2$ 时,Y 取 1. 于是利用二项分布可得

$$P\{X=0,Y=3\}=C_3^0\left(\frac{1}{2}\right)^0\left(\frac{1}{2}\right)^3=\frac{1}{8},$$

$$P\{X=1,Y=1\}=C_3^1\left(\frac{1}{2}\right)^1\left(\frac{1}{2}\right)^2=\frac{3}{8},$$

$$P\{X=2,Y=1\}=C_3^2\left(\frac{1}{2}\right)^2\left(\frac{1}{2}\right)^1=\frac{3}{8},$$

$$P\{X=3,Y=3\} = C_3^3 \left(\frac{1}{2}\right)^3 \left(\frac{1}{2}\right)^0 = \frac{1}{8},$$

故(X,Y)的联合概率分布与边缘概率分布为

X \ Y	1	3	$p_{i\cdot}$
0	0	$\frac{1}{8}$	$\frac{1}{8}$
1	$\frac{3}{8}$	0	$\frac{3}{8}$
2	$\frac{3}{8}$	0	$\frac{3}{8}$
3	0	$\frac{1}{8}$	$\frac{1}{8}$
$p_{\cdot j}$	$\frac{3}{4}$	$\frac{1}{4}$	

(2) 在$Y=1$的条件下X的条件概率分布为

$$P\{X=0 \mid Y=1\} = \frac{P\{X=0,Y=1\}}{P\{Y=1\}} = \frac{p_{11}}{p_{\cdot 1}} = \frac{0}{\frac{3}{4}} = 0,$$

同理
$$P\{X=1 \mid Y=1\} = 0.5, \quad P\{X=2 \mid Y=1\} = 0.5, \quad P\{X=3 \mid Y=1\} = 0.$$
即在$Y=1$的条件下X的条件概率分布为

X	0	1	2	3
$p_{i\mid 1}$	0	0.5	0.5	0

3. 由给定的分布或密度求各种分布或密度及独立性

例6 设二维随机变量(X,Y)的联合密度函数为

$$f(x,y) = \begin{cases} ax, & 0<y<x<1, \\ 0, & \text{其他}. \end{cases}$$

求:(1) 常数a;(2) 两个边缘密度函数;(3) 概率$P\{2X+Y<1\}$.

分析　本题考察联合密度函数的基本性质及已知联合密度函数求边缘密度函数及在某一区域上的概率,是二维连续型随机变量的基本题型.

解　(1) 利用性质$\int_{-\infty}^{+\infty}\int_{-\infty}^{+\infty} f(x,y)\mathrm{d}x\mathrm{d}y = 1$,可得

$$1 = \int_{-\infty}^{+\infty}\int_{-\infty}^{+\infty} f(x,y)\mathrm{d}x\mathrm{d}y = a\int_0^1 \mathrm{d}x\int_0^x x\mathrm{d}y = \frac{a}{3},$$

所以,$a=3$.

(2) 由公式$f_X(x) = \int_{-\infty}^{+\infty} f(x,y)\mathrm{d}y$得,当$x \leqslant 0$或$x \geqslant 1$时,$f_X(x)=0$;当$0 < x < 1$时,

$$f_X(x) = \int_{-\infty}^{+\infty} f(x,y)\mathrm{d}y = \int_0^x 3x\mathrm{d}y = 3x^2.$$

所以

$$f_X(x) = \begin{cases} 3x^2, & 0 < x < 1, \\ 0, & \text{其他}. \end{cases}$$

同理得

$$f_Y(y) = \int_{-\infty}^{+\infty} f(x,y)\mathrm{d}x = \begin{cases} \dfrac{3}{2}(1-y^2), & 0 < y < 1, \\ 0, & \text{其他}. \end{cases}$$

(3) $P\{2X+Y < 1\} = \iint\limits_{2x+y\leqslant 1} f(x,y)\mathrm{d}x\mathrm{d}y = \int_0^{\frac{1}{3}}\mathrm{d}y\int_y^{\frac{1-y}{2}} 3x\mathrm{d}x = \dfrac{5}{72}.$

例 7　已知随机变量 X,Y 的概率分布分别为

X	-1	0	1
P	0.25	0.5	0.25

Y	0	1
P	0.5	0.5

且 $P\{XY=0\}=1$.(1) 求 X,Y 的联合概率分布;(2) 问 X 与 Y 是否独立?

　　分析　一般情况下,由边缘分布不能导出联合分布.要确定联合分布,关键要利用好附加条件 $P\{XY=0\}=1$.一旦求出联合概率分布,判断独立性可依据离散型随机变量相互独立的等价条件,看是否联合概率等于边缘概率的乘积.

　　解　有条件知,$P\{X\neq 0,Y\neq 0\}=0$,于是

$$P\{X=-1,Y=1\}=0, \quad P\{X=1,Y=1\}=0.$$

由已知的边缘概率分布可得联合概率分布及边缘概率分布表如下:

Y＼X	-1	0	1	$p_{i\cdot}$
0	p_{11}	p_{12}	p_{13}	0.5
1	0	p_{22}	0	0.5
$p_{\cdot j}$	0.25	0.5	0.25	

由联合概率分布与边缘概率分布的关系得

$$p_{11}+0=0.25, \quad p_{11}=0.25;$$
$$p_{13}+0=0.25, \quad p_{13}=0.25;$$
$$0+p_{22}+0=0.5, \quad p_{22}=0.5;$$
$$p_{12}+p_{22}=0.5, \quad p_{12}=0.$$

于是 X,Y 的联合概率分布为

Y \ X	-1	0	1	$p_i.$
0	0.25	0	0.25	0.5
1	0	0.5	0	0.5
$p_{.j}$	0.25	0.5	0.25	

(2) 由于 $P\{X=0,Y=0\}=0\neq P\{X=0\}P\{Y=0\}=0.5\times0.5=0.25$,故 X 与 Y 不独立.

例8 设随机变量 $X\sim U[0,2]$,对任意 $x(0\leqslant x\leqslant2)$,在 $X=x$ 的条件下,$Y|X=x\sim U(x-1,x+1)$.(1) 求 (X,Y) 的联合密度函数;(2) 求条件密度函数 $f_{X|Y}(x|y)$;(3) 判断 X 与 Y 是否独立.

分析 这是一个由边缘密度函数和条件密度函数确定联合密度函数的问题,显然由公式 $f(x,y)=f_X(x)f_{Y|X}(y|x)$ 或 $f(x,y)=f_Y(y)f_{X|Y}(x|y)$ 来计算.一旦求得 $f(x,y)$,便可反过来确定另一个边缘密度函数 $f_Y(y)$,进而可求得 $f_{X|Y}(x|y)$.

解 (1) 依题设得

$$f_X(x)=\begin{cases}\dfrac{1}{2}, & 0\leqslant x\leqslant 2,\\ 0, & 其他,\end{cases} \qquad f_{Y|X}(y\mid x)=\begin{cases}\dfrac{1}{2}, & x-1\leqslant y\leqslant x+1,\\ 0, & 其他.\end{cases}$$

从而

$$f(x,y)=f_X(x)f_{Y|X}(y\mid x)=\begin{cases}\dfrac{1}{4}, & 0\leqslant x\leqslant 2, x-1\leqslant y\leqslant x+1,\\ 0, & 其他.\end{cases}$$

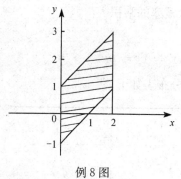

例8图

可见 (X,Y) 服从区域 $D=\{(x,y)\mid 0\leqslant x\leqslant 2,$ $x-1\leqslant y\leqslant x+1\}$ 上的均匀分布,如附图所示.

(2) 先求 $f_Y(y)$.

当 $y\leqslant-1$ 或 $y\geqslant3$ 时,

$$f(x,y)=0, \quad f_Y(y)=0;$$

当 $-1<y<1$ 时,

$$f(x,y)=\begin{cases}\dfrac{1}{4}, & 0\leqslant x\leqslant y+1,\\ 0, & 其他,\end{cases}$$

此时,

$$f_Y(y)=\int_{-\infty}^{+\infty}f(x,y)\mathrm{d}x=\int_0^{y+1}\frac{1}{4}\mathrm{d}x=\frac{y+1}{4};$$

当 $1\leqslant y<3$ 时,

$$f(x,y)=\begin{cases}\dfrac{1}{4}, & y-1\leqslant x\leqslant 2,\\ 0, & 其他,\end{cases}$$

此时,

$$f_Y(y) = \int_{-\infty}^{+\infty} f(x,y)\mathrm{d}x = \int_{y-1}^{2} \frac{1}{4}\mathrm{d}x = \frac{3-y}{4}.$$

综上得

$$f_Y(y) = \begin{cases} \dfrac{y+1}{4}, & -1 < y < 1, \\ \dfrac{3-y}{4}, & 1 \leqslant y < 3, \\ 0, & \text{其他.} \end{cases}$$

进一步, 由公式 $f_{X|Y}(x|y) = \dfrac{f(x,y)}{f_Y(y)}$, 得

当 $-1 < y < 1$ 时,

$$f_{X|Y}(x \mid y) = \begin{cases} \dfrac{1}{y+1}, & 0 \leqslant x \leqslant y+1, \\ 0, & \text{其他;} \end{cases}$$

当 $1 \leqslant y < 3$ 时,

$$f_{X|Y}(x \mid y) = \begin{cases} \dfrac{1}{3-y}, & y-1 \leqslant x \leqslant 2, \\ 0, & \text{其他.} \end{cases}$$

(3) 由于

$$f(x,y) = \begin{cases} \dfrac{1}{4}, & 0 \leqslant x \leqslant 2, x-1 \leqslant y \leqslant x+1, \\ 0, & \text{其他,} \end{cases}$$

$$f_X(x)f_Y(y) = \begin{cases} \dfrac{y+1}{8}, & 0 \leqslant x \leqslant 2, -1 < y < 1, \\ \dfrac{3-y}{8}, & 0 \leqslant x \leqslant 2, 1 \leqslant y < 3, \\ 0, & \text{其他,} \end{cases}$$

可知 $f(x,y) \neq f_X(x)f_Y(y)$, 从而 X 与 Y 不独立.

例 9 设随机变量 $X \sim U[1,3]$, $Y \sim U[1,3]$, 且 X 与 Y 独立, 引进事件: $A = \{X \leqslant a\}$, $B = \{Y > a\}$, 已知 $P(A \cup B) = \dfrac{7}{9}$, 求常数 a.

分析 因为 X 与 Y 独立, 所以 A 与 B 独立, 从而有
$$P(A \cup B) = P(A) + P(B) - P(A)P(B),$$
而 $P(A)$, $P(B)$ 可由 a 表示, 再由 $P(A \cup B) = \dfrac{7}{9}$ 可求解 a.

解 由分析得
$$\frac{7}{9} = P(A \cup B) = P(A) + P(B) - P(A)P(B)$$

$$= \int_1^a \frac{1}{2} \mathrm{d}x + \int_a^3 \frac{1}{2} \mathrm{d}x - \int_1^a \frac{1}{2} \mathrm{d}x \cdot \int_a^3 \frac{1}{2} \mathrm{d}x$$

$$= \frac{1}{2}(a-1) + \frac{1}{2}(3-a) - \frac{1}{2}(a-1) \cdot \frac{1}{2}(3-a)$$

$$= 1 - \frac{1}{4}(a-1)(3-a),$$

即 $9a^2 - 36a + 35 = 0$，解得 $a = \frac{5}{3}$ 或 $a = \frac{7}{3}$.

例 10　掷两个均匀的骰子，用 B 表示第一个骰子出现的点数，C 表示第二个骰子出现的点数. 求：(1) 关于 x 的方程 $x^2 + Bx + C = 0$ 有实根的概率；(2) $|B-C|$ 的概率分布.

分析　方程 $x^2 + Bx + C = 0$ 有实根的充分必要条件是 $B^2 \geqslant 4C$. 所以方程 $x^2 + Bx + C = 0$ 有实根的概率为 $P\{B^2 \geqslant 4C\}$. 因此只要明确 B,C 的取值及其概率即可.

解　由于 B,C 的可能取值均为 $1,2,3,4,5,6$，且

$$P\{B=i, C=j\} = P\{B=i\} \cdot P\{C=j\} = \frac{1}{6} \times \frac{1}{6} = \frac{1}{36}, \quad i,j = 1,2,3,4,5,6.$$

(1) $P\{B^2 \geqslant 4C\} = P\{B^2 = 4C\} + P\{B^2 > 4C\}$

$$= [P\{B=2, C=1\} + P\{B=4, C=4\}] + [P\{B=3, 1 \leqslant C \leqslant 2\}$$

$$+ P\{B=4, 1 \leqslant C \leqslant 3\} + P\{B=5, 1 \leqslant C \leqslant 6\} + P\{B=6, 1 \leqslant C \leqslant 6\}]$$

$$= \frac{2}{36} + \frac{17}{36} = \frac{19}{36},$$

由此知，方程 $x^2 + Bx + C = 0$ 有两个相等的实根的概率为 $\frac{1}{18}$，有两个不相等的实根的概率为 $\frac{17}{36}$.

(2) $|B-C|$ 的可能取值为 $0,1,2,3,4,5$，且

$$P\{|B-C| = 0\} = \sum_{i=1}^{6} P\{B=i, C=i\} = 6 \times \frac{1}{36} = \frac{1}{6},$$

$$P\{|B-C| = 1\} = 2\sum_{i=1}^{5} P\{B=i, C=i+1\} = 2 \times \frac{5}{36} = \frac{5}{18},$$

$$P\{|B-C| = 2\} = 2\sum_{i=1}^{4} P\{B=i, C=i+2\} = 2 \times \frac{4}{36} = \frac{4}{18},$$

$$P\{|B-C| = 3\} = 2\sum_{i=1}^{3} P\{B=i, C=i+3\} = 2 \times \frac{3}{36} = \frac{3}{18},$$

$$P\{|B-C| = 4\} = 2\sum_{i=1}^{2} P\{B=i, C=i+4\} = 2 \times \frac{2}{36} = \frac{2}{18},$$

$$P\{|B-C| = 5\} = P\{B=1, C=6\} + P\{B=6, C=1\} = \frac{1}{18},$$

所以，$|B-C|$ 的概率分布为

$\|B-C\|$	0	1	2	3	4	5
P	$\frac{3}{18}$	$\frac{5}{18}$	$\frac{4}{18}$	$\frac{3}{18}$	$\frac{2}{18}$	$\frac{1}{18}$

4. 二维随机变量函数的分布

例 11　设随机变量 X 与 Y 独立同分布，且概率分布为

$$P\{X=k\}=P\{Y=k\}=\frac{1}{2^k},\quad k=1,2,\cdots,$$

求 $Z=\min\{X,Y\}$ 的概率分布.

分析　本题考察离散型随机变量函数的分布. 首先明确 Z 的取值与 X 和 Y 之间的关系，然后根据独立性与概率的性质即可得到结果. 在计算 $P\{Z=k\}$ 时，要注意

$$\{Z=k\}=\{X=k,Y=k\}\bigcup\left[\bigcup_{i=k+1}^{\infty}\{X=k,Y=i\}\right]\bigcup\left[\bigcup_{i=k+1}^{\infty}\{X=i,Y=k\}\right].$$

以上三个分解的事件互不相容，且后边两个事件的概率相等.

解　$Z=\min\{X,Y\}$ 所有可能的取值为 $1,2,3,\cdots,$ 且

$$P\{Z=k\}=P\{X=k,Y=k\}+\sum_{i=k+1}^{\infty}P\{X=k,Y=i\}+\sum_{i=k+1}^{\infty}P\{X=i,Y=k\}$$

$$=P\{X=k\}P\{Y=k\}+\sum_{i=k+1}^{\infty}P\{X=k\}P\{Y=i\}+\sum_{i=k+1}^{\infty}P\{X=i\}P\{Y=k\}$$

$$=\frac{1}{2^{2k}}+2\sum_{i=k+1}^{\infty}\frac{1}{2^k}\frac{1}{2^i}=\frac{1}{2^{2k}}+\frac{1}{2^{k-1}}\frac{\frac{1}{2^{k+1}}}{1-\frac{1}{2}}=\frac{3}{4^k},$$

从而 $Z=\min\{X,Y\}$ 的概率分布为

$$P\{\min\{X,Y\}=k\}=\frac{3}{4^k},\quad k=1,2,\cdots.$$

例 12　设随机变量 X 与 Y 相互独立，其密度函数分别为

$$f_X(x)=\begin{cases}1,&0\leqslant x\leqslant1,\\0,&\text{其他},\end{cases}\qquad f_Y(y)=\begin{cases}2y,&0\leqslant y\leqslant1,\\0,&\text{其他},\end{cases}$$

求随机变量 $Z=X+Y$ 的密度函数.

分析　先由 X 和 Y 的独立性求出联合密度函数，再求出 $Z=X+Y$ 的分布函数 $F_Z(z)$，然后将 $F_Z(z)$ 关于 z 求导，从而得到 $f_Z(z)$.

解法一　因为 X 和 Y 独立，故 X 和 Y 的联合密度函数为

$$f(x,y)=\begin{cases}2y,&0\leqslant x\leqslant1,0\leqslant y\leqslant1,\\0,&\text{其他},\end{cases}$$

如果 $x+y\leqslant z$，那么 $y\leqslant z-x$，即区域 $G=\{(x,y)\mid x+y\leqslant z\}$ 位于直线 $x+y=z$ 的下方；而 $f(x,y)\neq0$ 的区域为 $D=\{(x,y)\mid0\leqslant x\leqslant1,0\leqslant y\leqslant1\}$（有阴影的部分），如附图 (a) 所示.

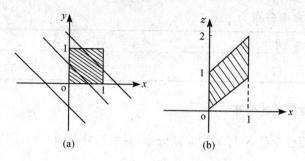

例 12 图

当 $z<0$ 时,区域 G 与 D 没有公共部分,此时 $F_Z(z)=0$;当 $0\leqslant z<1$ 时,

$$F_Z(z)= P\{Z\leqslant z\} = P\{X+Y\leqslant z\}$$

$$= \iint\limits_{x+y\leqslant z} f(x,y)\mathrm{d}x\mathrm{d}y = \int_0^z \mathrm{d}x\int_0^{z-x} 2y\mathrm{d}y = \frac{z^3}{3};$$

当 $1\leqslant z\leqslant 2$ 时,

$$F_Z(z)= P\{Z\leqslant z\} = P\{X+Y\leqslant z\}$$

$$= \iint\limits_{x+y\leqslant z} f(x,y)\mathrm{d}x\mathrm{d}y$$

$$= \int_0^{z-1} \mathrm{d}x\int_0^1 2y\mathrm{d}y + \int_{z-1}^1 \mathrm{d}x\int_0^{z-x} 2y\mathrm{d}y$$

$$= z^2 - \frac{z^3}{3} - \frac{1}{3};$$

当 $z>2$ 时,$F_Z(z)=1$.

将 $F_Z(z)$ 关于 z 求导,得 $Z=X+Y$ 的密度函数为

$$f_Z(z) = \begin{cases} z^2, & 0\leqslant z<1 \\ 2z-z^2, & 1\leqslant z\leqslant 2 \\ 0, & \text{其他.} \end{cases}$$

解法二　利用卷积公式

$$f_Z(z) = \int_{-\infty}^{+\infty} f_X(x)\cdot f_Y(z-x)\mathrm{d}x,$$

由 $f_X(x),f_Y(y)$ 的定义可知,仅当 $0\leqslant x\leqslant 1$ 且 $0<z-x\leqslant 1$,即 $0\leqslant x\leqslant 1$ 且 $x<z\leqslant x+1$,即当 (x,z) 落在附图(b)所示的阴影部分时,被积函数不为 0,从而得当 $0\leqslant z<1$ 时,

$$f_Z(z) = \int_0^z 2(z-x)\mathrm{d}x = z^2;$$

当 $1\leqslant z\leqslant 2$ 时,

$$f_Z(z) = \int_{z-1}^1 2(z-x)\mathrm{d}x = 2z-z^2.$$

故

$$f_Z(z) = \begin{cases} z^2, & 0 \leqslant z < 1, \\ 2z - z^2, & 1 \leqslant z \leqslant 2, \\ 0, & \text{其他}. \end{cases}$$

例 13　设随机变量 $X \sim N(1,2), Y \sim N(0,1)$，且 X 与 Y 独立，求随机变量 $Z = 2X - Y + 3$ 的分布.

分析　因为 Z 是正态随机变量 X 和 Y 的线性函数，所以 Z 仍服从正态分布，又 X 与 Y 独立，进而可求解.

解　由已知得，$E(X) = 1, D(X) = 2, E(Y) = 0, D(X) = 1$，又 X 与 Y 独立，从而

$$E(Z) = E(2X - Y + 3) = 2E(X) - E(Y) + 3 = 5,$$

$$D(Z) = D(2X - Y + 3) = 4D(X) + D(Y) = 8 + 1 = 9,$$

故 $Z \sim N(5,9)$，即 Z 具有密度函数

$$f_Z(z) = \frac{1}{3\sqrt{2\pi}} e^{-\frac{(z-5)^2}{18}}, \quad -\infty < z < +\infty.$$

5. 数学期望、协方差、相关系数及独立性与相关性的讨论

例 14　设随机变量 X 与 Y 独立同分布，且 $X \sim N\left(0, \frac{1}{2}\right)$，求 $E(|X-Y|)$，$D(|X-Y|)$.

分析　由于 $Z = X - Y$ 是正态随机变量 X 和 Y 的线性函数，所以 Z 仍服从正态分布，又 X 与 Y 独立，且 $E(Z) = E(X-Y) = 0, D(Z) = D(X-Y) = 1$，从而 $Z \sim N(0, 1)$，进而可求解本题.

解　由分析得，$Z \sim N(0,1)$，所以

$$E(|X-Y|) = E(|Z|) = \int_{-\infty}^{+\infty} |z| \frac{1}{\sqrt{2\pi}} e^{-\frac{z^2}{2}} \mathrm{d}z$$

$$= 2\int_{0}^{+\infty} z \frac{1}{\sqrt{2\pi}} e^{-\frac{z^2}{2}} \mathrm{d}z = \sqrt{\frac{2}{\pi}},$$

$$E(|X-Y|)^2 = E(Z^2) = D(Z) = 1,$$

于是

$$D(|X-Y|) = E(|X-Y|)^2 - E[(|X-Y|)]^2 = 1 - \frac{2}{\pi}.$$

例 15　设随机变量 X 的概率密度函数为

$$f(x) = \frac{1}{2} e^{-|x|} \quad (-\infty < x < +\infty),$$

(1) 求 X 的数学期望与方差；(2) 求 X 与 $|X|$ 的协方差，并问 X 与 $|X|$ 是否不相关？(3) X 与 $|X|$ 是否独立？为什么？

分析　对问题 (1)、(2) 可直接利用定义与公式计算，而独立性的判定方法较多，要注意使用.

解 (1) $E(X) = \int_{-\infty}^{+\infty} x f(x) \mathrm{d}x = \int_{-\infty}^{+\infty} \frac{1}{2} x \mathrm{e}^{-|x|} \mathrm{d}x$.

由于被积函数是奇函数,所以 $E(X) = 0$.

$$D(X) = E(X^2) - [E(X)]^2 = \int_{-\infty}^{+\infty} x^2 f(x) \mathrm{d}x$$

$$= \int_{-\infty}^{+\infty} \frac{1}{2} x^2 \mathrm{e}^{-|x|} \mathrm{d}x = \int_0^{+\infty} x^2 \mathrm{e}^{-x} \mathrm{d}x = \Gamma(3) = 2.$$

(2) $\mathrm{Cov}(X, |X|) = E(X|X|) - E(X)E(|X|) = \frac{1}{2} \int_{-\infty}^{+\infty} x|x| \mathrm{e}^{-|x|} \mathrm{d}x$.

由于被积函数 $x|x|\mathrm{e}^{-|x|}$ 是奇函数,所以 $\mathrm{Cov}(X, |X|) = 0$,进而相关系数也为 0,故 X 与 $|X|$ 不相关.

(3) **解法一** 对于任意的正数 a,如果 X 与 $|X|$ 独立,则有

$$P\{X \leqslant a, |X| \leqslant a\} = P\{X \leqslant a\} \cdot P\{|X| \leqslant a\}.$$

由于事件 $\{|X| \leqslant a\} \subset \{X \leqslant a\}$,于是上式变为

$$P\{|X| \leqslant a\} = P\{X \leqslant a\} \cdot P\{|X| \leqslant a\},$$

即

$$P\{|X| \leqslant a\}[1 - P\{X \leqslant a\}] = 0.$$

这说明,这时必有 $P\{|X| \leqslant a\} = 0$ 或 $P\{X \leqslant a\} = 1$,但是,当 a 为正常数时,两者均不成立,所以 X 与 $|X|$ 不独立.

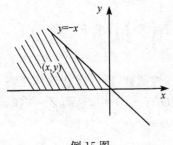

例 15 图

解法二 如果以横坐标表示 X 的取值,纵坐标表示 $|X|$ 的取值,考虑如附图的阴影部分区域 $x < 0$, $|x| > y$,对于此区域上的任意点 (x, y),事件 "$X \leqslant x$" 与事件 "$|X| \leqslant y$" 是互不相容的,于是

$$F(x, y) = P\{X \leqslant x, |X| \leqslant y\} = 0,$$

但是,$F_X(x) = F\{X \leqslant x\} \neq 0$,同时,由于 $y > 0$,

$$P\{|X| \leqslant y\} = P\{-y \leqslant X \leqslant y\} \neq 0,$$

这表明,$F(x, y) = F_X(x) \cdot F_Y(y)$ 不恒成立,所以 X 与 $|X|$ 不独立.

例 16 设 A, B 是两个随机事件,且 $P(A) = \frac{1}{4}$,$P(B|A) = \frac{1}{3}$,$P(A|B) = \frac{1}{2}$,令随机变量

$$X = \begin{cases} 1, & \text{若 } A \text{ 发生}, \\ 0, & \text{若 } A \text{ 不发生}, \end{cases} \qquad Y = \begin{cases} 1, & \text{若 } B \text{ 发生}, \\ 0, & \text{若 } B \text{ 不发生}. \end{cases}$$

求:(1) 二维随机变量 X, Y 的联合概率分布;(2) X 与 Y 的相关系数 ρ_{XY};(3) $Z = X^2 + Y^2$ 的概率分布.

分析 本题的关键是求出 X, Y 的联合概率分布,因此只要将二随机变量 X, Y 的各取值对应的事件用随机事件 A 和 B 表示,即可求出二维随机变量 X, Y 的联合概率分布;进而利用公式易求出 X 与 Y 的相关系数 ρ_{XY};最后利用二维随机变量 X,

Y 的联合概率分布也易求出 $Z=X^2+Y^2$ 的概率分布.

解　(1) 随机变量 X,Y 的可能取值均为 $0,1$.

由 $P(AB)=P(A)P(B|A)=\dfrac{1}{12}$，得 $P(B)=\dfrac{P(AB)}{P(A|B)}=\dfrac{1}{6}$，于是

$$P\{X=0,Y=0\}=P(\overline{A}\,\overline{B})=1-P(A+B)=1-[P(A)+P(B)-P(AB)]=\frac{2}{3},$$

$$P\{X=0,Y=1\}=P(\overline{A}B)=P(B)-P(AB)=\frac{1}{12},$$

$$P\{X=1,Y=0\}=P(A\overline{B})=P(A)-P(AB)=\frac{1}{6},$$

$$P\{X=1,Y=1\}=P(AB)=\frac{1}{12},$$

即二维随机变量 X,Y 的联合概率分布为

X＼Y	0	1
0	$\dfrac{2}{3}$	$\dfrac{1}{12}$
1	$\dfrac{1}{6}$	$\dfrac{1}{12}$

(2) $E(X)=P(A)=\dfrac{1}{4}$,　$E(Y)=P(B)=\dfrac{1}{6}$,

$$E(XY)=1\times1\times\frac{1}{12}=\frac{1}{12},\quad E(X^2)=P(A)=\frac{1}{4},E(Y^2)=P(B)=\frac{1}{6},$$

$$D(X)=E(X^2)-[E(X)]^2=\frac{3}{16},\quad D(Y)=E(Y^2)-[E(Y)]^2=\frac{5}{36},$$

$$\mathrm{Cov}(X,Y)=E(XY)-E(X)E(Y)=\frac{1}{24}.$$

故 X 与 Y 的相关系数为

$$\rho_{XY}=\frac{\mathrm{Cov}(X,Y)}{\sqrt{D(X)}\,\sqrt{D(Y)}}=\frac{\sqrt{15}}{15}.$$

(3) 随机变量 Z 的可能取值为 $0,1,2$,且

$$P\{Z=0\}=P\{X=0,Y=0\}=\frac{2}{3},$$

$$P\{Z=1\}=P\{X=1,Y=0\}+P\{X=0,Y=1\}=\frac{1}{4},$$

$$P\{Z=2\}=P\{X=1,Y=1\}=\frac{1}{12},$$

故 $Z=X^2+Y^2$ 的概率分布为

Z	0	1	2
P	$\frac{2}{3}$	$\frac{1}{4}$	$\frac{1}{12}$

例 17　设二维随机变量(X,Y)在区域$G=\{(x,y)\mid 0\leqslant x\leqslant 2,0\leqslant y\leqslant 1\}$上服从均匀分布,引入随机变量

$$U=\begin{cases}0, & X\leqslant Y,\\ 1, & X>Y,\end{cases}\quad V=\begin{cases}0, & X\leqslant 2Y,\\ 1, & X>2Y,\end{cases}$$

求:(1) (U,V)的联合概率分布;(2) U和V的相关系数ρ_{UV}.

分析　这里虽然U,V是两个离散型随机变量,但X,Y是连续性随机变量,且U,V是两个随机变量X,Y的二元函数,因此在计算相应概率时要涉及平面区域上的概率.

(1) **解法一**　由题设知,X和Y的联合密度函数为

$$f(x,y)=\begin{cases}\dfrac{1}{2}, & 0\leqslant x\leqslant 2,0\leqslant y\leqslant 1,\\ 0, & \text{其他},\end{cases}$$

(U,V)只可能取四对值$(0,0),(0,1),(1,0),(1,1)$,且

$$P\{U=0,V=0\}=P\{X\leqslant Y,X\leqslant 2Y\}=P\{X\leqslant Y\}$$
$$=\iint\limits_{x\leqslant y}f(x,y)\mathrm{d}x\mathrm{d}y=0.25,$$
$$P\{U=0,V=1\}=P\{X\leqslant Y,X>2Y\}=0,$$

同理,

$$P\{U=1,V=0\}=P\{X>Y,X\leqslant 2Y\}=P\{Y<X\leqslant 2Y\}=0.25,$$
$$P\{U=1,V=1\}=P\{X>Y,X>2Y\}=P\{X>2Y\}=0.5.$$

故(U,V)的联合概率分布与边缘概率分布为

U ＼ V	0	1	$p_i.$
0	0.25	0	0.25
1	0.25	0.5	0.75
$p._j$	0.5	0.5	

解法二　如附图所示,设二维随机变量(X,Y)在区域A,B,C中取值的事件依次记为A,B,C. 显然$P(A)=0.25,P(B)=0.25,P(C)=0.5$,易得

$$P\{U=0,V=0\}=P\{X\leqslant Y,X\leqslant 2Y\}$$
$$=P(A)=0.25,$$
$$P\{U=0,V=1\}=P\{X\leqslant Y,X>2Y\}$$
$$=P(\varnothing)=0,$$
$$P\{U=1,V=0\}=P\{X>Y,X\leqslant 2Y\}$$
$$=P(B)=0.25,$$
$$P\{U=1,V=1\}=P\{X>Y,X>2Y\}$$
$$=P(C)=0.5,$$

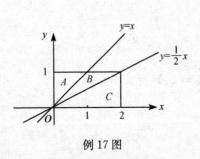

例 17 图

故可得 (U,V) 的联合概率分布与边缘概率分布(见上表).

(2) 注意到 U,V 均是服从 0-1 分布的随机变量,所以

$$E(U) = \frac{3}{4}, \quad D(U) = \frac{3}{4} \times \frac{1}{4} = \frac{3}{16},$$

$$E(V) = \frac{1}{2}, \quad D(U) = \frac{1}{2} \times \frac{1}{2} = \frac{1}{4},$$

$$E(UV) = \sum_i \sum_j u_i v_j P\{U = u_i, V = v_j\} = \frac{1}{2},$$

$$\mathrm{Cov}(U,V) = E(UV) - E(U)E(V) = \frac{1}{2} - \frac{1}{2} \times \frac{3}{4} = \frac{1}{8},$$

$$\rho_{UV} = \frac{\mathrm{Cov}(U,V)}{\sqrt{D(U)}\,\sqrt{D(V)}} = \frac{\sqrt{3}}{3}.$$

6. 随机变量函数的应用问题

例 18　甲、乙两人相约于某地在 12:00~13:00 会面,设 X 与 Y 分别是甲、乙到达的时间,且设 X 与 Y 相互独立,已知 X,Y 的密度函数分别为

$$f_X(x) = \begin{cases} 3x, & 0 < x < 1, \\ 0, & \text{其他}, \end{cases} \qquad f_Y(y) = \begin{cases} 2y, & 0 < y < 1, \\ 0, & \text{其他}, \end{cases}$$

求先到达者需要等待的时间的数学期望.

分析　按题意这是一个求 $|X-Y|$ 的数学期望的实际问题,可用二维随机变量函数的数学期望公式求解该类问题.

解　依题设 (X,Y) 的联合密度函数为(附图)

$$f(x,y) = \begin{cases} 6x^2 y, & 0 < x < 1, 0 < y < 1, \\ 0, & \text{其他}. \end{cases}$$

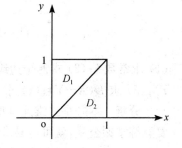

例 18 图

于是,先到达者需要等待的时间的数学期望为

$$E(|X-Y|) = \int_{-\infty}^{+\infty} \int_{-\infty}^{+\infty} |x-y| f(x,y) \mathrm{d}x \mathrm{d}y = \int_0^1 \int_0^1 |x-y| 6x^2 y \mathrm{d}x \mathrm{d}y$$

$$= \iint_{D_1} -(x-y)6x^2 y \mathrm{d}x \mathrm{d}y + \iint_{D_2} (x-y)6x^2 y \mathrm{d}x \mathrm{d}y (D_1, D_2 \text{ 如附图})$$

$$= \frac{1}{12} + \frac{1}{6} = \frac{1}{4}(\text{h}).$$

设随机变量 X 可以写成 $X_1, X_2, \cdots, X_n$ 之和,即

$$X = X_1 + X_2 + \cdots + X_n,$$

则有

$$E(X) = E(X_1) + E(X_2) + \cdots + E(X_n).$$

这是一个很有用的公式,利用这一公式求 $E(X)$,往往可以使计算大为简化.

例 19　设某城市一天内发生严重交通事故的次数 Y 服从以 $\frac{1}{3}$ 为参数的泊松分布,以 X 记一年内未发生严重交通事故的天数,求 X 的数学期望.

分析　引入随机变量

$$X_i = \begin{cases} 1, & \text{若在第 } i \text{ 天未发生严重交通事故}, \\ 0, & \text{其他}, \end{cases} \quad i = 1,2,3,\cdots,365,$$

则

$$X = X_1 + X_2 + \cdots + X_{365},$$

由于

$$P\{X_i = 1\} = P\{Y = 0\} = \mathrm{e}^{-\frac{1}{3}},$$

所以 X_i 服从 0-1 分布,且 X_i 的概率分布为

$$P\{X_i = 1\} = \mathrm{e}^{-\frac{1}{3}}, \quad P\{X_i = 0\} = 1 - \mathrm{e}^{-\frac{1}{3}}, \quad i = 1,2,3,\cdots,365.$$

于是 $E(X_i) = \mathrm{e}^{-\frac{1}{3}}$,故 X 的数学期望为

$$E(X) = E(X_1) + E(X_2) + \cdots + E(X_{365}) = 365 \times \mathrm{e}^{-\frac{1}{3}} \approx 262(\mathrm{d}).$$

7. 综合举例

例 20　设二维随机变量 (X,Y) 的联合密度函数为

$$f(x,y) = \begin{cases} kxy, & 0 \leqslant x \leqslant y \leqslant 1, \\ 0, & \text{其他}, \end{cases}$$

(1) 求常数 k;(2) 求两个边缘密度函数;(3) 判断 X 与 Y 是否独立?(4) 求 $\mathrm{Cov}(X,Y)$;(5) 求 $D(X+Y)$;(6) 求 X 与 Y 的相关系数 ρ_{XY}.

分析　本题是二维连续型随机变量 (X,Y) 的基本概念、基本公式的综合应用,只要熟练掌握公式,就可容易求解.

解　(1) 利用性质 $\int_{-\infty}^{+\infty} \int_{-\infty}^{+\infty} f(x,y)\mathrm{d}x\mathrm{d}y = 1$,可得

$$\iint\limits_{0 \leqslant x \leqslant y \leqslant 1} kxy\mathrm{d}x\mathrm{d}y = k\int_0^1 \mathrm{d}x \int_x^1 kxy\mathrm{d}y = \frac{k}{8} = 1,$$

所以,$k = 8$.

(2) 由公式 $f_X(x) = \int_{-\infty}^{+\infty} f(x,y)\mathrm{d}y$ 得,当 $x < 0$ 或 $x > 1$ 时,$f_X(x) = 0$;当 $0 \leqslant x \leqslant 1$ 时,

$$f_X(x) = \int_{-\infty}^{+\infty} f(x,y)\mathrm{d}y = \int_x^1 8xy\mathrm{d}y = 4x(1-x^2).$$

所以

$$f_X(x) = \begin{cases} 4x(1-x^2), & 0 \leqslant x \leqslant 1, \\ 0, & \text{其他}. \end{cases}$$

同理可得

$$f_Y(y) = \begin{cases} 4y^3, & 0 \leqslant y \leqslant 1, \\ 0, & \text{其他}. \end{cases}$$

(3) 因为 $f\left(\dfrac{1}{2}, \dfrac{1}{2}\right) = 2 \neq \dfrac{3}{2} \cdot \dfrac{1}{2} = f_X\left(\dfrac{1}{2}\right) \cdot f_Y\left(\dfrac{1}{2}\right)$，所以 X 与 Y 不独立.

(4) $E(X) = \displaystyle\int_{-\infty}^{+\infty} x f_X(x) \mathrm{d}x = \int_0^1 x \cdot 4x(1-x^2) \mathrm{d}x = \dfrac{8}{15}$,

$\quad E(Y) = \displaystyle\int_{-\infty}^{+\infty} y f_Y(y) \mathrm{d}y = \int_0^1 y \cdot 4y^3 \mathrm{d}y = \dfrac{4}{5}$,

$\quad E(XY) = \displaystyle\int_{-\infty}^{+\infty}\int_{-\infty}^{+\infty} xy f(x,y) \mathrm{d}x\mathrm{d}y = 8\int_0^1\int_x^1 xy \mathrm{d}x\mathrm{d}y = \dfrac{4}{9}$,

于是

$$\mathrm{Cov}(X,Y) = E(XY) - E(X)E(Y) = \frac{4}{9} - \frac{4}{5} \times \frac{8}{15} = \frac{4}{225}.$$

(5) 由于

$$E(X^2) = \int_{-\infty}^{+\infty} x^2 f_X(x) \mathrm{d}x = \int_0^1 x^2 \cdot 4x(1-x^2) \mathrm{d}x = \frac{1}{3},$$

$$E(Y^2) = \int_{-\infty}^{+\infty} y^2 f_Y(y) \mathrm{d}y = \int_0^1 y^2 \cdot 4y^3 \mathrm{d}y = \frac{2}{3},$$

于是

$$D(X) = E(X^2) - [E(X)]^2 = \frac{1}{3} - \left(\frac{8}{15}\right)^2 = \frac{11}{225},$$

$$D(Y) = E(Y^2) - [E(Y)]^2 = \frac{2}{3} - \left(\frac{4}{5}\right)^2 = \frac{2}{75},$$

故

$$D(X+Y) = D(X) + D(Y) + 2\mathrm{Cov}(X,Y) = \frac{1}{9}.$$

(6) X 与 Y 的相关系数为

$$\rho_{XY} = \frac{\mathrm{Cov}(X,Y)}{\sqrt{D(X)}\sqrt{D(Y)}} = \frac{4}{\sqrt{66}} \approx 0.692.$$

四、教材习题选解

(A)

1. 设二维随机变量 (X,Y) 的联合分布函数为

$$F(x,y) = A\left(B + \arctan\frac{x}{2}\right)\left(C + \arctan\frac{y}{3}\right).$$

求：(1) 常数 A, B, C；(2) $P\{X \leqslant 2, Y \leqslant 3\}$；(3) X 与 Y 的边缘分布函数.

解　(1) 由分布函数的性质知

$$F(+\infty, +\infty) = A\Big(B + \frac{\pi}{2}\Big)\Big(C + \frac{\pi}{2}\Big) = 1,$$

$$F(x, -\infty) = A\Big(B + \arctan \frac{x}{2}\Big)\Big(C - \frac{\pi}{2}\Big) = 0,$$

$$F(-\infty, y) = A\Big(B - \frac{\pi}{2}\Big)\Big(C + \arctan \frac{y}{3}\Big) = 0,$$

由上面三式可得

$$A = \frac{1}{\pi^2}, \quad B = \frac{\pi}{2}, \quad C = \frac{\pi}{2}.$$

(2) $P\{X \leqslant 2, Y \leqslant 3\} = F(2, 3) = \dfrac{1}{\pi^2}\Big(\dfrac{\pi}{2} + \dfrac{\pi}{4}\Big)\Big(\dfrac{\pi}{2} + \dfrac{\pi}{4}\Big) = \dfrac{9}{16}.$

(3) $F_X(x) = \lim\limits_{y \to +\infty} F(x, y)$

$$= \lim_{y \to +\infty}\Big[A\Big(B + \arctan \frac{x}{2}\Big)\Big(C + \arctan \frac{y}{3}\Big)\Big] = \frac{1}{2} + \frac{1}{\pi}\arctan \frac{x}{2},$$

$F_Y(y) = \lim\limits_{x \to +\infty} F(x, y)$

$$= \lim_{x \to +\infty}\Big[A\Big(B + \arctan \frac{x}{2}\Big)\Big(C + \arctan \frac{y}{3}\Big)\Big] = \frac{1}{2} + \frac{1}{\pi}\arctan \frac{y}{3}.$$

5. 设二维随机变量(X, Y)的联合密度函数为

$$f(x, y) = \begin{cases} cxy, & 0 \leqslant x \leqslant 1, 0 \leqslant y \leqslant 1, \\ 0, & \text{其他}, \end{cases}$$

求：(1) 常数 c；(2) (X, Y) 的联合分布函数；(3) $P\{2X + Y \leqslant 1\}$.

解　(1) 利用性质 $\displaystyle\int_{-\infty}^{+\infty}\int_{-\infty}^{+\infty} f(x, y)\mathrm{d}x\mathrm{d}y = 1$，可得

$$\int_0^1\int_0^1 cxy\,\mathrm{d}x\mathrm{d}y = c\int_0^1 x\mathrm{d}x\int_0^1 y\mathrm{d}y = \frac{c}{4} = 1,$$

所以，$c = 4$.

(2) 当 $x < 0$ 或 $y < 0$ 时，$F(x, y) = 0$；当 $0 \leqslant x \leqslant 1$ 且 $0 \leqslant y \leqslant 1$ 时，

$$F(x, y) = \int_0^x\int_0^y 4st\,\mathrm{d}s\mathrm{d}t = x^2 y^2;$$

当 $0 \leqslant x \leqslant 1$ 且 $y > 1$ 时，

$$F(x, y) = \int_0^x\int_0^1 4st\,\mathrm{d}s\mathrm{d}t = x^2;$$

当 $x > 1$ 且 $0 \leqslant y \leqslant 1$ 时，

$$F(x, y) = \int_0^1\int_0^y 4st\,\mathrm{d}s\mathrm{d}t = y^2;$$

当 $x > 1$ 且 $y > 1$ 时，$F(x, y) = 1$.

所以，(X, Y) 的联合分布函数为

$$F(x,y) = \begin{cases} 0, & x < 0 \text{ 或 } y < 0, \\ x^2 y^2, & 0 \leqslant x \leqslant 1, 0 \leqslant y \leqslant 1, \\ x^2, & 0 \leqslant x \leqslant 1, y > 1, \\ y^2, & x > 1, 0 \leqslant y \leqslant 1, \\ 1, & x > 1, y > 1. \end{cases}$$

(3) $P\{2X+Y \leqslant 1\} = \iint\limits_{2x+y \leqslant 1} f(x,y) \mathrm{d}xy = \int_0^{\frac{1}{2}} \int_0^{1-2x} 4xy \,\mathrm{d}x\mathrm{d}y = \dfrac{1}{24}.$

7. 设随机变量 (X,Y) 服从区域 $D = \{(x,y) \mid 0 < x < y < 1\}$ 上的均匀分布. 求：
(1) (X,Y) 的联合密度函数；(2) (X,Y) 的两个边缘密度函数.

解　(1) 依题设，(X,Y) 的联合密度函数为

$$f(x,y) = \begin{cases} 2, & (x,y) \in D, \\ 0, & (x,y) \notin D. \end{cases}$$

(2) 当 $x \leqslant 0$ 或 $x \geqslant 1$ 时，

$$f(x,y) = 0, \text{从而 } f_X(x) = 0;$$

当 $0 < x < 1$ 时，

$$f_X(x) = \int_{-\infty}^{+\infty} f(x,y)\mathrm{d}y = \int_x^1 2\mathrm{d}y = 2 - 2x.$$

于是，X 的边缘密度函数为

$$f_X(x) = \begin{cases} 2-2x, & 0 < x < 1, \\ 0, & \text{其他}. \end{cases}$$

当 $y \leqslant 0$ 或 $y \geqslant 1$ 时，$f(x,y) = 0$，从而 $f_Y(y) = 0$；当 $0 < y < 1$ 时，

$$f_Y(y) = \int_{-\infty}^{+\infty} f(x,y)\mathrm{d}x = \int_0^y 2\mathrm{d}y = 2y.$$

于是，Y 的边缘密度函数为

$$f_Y(y) = \begin{cases} 2y, & 0 < y < 1, \\ 0, & \text{其他}. \end{cases}$$

8. 设二维随机变量 (X,Y) 的联合密度函数为

$$f(x,y) = \begin{cases} x\mathrm{e}^{-y}, & 0 < x < y, \\ 0, & \text{其他}, \end{cases}$$

求：(1) (X,Y) 的两个边缘密度函数；(2) 条件密度函数 $f_{X|Y}(x|y)$，其中 $y > 0$；
(3) $P\{X+Y < 1\}$.

解　(1) 当 $x \leqslant 0$ 时，$f_X(x) = 0$；当 $x > 0$ 时，

$$f_X(x) = \int_{-\infty}^{+\infty} f(x,y)\mathrm{d}y = \int_x^{+\infty} x\mathrm{e}^{-y}\mathrm{d}y = x\mathrm{e}^{-x}.$$

于是

$$f_X(x) = \begin{cases} x\mathrm{e}^{-x}, & x > 0, \\ 0, & x \leqslant 0. \end{cases}$$

类似地,当 $y \leqslant 0$ 时,$f_Y(y) = 0$;当 $y > 0$ 时,

$$f_Y(y) = \int_{-\infty}^{+\infty} f(x,y)\mathrm{d}x = \int_0^y x\mathrm{e}^{-y}\mathrm{d}x = \frac{1}{2}y^2\mathrm{e}^{-y}.$$

于是

$$f_Y(y) = \begin{cases} \dfrac{1}{2}y^2\mathrm{e}^{-y}, & y > 0, \\ 0, & y \leqslant 0. \end{cases}$$

(2) $f_{X|Y}(x|y) = \begin{cases} \dfrac{2x}{y^2}, & 0 < x < y, \\ 0, & \text{其他}. \end{cases}$

(3) $P\{X+Y < 1\} = \iint\limits_{x+y<1} f(x,y)\mathrm{d}x\mathrm{d}y = \int_0^{\frac{1}{2}}\mathrm{d}x\int_x^{1-x} x\mathrm{e}^{-y}\mathrm{d}y = 1 - \mathrm{e}^{-0.5} - \mathrm{e}^{-1}.$

12. 判断第 5 题中的 X 与 Y 是否独立.

解 当 $x < 0$ 或 $x > 1$ 时,$f(x,y) = 0$,从而 $f_X(x) = 0$;当 $0 \leqslant x \leqslant 1$ 时,

$$f_X(x) = \int_{-\infty}^{+\infty} f(x,y)\mathrm{d}y = \int_0^1 4xy\mathrm{d}y = 2x.$$

于是,X 的边缘密度函数为

$$f_X(x) = \begin{cases} 2x, & 0, \leqslant x \leqslant 1, \\ 0, & \text{其他}. \end{cases}$$

同理,Y 的边缘密度函数为

$$f_Y(y) = \begin{cases} 2y, & 0 \leqslant y \leqslant 1, \\ 0, & \text{其他}. \end{cases}$$

显然 $f(x,y) = f_X(x)f_Y(y)$,故 X 与 Y 相互独立.

13. 判断第 7 题中的 X 与 Y 是否独立.

解 由第 7 题的结果易知,$f(x,y) \neq f_X(x)f_Y(y)$,故 X 与 Y 不独立.

14. 设 X 与 Y 相互独立,其密度函数分别为

$$f_X(x) = \begin{cases} 1, & 0 \leqslant x \leqslant 1, \\ 0, & \text{其他}, \end{cases} \qquad f_Y(y) = \begin{cases} \mathrm{e}^{-y}, & y > 0, \\ 0, & y \leqslant 0, \end{cases}$$

求 $Z = X+Y$ 的密度函数.

解 参考本章例 12.

16. 设二维随机变量 (X,Y) 的联合密度函数为

$$f(x,y) = \begin{cases} x+y, & 0 \leqslant x \leqslant 1, 0 \leqslant y \leqslant 1, \\ 0, & \text{其他}, \end{cases}$$

求:(1) $\max\{X,Y\}$ 的密度函数;(2) $\min\{X,Y\}$ 的密度函数.

分析 本题中 X 与 Y 不独立,不能套用 X 与 Y 独立条件下极大值与极小值分布的结论,因而需用分布函数法求之.

解 (1) 设 $Z=\max\{X,Y\}$,则当 $z<0$ 时,$F_z(z)=0$;当 $z>1$ 时,

$$F_Z(z)=P\{Z\leqslant z\}=P\{\max(X,Y)\leqslant z\}=P\{X\leqslant z,Y\leqslant z\}$$
$$=P\{X\leqslant 1,Y\leqslant 1\}=\int_0^1\int_0^1(x+y)\mathrm{d}x\mathrm{d}y=1;$$

当 $0\leqslant z\leqslant 1$ 时,

$$F_Z(z)=P\{Z\leqslant z\}=P\{\max(X,Y)\leqslant z\}$$
$$=P\{X\leqslant z,Y\leqslant z\}=\int_0^z\int_0^z(x+y)\mathrm{d}x\mathrm{d}y=z^3.$$

于是,$Z=\max\{X,Y\}$ 的分布函数为

$$f_Z(z)=\begin{cases}0, & z<0,\\ z^3, & 0\leqslant z\leqslant 1,\\ 1, & z>1,\end{cases}$$

故 $Z=\max\{X,Y\}$ 的密度函数为

$$f_Z(z)=\begin{cases}3z^2, & 0\leqslant z\leqslant 1,\\ 0, & 其他.\end{cases}$$

类似可求得 $N=\min\{X,Y\}$ 的密度函数为

$$f_N(z)=\begin{cases}1+2z-3z^2, & 0\leqslant z\leqslant 1,\\ 0, & 其他.\end{cases}$$

18. (2001) 设随机变量 (X,Y) 服从 $G=\{(x,y)\mid 1\leqslant x\leqslant 3,1\leqslant y\leqslant 3\}$ 上的均匀分布,求随机变量 $U=|X-Y|$ 的密度函数.

分析 先由随机变量 (X,Y) 服从 $G=\{(x,y)\mid 1\leqslant x\leqslant 3,1\leqslant y\leqslant 3\}$ 上的均匀分布,求出 X 与 Y 的联合密度函数,再求出 $U=|X-Y|$ 的分布函数 $F_U(u)$,然后将 $F_U(u)$ 关于 u 求导,从而得到 $f_U(u)$.

解 X 和 Y 的联合密度函数为

$$f(x,y)=\begin{cases}\dfrac{1}{4}, & 1\leqslant x\leqslant 3,1\leqslant y\leqslant 3,\\ 0, & 其他,\end{cases}$$

记 $F_U(u)=P\{U\leqslant u\}(-\infty<u<+\infty)$ 为 U 的分布函数.

当 $u\leqslant 0$ 时,$F_U(u)=0$;当 $u\geqslant 2$ 时,$F_U(u)=1$;当 $0<u<2$ 时,

$$F_U(u)=P\{|X-Y|\leqslant u\}$$
$$=\iint\limits_{|x-y|\leqslant u}f(x,y)\mathrm{d}x\mathrm{d}y=\iint\limits_{|x-y|\leqslant u}\frac{1}{4}\mathrm{d}x\mathrm{d}y.$$

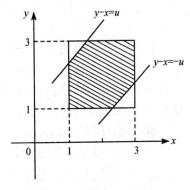

习题 18 图

注意到 $\iint\limits_{|x-y|\leqslant u}\mathrm{d}x\mathrm{d}y$ 即为附图所示的阴影部分的面积为 $S=4-(2-u)^2$,故

$$F_U(u)=\frac{1}{4}\left[4-(2-u)^2\right]=1-\frac{1}{4}(2-u)^2.$$

于是,随机变量 $U=|X-Y|$ 的密度函数为

$$f_U(u)=\begin{cases}1-\dfrac{u}{2}, & 0<u<2.\\[2mm]0, & 其他.\end{cases}$$

20. 见本章例 20.

22. (2010)箱中有 6 个球,其中红、白、黑球的个数分别为 1,2,3. 现从该箱中随机取出 2 个球,记 X 为取出的红球个数,Y 为取出的白球个数. 求:(1)随机变量(X,Y)的联合概率分布;(2)$\mathrm{Cov}(X,Y)$.

解 (1) X 的所有可能取值为 $0,1$;Y 的所有可能取值为:$0,1,2$. 根据古典概率可求得(X,Y)的联合概率分布为

X ＼ Y	0	1	2
0	$\dfrac{1}{5}$	$\dfrac{2}{5}$	$\dfrac{1}{15}$
1	$\dfrac{1}{5}$	$\dfrac{2}{15}$	0

(2) $\mathrm{Cov}(X,Y)=E(XY)-E(X)E(Y)$,

$$E(XY)=1\times1\times\frac{2}{15}=\frac{2}{15}, \quad E(X)=\frac{1}{3}, E(Y)=\frac{2}{3}.$$

$$\mathrm{Cov}(X,Y)=E(XY)-E(X)E(Y)=-\frac{4}{45}.$$

(B)

2. (1997)设随机变量 Y 服从参数 $\lambda=1$ 的指数分布,随机变量

$$X_k=\begin{cases}0, & Y\leqslant k,\\1, & Y>k,\end{cases} \quad (k=1,2),$$

求:(1) X_1,X_2 的联合概率分布;(2) $E(X_1+X_2)$.

分析 这里 X_1,X_2 是同一个随机变量 Y 的不同的分段函数,一方面由随机变量 Y 决定了每一个单个随机变量 X_1,X_2 的分布;另一方面,通过同时与随机变量 Y 相联系决定了 X_1 与 X_2 的联合概率分布.

解 (1) $P\{X_1=0,X_2=0\}=P\{Y\leqslant1,Y\leqslant2\}=P\{Y\leqslant1\}=1-\mathrm{e}^{-1}$,

$\qquad P\{X_1=0,X_2=1\}=P\{Y\leqslant1,Y>2\}=0$,

$\qquad P\{X_1=1,X_2=0\}=P\{Y>1,Y\leqslant2\}=(1-\mathrm{e}^{-2})-(1-\mathrm{e}^{-1})=\mathrm{e}^{-1}-\mathrm{e}^{-2}$,

$\qquad P\{X_1=1,X_2=1\}=P\{Y>1,Y>2\}=P\{Y>2\}=\mathrm{e}^{-2}$.

综上 X_1,X_2 的联合概率分布为

X_1 \ X_2	0	1
0	$1-\mathrm{e}^{-1}$	0
1	$\mathrm{e}^{-1}-\mathrm{e}^{-2}$	e^{-2}

(2) 由于
$$E(X_1)=P\{X_1=1\}=\mathrm{e}^{-1},\quad E(X_2)=P\{X_2=1\}=\mathrm{e}^{-2},$$
所以
$$E(X_1+X_2)=E(X_1)+E(X_2)=\mathrm{e}^{-1}+\mathrm{e}^{-2}.$$

3. 见本章例 7.

4. (2000)设二维随机变量(X,Y)的联合密度函数为
$$f(x,y)=\frac{1}{2}\big[\varphi_1(x,y)+\varphi_2(x,y)\big],$$
其中$\varphi_1(x,y)$和$\varphi_2(x,y)$都是二维正态密度函数,且它们对应的二维随机变量的相关系数分别为$\frac{1}{3}$和$-\frac{1}{3}$,它们的边缘密度函数所对应的随机变量的数学期望都是0,方差都是1.(1) 求随机变量X和Y的密度函数$f_X(x),f_Y(y)$及X和Y的相关系数ρ(可直接利用二维正态密度函数的性质);(2) X与Y是否独立? 为什么?

解　(1) 因为$\varphi_1(x,y)$和$\varphi_2(x,y)$都是二维正态密度函数,且它们的边缘密度函数所对应的随机变量的数学期望都是0,方差都是1,因此$\varphi_1(x,y)$和$\varphi_2(x,y)$的边缘密度函数均为标准正态密度函数,故
$$f_X(x)=\int_{-\infty}^{+\infty}f(x,y)\mathrm{d}y=\frac{1}{2}\Big[\int_{-\infty}^{+\infty}\varphi_1(x,y)\mathrm{d}y+\int_{-\infty}^{+\infty}\varphi_2(x,y)\mathrm{d}y\Big]$$
$$=\frac{1}{2}\Big[\frac{1}{\sqrt{2\pi}}\mathrm{e}^{-\frac{x^2}{2}}+\frac{1}{\sqrt{2\pi}}\mathrm{e}^{-\frac{x^2}{2}}\Big]=\frac{1}{\sqrt{2\pi}}\mathrm{e}^{-\frac{x^2}{2}}.$$

同理
$$f_Y(y)=\frac{1}{\sqrt{2\pi}}\mathrm{e}^{-\frac{y^2}{2}},$$
即 $X\sim N(0,1),Y\sim N(0,1)$,于是$E(X)=E(Y)=0,D(X)=D(Y)=1$.

随机变量X和Y的相关系数为
$$\rho_{XY}=\frac{\mathrm{Cov}(X,Y)}{\sqrt{D(X)}\sqrt{D(Y)}}=\mathrm{Cov}(X,Y)=E(XY)$$
$$=\int_{-\infty}^{+\infty}\int_{-\infty}^{+\infty}xyf(x,y)\mathrm{d}x\mathrm{d}y$$
$$=\frac{1}{2}\Big[\int_{-\infty}^{+\infty}\int_{-\infty}^{+\infty}xy\varphi_1(x,y)\mathrm{d}x\mathrm{d}y+\int_{-\infty}^{+\infty}\int_{-\infty}^{+\infty}xy\varphi_2(x,y)\mathrm{d}x\mathrm{d}y\Big]$$
$$=\frac{1}{2}\Big(\frac{1}{3}-\frac{1}{3}\Big)=0.$$

(2) 由题设与(1)知

$$f(x,y) = \frac{3}{8\pi\sqrt{2}}\left[e^{-\frac{9}{16}(x^2-\frac{2}{3}xy+y^2)} + e^{-\frac{9}{16}(x^2+\frac{2}{3}xy+y^2)} \right],$$

$$f_Y(y) \cdot f_Y(y) = \frac{1}{\sqrt{2\pi}}e^{-\frac{x^2}{2}} \cdot \frac{1}{\sqrt{2\pi}}e^{-\frac{y^2}{2}} = \frac{1}{2\pi}e^{-\frac{x^2+y^2}{2}},$$

显然 $f(x,y) \neq f_Y(y) \cdot f_Y(y)$，所以 X 与 Y 不独立.

注　由于 (X,Y) 不服从二维正态分布，所以不相关与独立不等价；此例还说明：边缘分布均是正态分布，不能保证联合分布也是正态分布.

5. (2001)设随机变量 X 和 Y 的联合分布在以点 $(0,1)$、$(1,0)$、$(1,1)$ 为顶点的三角形区域上服从均匀分布，求随机变量 $Z = X+Y$ 的方差.

解　由题意知，(X,Y) 的联合密度函数为

$$f(x,y) = \begin{cases} 2, & (x,y) \in D, \\ 0, & (x,y) \notin D, \end{cases}$$

其中 D 是以点 $(0,1)$、$(1,0)$、$(1,1)$ 为顶点的三角形区域.

$$E(X) = \iint\limits_D xf(x,y)\mathrm{d}x\mathrm{d}y = \int_0^1 \mathrm{d}x \int_{1-x}^1 2x\mathrm{d}y = \frac{2}{3},$$

$$E(X^2) = \iint\limits_D x^2 f(x,y)\mathrm{d}x\mathrm{d}y = \int_0^1 \mathrm{d}x \int_{1-x}^1 2x^2\mathrm{d}y = \frac{1}{2},$$

$$D(X) = E(X^2) - [E(X)]^2 = \frac{1}{18}.$$

同理

$$E(Y) = \frac{2}{3}, \quad D(Y) = E(Y^2) - [E(Y)]^2 = \frac{1}{18}.$$

而

$$E(XY) = \int_{-\infty}^{+\infty}\int_{-\infty}^{+\infty} xyf(x,y)\mathrm{d}x\mathrm{d}y = \int_0^1 \mathrm{d}x \int_{1-x}^1 2xy\mathrm{d}y = \frac{5}{12},$$

$$\mathrm{Cov}(X,Y) = E(XY) - E(X)E(Y) = -\frac{1}{36},$$

故

$$D(Z) = D(X+Y) = D(X) + D(Y) + 2\mathrm{Cov}(X,Y) = \frac{1}{18}.$$

6. (2003)对于任意事件 A 和 B，$0 < P(A) < 1$，$0 < P(B) < 1$，

$$\rho = \frac{P(AB) - P(A)P(B)}{\sqrt{P(A)P(B)P(\overline{A})P(\overline{B})}},$$

称作事件 A 和 B 的相关系数.

(1) 证明：事件 A 和 B 独立的充分必要条件是其相关系数等于零.

(2) 利用随机变量相关系数的基本性质，证明 $|\rho| \leqslant 1$.

分析　问题(1)直接利用独立性的定义不难得到，问题(2)的关键是要将 ρ 转化

为某一对随机变量之间的相关系数. 一个自然的转化是将事件 A 对应于一 0-1 分布的随机变量, 同样对事件 B 作相应的转化.

解 (1) 由于事件 A 和 B 独立等价于

$$P(AB) = P(A)P(B),$$

即 $P(AB)-P(A)P(B)=0$, 这显然等价于 $\rho=0$.

(2) 令

$$X = \begin{cases} 1, & A \text{ 发生}, \\ 0, & A \text{ 不发生}, \end{cases} \qquad Y = \begin{cases} 1, & B \text{ 发生}, \\ 0, & B \text{ 不发生}, \end{cases}$$

则

$$E(X) = P(A), D(X) = P(A)P(\overline{A}),$$
$$E(Y) = P(B), D(Y) = P(B)P(\overline{B}),$$
$$E(XY) = P\{X = 1, Y = 1\} = P(AB),$$
$$\mathrm{Cov}(X,Y) = E(XY) - E(X)E(Y) = P(AB) - P(A)P(B),$$

从而

$$\rho_{XY} = \frac{\mathrm{Cov}(X,Y)}{\sqrt{D(X)}\,\sqrt{D(Y)}} = \frac{P(AB) - P(A)P(B)}{\sqrt{P(A)P(B)P(\overline{A})P(\overline{B})}} = \rho.$$

由随机变量相关系数的性质知 $|\rho_{XY}| \leqslant 1$, 故 $|\rho| \leqslant 1$.

7. (2004) 见本章例 16.

8. (2005) 设二维随机变量 (X,Y) 的联合密度函数为

$$f(x,y) = \begin{cases} 1, & 0 < x < 1, 0 < y < 2x, \\ 0, & \text{其他}, \end{cases}$$

求: (1) 两个边缘密度函数 $f_X(x), f_Y(y)$; (2) $Z = 2X - Y$ 的密度函数 $f_Z(z)$;

(3) $P\left\{Y \leqslant \frac{1}{2} \,\Big|\, X \leqslant \frac{1}{2}\right\}$.

解 (1) 由公式得, 当 $0 < x < 1$ 时,

$$f_X(x) = \int_{-\infty}^{+\infty} f(x,y)\mathrm{d}y = \int_0^{2x} 1 \cdot \mathrm{d}y = 2x,$$

所以

$$f_X(x) = \begin{cases} 2x, & 0 < x < 1, \\ 0, & \text{其他}. \end{cases}$$

同理, 当 $0 < y < 2$ 时,

$$f_Y(y) = \int_{-\infty}^{+\infty} f(x,y)\mathrm{d}x = \int_{\frac{y}{2}}^1 1 \cdot \mathrm{d}x = 1 - \frac{y}{2},$$

所以

$$f_Y(y) = \begin{cases} 1 - \dfrac{y}{2}, & 0 < y < 2, \\ 0, & \text{其他}. \end{cases}$$

(2) 先求 $Z=2X-Y$ 的分布函数.

当 $z<0$ 时，$F_Z(z)=0$；当 $0\leqslant z<2$ 时，

$$F_Z(z)=P\{Z\leqslant z\}=P\{2X-Y\leqslant z\}=\iint\limits_{2x-y\leqslant z}f(x,y)\mathrm{d}x\mathrm{d}y$$

$$=\int_0^{\frac{z}{2}}\mathrm{d}x\int_0^{2x}\mathrm{d}y+\int_{\frac{z}{2}}^1\mathrm{d}x\int_{2x-z}^{2x}\mathrm{d}y=z-\frac{z^2}{4};$$

当 $z\geqslant2$ 时，

$$F_Z(z)=P\{Z\leqslant z\}=P\{2X-Y\leqslant z\}=\int_0^1\mathrm{d}x\int_0^{2x}\mathrm{d}y=1.$$

于是 $Z=2X-Y$ 的分布函数为

$$F_Z(z)=\begin{cases}0, & z<0,\\ z-\dfrac{z^2}{4}, & 0\leqslant z<2,\\ 1, & z\geqslant2.\end{cases}$$

所以，$Z=2X-Y$ 的密度函数为

$$f_Z(z)=\begin{cases}1-\dfrac{z}{2}, & 0<z<2,\\ 0, & \text{其他}.\end{cases}$$

(3) 由于

$$P\left\{X\leqslant\frac{1}{2},Y\leqslant\frac{1}{2}\right\}=\int_0^{\frac{1}{4}}\mathrm{d}x\int_0^{2x}\mathrm{d}y+\int_{\frac{1}{4}}^{\frac{1}{2}}\mathrm{d}x\int_0^{\frac{1}{2}}\mathrm{d}y=\frac{3}{16},$$

$$P\left\{X\leqslant\frac{1}{2}\right\}=\int_0^{\frac{1}{2}}f_X(x)\mathrm{d}x=\int_0^{\frac{1}{2}}2x\mathrm{d}x=\frac{1}{4},$$

所以

$$P\left\{Y\leqslant\frac{1}{2}\mid X\leqslant\frac{1}{2}\right\}=\frac{P\left\{X\leqslant\frac{1}{2},Y\leqslant\frac{1}{2}\right\}}{P\left\{X\leqslant\frac{1}{2}\right\}}=\frac{\dfrac{3}{16}}{\dfrac{1}{4}}=\frac{3}{4}.$$

13. (2010)设二维随机变量 (X,Y) 的联合密度函数为
$$f(x,y)=A\mathrm{e}^{-2x^2+2xy-y^2},\quad -\infty<x<+\infty,-\infty<y<+\infty.$$
求常数 A 及条件密度函数 $f_{Y|X}(y|x)$.

解

$$f(x,y)=A\mathrm{e}^{-2x^2+2xy-y^2}=A\pi\left[\frac{1}{\sqrt{2\pi}\cdot\frac{1}{\sqrt{2}}}\mathrm{e}^{-\frac{(y-x)^2}{2\cdot(\frac{1}{\sqrt{2}})^2}}\right]\left[\frac{1}{\sqrt{2\pi}\cdot\frac{1}{\sqrt{2}}}\mathrm{e}^{-\frac{x^2}{2\cdot(\frac{1}{\sqrt{2}})^2}}\right],$$

于是，利用概率密度函数的性质可得到，$A\pi=1$，因此 $A=\dfrac{1}{\pi}$.

X 的边缘密度函数为

$$f_X(x) = \int_{-\infty}^{+\infty} f(x,y)\mathrm{d}y = \frac{1}{\sqrt{\pi}}\mathrm{e}^{-x^2},$$

故所求的条件密度函数为

$$f_{Y|X}(y \mid x) = \frac{f(x,y)}{f_X(x)} = \frac{1}{\sqrt{\pi}}\mathrm{e}^{-x^2+2xy-y^2}, \quad -\infty < x < +\infty, -\infty < y < +\infty.$$

五、自 测 题

1. 设二维随机向量 (X,Y) 的联合概率密度函数为 $f(x,y) = \begin{cases} c, & -1 \leqslant x \leqslant 1, 0 \leqslant y \leqslant 2, \\ 0, & \text{其他}, \end{cases}$ 则 $c=$ _____；Y 的边缘密度函数为 $f_Y(y) =$ _____.

2. 已知随机变量 $X \sim N(-1,3), Y \sim N(2,1)$，且 X,Y 相互独立，设随机变量 $Z = 2X - Y + 9$，则 $D(Z) =$ _____.

3. 设随机变量 X 服从参数 $\lambda = 3$ 的指数分布，Y 服从 $[0,3]$ 上的均匀分布，且 X 与 Y 相互独立，则 (X,Y) 的联合密度函数 $f(x,y) =$ _____.

4. 设随机变量 X,Y 有 $D(X) = 4, D(Y) = 9, \mathrm{Cov}(X,Y) = -4$，则 X,Y 的相关系数 $\rho_{XY} =$ _____.

5. 设 (X,Y) 是二维随机变量，且 $D(X) = 25, D(Y) = 16, \rho_{XY} = -0.4$，则 $D(X - Y) =$ _____.

6. 对于两个随机变量 X 和 Y，若 $E(XY) = E(X)E(Y)$，则（   ）.

(A) $D(XY) = D(X)D(Y)$；   (B) $D(X+Y) = DX + DY$；

(C) X 与 Y 相互独立；   (D) X 与 Y 不独立.

7. 设随机变量 X、Y 相互独立且同分布. 已知 $P\{X=1\} = P\{Y=1\} = \frac{1}{3}, P\{X=2\} = P\{Y=2\} = \frac{2}{3}$，则有（   ）.

(A) $P\{X=Y\} = \frac{1}{3}$；   (B) $P\{X=Y\} = \frac{2}{3}$；

(C) $P\{X=Y\} = 1$；   (D) $P\{X=Y\} = \frac{5}{9}$.

8. 若随机变量 X 与 Y 的协方差 $\mathrm{Cov}(X,Y) = 0$，则下列结论必正确的是（   ）

(A) X 与 Y 独立；   (B) $D(X+Y) = D(X) + D(Y)$；

(C) $D(XY) = D(X)D(Y)$；   (D) $D(X-Y) = D(X) - D(Y)$.

9. 设随机变量 $X_i(i=1,2)$ 的概率分布为

X_i	-1	0	1
P	0.25	0.5	0.25

且满足 $P\{X_1X_2=0\}=1$,则 $P\{X_1=X_2\}$ 等于(　　).

　(A) 0;　　　　　　(B) 0.25;　　　　　　(C) 0.5;　　　　　　(D) 1.

　10. 将一枚均匀硬币重复掷 n 次,以 X 和 Y 分别表示正面向上和反面向上的次数,则 X 和 Y 的相关系数等于(　　).

　(A) 0;　　　　　　(B) 0.5;　　　　　　(C) -1;　　　　　　(D) 1.

　11. 设随机变量 X 的概率分布为 $P\{X=k\}=(0.3)^k(0.7)^{1-k}$,$k=0,1$,且在 $X=0$ 及 $X=1$ 的条件下关于 Y 的条件概率分布如下表所示.

Y	1	2	3
$P\{Y\mid X=0\}$	$\frac{1}{7}$	$\frac{2}{7}$	$\frac{4}{7}$
$P\{Y\mid X=1\}$	$\frac{1}{2}$	$\frac{1}{3}$	$\frac{1}{6}$

求:(1)二维随机变量 (X,Y) 的联合概率分布;(2)关于 Y 的边缘概率分布;(3)在 $Y\neq 3$ 的条件下关于 X 的条件概率分布.

　12. 一台仪器由两个部件组成,分别以 X 和 Y 表示这两个部件的寿命(h),已知 (X,Y) 的联合分布函数为

$$F(x,y)=\begin{cases}1-\mathrm{e}^{-0.01x}-\mathrm{e}^{-0.01y}+\mathrm{e}^{-0.01(x+y)}, & x\geqslant 0,y\geqslant 0,\\ 0, & \text{其他},\end{cases}$$

(1) 判断 X 与 Y 是否相互独立;(2) 求两个部件的寿命都超过 120h 的概率.

　13. 设 (X,Y) 的联合密度函数为

$$f(x,y)=\begin{cases}\mathrm{e}^{-y}, & 0<x<y,\\ 0, & \text{其他}.\end{cases}$$

求:(1) X 和 Y 的边缘密度函数;(2) 条件密度函数;(3) 条件概率 $P\{X>2\mid Y<4\}$.

　14. 二维随机向量 (X,Y) 服从区域 $D=\{(x,y),|x|\leqslant 1,|y|\leqslant 1,\}$ 上的均匀分布,(1) 求 X 和 Y 的边缘密度函数;(2) 判断 X 与 Y 是否独立.

　15. 设 (X,Y) 的联合密度函数为

$$f(x,y)=\begin{cases}2\mathrm{e}^{-(x+2y)}, & x>0,y>0,\\ 0 & \text{其他},\end{cases}$$

(1) 求 X 和 Y 的边缘密度函数;(2) 判断 X 与 Y 是否独立;(3) 求 $P\{X+Y\leqslant 1\}$.

　16. 设 (X,Y) 的联合密度函数为

$$f(x,y)=\begin{cases}6x^2y, & 0\leqslant x\leqslant 1,0\leqslant y\leqslant 1,\\ 0, & \text{其他},\end{cases}$$

(1) 求 X 和 Y 的边缘密度函数;(2) 判断 X 与 Y 是否独立;(3) 求概率 $P\{X>Y\}$;(4) 求 (X,Y) 的联合分布函数.

　17. 设随机变量 X_1,X_2,X_3,X_4 相互独立,且 $X_i\sim b(1,0.4)(i=1,2,3,4)$,求行列式 $X=\begin{vmatrix}X_1 & X_2\\ X_3 & X_4\end{vmatrix}$ 的概率分布.

18. 设 X 与 Y 相互独立,其密度函数分别为

$$f_X(x) = \begin{cases} 1, & 0 \leqslant x \leqslant 1, \\ 0, & \text{其他}, \end{cases} \qquad f_Y(y) = \begin{cases} e^{-y}, & y > 0, \\ 0, & y \leqslant 0, \end{cases}$$

求 $Z = 2X + Y$ 的密度函数.

19. 设 X 与 Y 是相互独立的两个随机变量,它们都服从 $[0,1]$ 上的均匀分布,求随机变量 $Z = |X - Y|$ 的密度函数.

20. 设 X 与 Y 是相互独立的两个随机变量,其中 X 的概率分布为 $P\{X = 1\} = 0.3, P\{X = 2\} = 0.7$,随机变量 Y 的密度函数为 $f(y)$,求随机变量 $U = X + Y$ 的密度函数 $g(u)$.

21. 设二维随机变量 (X, Y) 的联合密度函数为

$$f(x, y) = \begin{cases} 4xy, & 0 < x < 1, 0 < y < 1, \\ 0, & \text{其他}, \end{cases}$$

求 $E(XY)$ 及 X 与 Y 的相关系数 ρ_{XY}.

22. 设 X 与 Y 独立同分布,且 $X \sim N(0,1)$,证明:$E[\min\{X, Y\}] = -\dfrac{1}{\sqrt{\pi}}$.

23. 一商场经销某种商品,每周进货量 X 与顾客对该种商品的需求量 Y 是相互独立的随机变量,且都服从 $[10, 20]$ 上的均匀分布.商场每销出一单位的该种商品可得利润 1000 元,若需求量超过进货量,商场可以从其他商场调剂供应,此时每单位商品得利润 500 元.试求此商场经销该种商品每周所得利润的期望值.

六、自测题参考答案

1. $\dfrac{1}{4}$, $f_Y(y) = \begin{cases} \dfrac{1}{2}, & 0 \leqslant y \leqslant 2, \\ 0, & \text{其他}. \end{cases}$

2. 13.

3. $f(x, y) = \begin{cases} e^{-3x}, & x > 0, 0 \leqslant y \leqslant 3, \\ 0, & \text{其他}. \end{cases}$

4. $-\dfrac{2}{3}$.

5. 57.

6. (B)

7. (D)

8. (B)

9. (A)

10. (C)

11. (1) 二维随机变量 (X, Y) 的联合概率分布为

X \ Y	1	2	3
0	0.1	0.2	0.4
1	0.15	0.1	0.05

(2) 关于 Y 的边缘概率分布为

Y	1	2	3
P	0.25	0.3	0.45

(3) 在 $Y \neq 3$ 的条件下关于 X 的条件概率分布为

X	0	1
$P\{X \mid Y \neq 3\}$	0.545	0.455

12. (1) 易知 $F(x,y) = F_X(x)F_Y(y)$，即 X 与 Y 相互独立；

(2) $P(X > 120, Y > 120) = e^{-2.4} \approx 0.091$.

13. (1) X 和 Y 的边缘密度函数分别为

$$f_X(x) = \begin{cases} e^{-x}, & x > 0, \\ 0, & x \leqslant 0, \end{cases} \qquad f_Y(y) = \begin{cases} ye^{-y}, & y > 0, \\ 0, & y \leqslant 0. \end{cases}$$

(2) $f_{Y|X}(y|x) = \begin{cases} e^{x-y}, & 0 < x < y, \\ 0, & \text{其他}, \end{cases} \qquad f_{X|Y}(x|y) = \begin{cases} \dfrac{1}{y}, & 0 < x < y, \\ 0, & \text{其他}. \end{cases}$

(3) $P\{X > 2, Y < 4\} = e^{-2} - 3e^{-4}$, $\quad P\{Y < 4\} = 1 - 5e^{-4}$,

$$P\{X > 2 \mid Y < 4\} = \frac{P\{X > 2, Y < 4\}}{P\{Y < 4\}} = \frac{e^{-2} - 3e^{-4}}{1 - 5e^{-4}}.$$

14. (1) X 和 Y 的边缘密度函数分别为

$$f_X(x) = \begin{cases} \dfrac{1}{2}, & |x| \leqslant 1, \\ 0, & \text{其他}, \end{cases} \qquad f_Y(y) = \begin{cases} \dfrac{1}{2}, & |y| \leqslant 1, \\ 0, & \text{其他}. \end{cases}$$

(2) X 与 Y 独立.

15. (1) $f_X(x) = \begin{cases} e^{-x}, & x > 0, \\ 0, & x \leqslant 0, \end{cases} \qquad f_Y(y) = \begin{cases} 2e^{-2y}, & y > 0, \\ 0, & y \leqslant 0. \end{cases}$

(2) X 与 Y 相互独立.

(3) $P\{X + Y \leqslant 1\} = \int_0^1 dx \int_0^{1-x} 2e^{-(x+2y)} dy = (1 - e^{-1})^2$.

16. (1) $f_X(x) = \begin{cases} 3x^2, & 0 \leqslant x \leqslant 1, \\ 0, & \text{其他}, \end{cases} \qquad f_Y(y) = \begin{cases} 2y, & 0 \leqslant y \leqslant 1, \\ 0, & \text{其他}. \end{cases}$

(2) X 与 Y 相互独立.

(3) $P\{X > Y\} = 0.6$.

(4) (X,Y) 的联合分布函数为 $F(x,y)=\begin{cases} 0, & x\leqslant 1 \text{ 或 } y\leqslant 0, \\ x^3 y^2, & 0<x\leqslant 1, 0<y\leqslant 1, \\ x^3, & 0<x\leqslant 1, y>1, \\ y^2, & x>1, 0<y\leqslant 1, \\ 1, & x>1, y>1. \end{cases}$

17. X 的概率分布为

X	-1	0	1
P	0.1344	0.7312	0.1344

18. $f_Z(z)=\begin{cases} 0, & z\leqslant 0, \\ \dfrac{1}{2}(1-\mathrm{e}^{-z}), & 0<z\leqslant 2, \\ \dfrac{1}{2}(\mathrm{e}^2-1)\mathrm{e}^{-z}, & z>2. \end{cases}$

19. $f_Z(z)=\begin{cases} 2-2z, & 0<z<1, \\ 0, & \text{其他.} \end{cases}$

20. $g(u)=0.3f(u-1)+0.7f(u-2).$

21. $E(XY)=\dfrac{4}{9}, \rho_{XY}=0.$

22. 略.

23. 14166.67 元.

第5章 大数定律与中心极限定理

一、基本要求

(1) 了解伯努利大数定律和切比雪夫大数定律及辛钦大数定律,了解伯努利大数定律与概率的统计定义、参数估计之间的关系.

(2) 了解独立同分布的中心极限定理和棣莫弗-拉普拉斯中心极限定理,并掌握它们在实际问题中的应用.

二、内 容 提 要

1. 依概率收敛

设 $X_1, X_2, \cdots, X_n, \cdots$ 是一列随机变量,X 是一随机变量或常数,如果对任意的 $\varepsilon > 0$,有

$$\lim_{n \to \infty} P\{\,|\,X_n - X\,| \geqslant \varepsilon\} = 0,$$

则称 $\{X_n\}$ 依概率收敛于 X,记作 $X_n \xrightarrow{P} X$ 或 $P - \lim_{n \to \infty} X_n = X$.

2. 大数定律

1) 伯努利大数定律

设 $\mu_n(A)$ 为 n 重伯努利试验中事件 A 发生的次数,已知在每次试验中 A 发生的概率为 $p(0 < p < 1)$,则对任意的 $\varepsilon > 0$,有

$$\lim_{n \to \infty} P\left\{\left|\frac{\mu_n(A)}{n} - p\right| < \varepsilon\right\} = 1.$$

即事件 A 发生的频率依概率收敛于事件 A 发生的概率 p.

2) 切比雪夫大数定律

设 $X_1, X_2, \cdots, X_n, \cdots$ 是一列两两不相关的随机变量,它们的数学期望和方差均存在,且方差有界,即存在常数 $C > 0$,使得 $D(X_i) \leqslant C, i = 1, 2, \cdots$,则对任意的 $\varepsilon > 0$,有

$$\lim_{n \to \infty} P\left\{\left|\frac{1}{n}\sum_{i=1}^{n} X_i - \frac{1}{n}\sum_{i=1}^{n} E(X_i)\right| < \varepsilon\right\} = 1.$$

特别地,若随机变量 $X_1,X_2,\cdots,X_n,\cdots$ 相互独立同分布,且方差有限,记 $E(X_i)=\mu,i=1,2,\cdots$,则对任意的 $\varepsilon>0$,有

$$\lim_{n\to\infty}P\left\{\left|\frac{1}{n}\sum_{i=1}^{n}X_i-\mu\right|<\varepsilon\right\}=1.$$

3) 辛钦大数定律

设 $X_1,X_2,\cdots,X_n,\cdots$ 是一列相互独立同分布的随机变量,且数学期望存在,记 $E(X_i)=\mu,i=1,2,\cdots$,则对任意的 $\varepsilon>0$,有

$$\lim_{n\to\infty}P\left\{\left|\frac{1}{n}\sum_{i=1}^{n}X_i-\mu\right|<\varepsilon\right\}=1.$$

3. 中心极限定理

1) 林德伯格-莱维(独立同分布)中心极限定理

设 $X_1,X_2,\cdots,X_n,\cdots$ 是一列独立同分布的随机变量,且 $E(X_i)=\mu,D(X_i)=\sigma^2>0,i=1,2,\cdots$,则对任意的实数 x,有

$$\lim_{n\to\infty}P\left\{\frac{\sum_{i=1}^{n}X_i-n\mu}{\sqrt{n}\sigma}\leqslant x\right\}=\frac{1}{\sqrt{2\pi}}\int_{-\infty}^{x}\mathrm{e}^{-\frac{t^2}{2}}\mathrm{d}t.$$

这个定理说明,在定理条件下,当 n 很大时,随机变量 $\dfrac{\sum\limits_{i=1}^{n}X_i-n\mu}{\sqrt{n}\sigma}$ 近似服从标准正态分布 $N(0,1)$;或者说,当 n 很大时,独立同分布的随机变量 X_i 之和 $\sum\limits_{i=1}^{n}X_i$ 近似服从正态分布 $N(n\mu,n\sigma^2)$.

2) 棣莫弗-拉普拉斯中心极限定理

设 $X_n\sim b(n,p),0<p<1$,则对任意的实数 x,有

$$\lim_{n\to\infty}P\left\{\frac{X_n-np}{\sqrt{np(1-p)}}\leqslant x\right\}=\frac{1}{\sqrt{2\pi}}\int_{-\infty}^{x}\mathrm{e}^{-\frac{t^2}{2}}\mathrm{d}t.$$

这个定理说明,二项分布以正态分布为极限. 若 $X_n\sim b(n,p)$,则当 n 很大时,随机变量 $\dfrac{X_n-np}{\sqrt{np(1-p)}}$ 近似服从标准正态分布 $N(0,1)$,或者说,当 n 很大时,X_n 近似服从正态分布 $N(np,np(1-p))$.

3) 中心极限定理的应用

通过中心极限定理,可以使相互独立的随机变量序列 $\{X_i\}$ 的部分和 $X_n=\sum\limits_{i=1}^{n}X_i$ 的分布在适当条件下近似服从正态分布,这为概率计算带来了很大的方便.

三、典型例题

1. 依概率收敛与大数定律的应用

例1 设 $X_1, X_2, \cdots, X_n, \cdots$ 是独立同分布的随机变量序列,且 $E(X_k) = \mu$, $D(X_k) = \sigma^2, k = 1, 2, \cdots$,令 $Y_n = \dfrac{2}{n(n+1)} \sum\limits_{k=1}^{n} kX_k$,证明:随机变量序列 $\{Y_n\}$ 依概率收敛于 μ.

分析 本例是要学会运用切比雪夫不等式估计事件的概率.

证明 由于

$$E(Y_n) = \frac{2}{n(n+1)} \sum_{k=1}^{n} kE(X_k) = \frac{2}{n(n+1)} \sum_{k=1}^{n} k\mu = \mu,$$

$$D(Y_n) = \frac{4}{n^2(n+1)^2} \sum_{k=1}^{n} k^2 D(X_k) = \frac{2(2n+1)}{3n(n+1)} \sigma^2,$$

于是,对任意的 $\varepsilon > 0$,由切比雪夫不等式得

$$P\{|Y_n - E(Y_n)| \geqslant \varepsilon\} = P\{|Y_n - \mu| \geqslant \varepsilon\} \leqslant \frac{D(Y_n)}{\varepsilon^2} = \frac{2(2n+1)\sigma^2}{3n(n+1)\varepsilon^2},$$

对上式取极限,令 $n \to \infty$,知 $\lim\limits_{n\to\infty} P\{|Y_n - E(Y_n)| \geqslant \varepsilon\} = 0$,故随机变量序列 $\{Y_n\}$ 依概率收敛于 μ.

例2 设 $\{X_k\}$ 是独立随机变量序列,且

$$P\left\{X_k = -\frac{1}{k}\right\} = P\left\{X_k = \frac{1}{k}\right\} = \frac{1}{2}, \quad k = 1, 2, \cdots,$$

试问:$\{X_k\}$ 是否服从大数定律?

分析 本题是要验证 $\{X_k\}$ 是否满足切比雪夫大数定律的条件.

解 因为 $E(X_k) = 0, k = 1, 2, \cdots$,所以

$$D(X_k) = E(X_k^2) = \left(-\frac{1}{k}\right)^2 \times \frac{1}{2} + \left(\frac{1}{k}\right)^2 \times \frac{1}{2} = \frac{1}{k^2}, \quad k = 1, 2, \cdots,$$

从而对任意正数 k,有 $D(X_k) \leqslant 1$,由切比雪夫大数定律知,$\{X_k\}$ 服从大数定律.

例3 设 $\{X_i\}$ 是独立同分布随机变量序列,且 X_1 具有密度函数

$$f(x) = \begin{cases} \left|\dfrac{1}{x}\right|^3, & |x| \geqslant 1, \\ 0, & |x| < 1, \end{cases}$$

证明:$\{X_i\}$ 服从大数定律.

分析 本例是要验证 $\{X_i\}$ 是否满足辛钦大数定律的条件,即 $E(X_1)$ 是否存在.

证明 因为

$$E(X_1) = \int_{|x| \geqslant 1} x \cdot \left|\frac{1}{x}\right|^3 \mathrm{d}x = \int_{-\infty}^{-1} x \cdot \left|\frac{1}{x}\right|^3 \mathrm{d}x + \int_{1}^{+\infty} x \cdot \left|\frac{1}{x}\right|^3 \mathrm{d}x$$

$$= \int_{-\infty}^{-1} -\frac{1}{x^2}\mathrm{d}x + \int_{1}^{+\infty} \frac{1}{x^2}\mathrm{d}x = \frac{1}{x}\Big|_{-\infty}^{-1} + \left(-\frac{1}{x}\right)\Big|_{-\infty}^{1} = -1 + 1 = 0,$$

所以,由辛钦大数定律知,$\{X_i\}$ 服从大数定律.

2. 中心极限定理的应用

例 4 在一家人寿保险公司有 30000 参加保险,每人每年付 100 元保险费,在一年内参加保险的人死亡的概率为 0.0001,死亡时其家属可从保险公司获赔 200000 元,求:(1) 保险公司一年的利润不少于 1000000 的概率 α;(2) 保险公司亏本的概率 β.

分析 记

$$X_i = \begin{cases} 1, & \text{当参加保险的第 } i \text{ 个人死亡}, \\ 0, & \text{否则}, \end{cases} \quad i = 1, 2, \cdots, 30000,$$

则 X_i 独立同分布,且 $P\{X_i = 1\} = 0.0001, P\{X_i = 0\} = 0.9999$,又设 X 为一年中参加保险的 30000 人中的死亡人数,则 $X = \sum_{i=1}^{30000} X_i$,且 $X \sim b(30000, 0.0001)$,于是可由中心极限定理求解本问题.

解 由分析得,$X \sim b(30000, 0.0001)$,且

$$E(X) = np = 30000 \times 0.0001 = 3, \quad D(X) = np(1-p) = 2.9997.$$

(1) 保险公司一年的利润不少于 100 万的概率为

$$\alpha = P\{30000 \times 100 - 200000X \geqslant 1000000\} = P\{0 \leqslant X \leqslant 10\}$$

$$= P\left\{\frac{0-3}{\sqrt{2.9997}} \leqslant \frac{X-3}{\sqrt{2.9997}} \leqslant \frac{10-3}{\sqrt{2.9997}}\right\}$$

$$\approx \Phi\left(\frac{7}{\sqrt{2.9997}}\right) - \Phi\left(\frac{-3}{\sqrt{2.9997}}\right) = \Phi(4.042) - \Phi(-1.732)$$

$$= 1 - [1 - \Phi(1.732)] = \Phi(1.732) = 0.9582.$$

(2) 所谓保险公司亏本即 $30000 \times 100 < 200000X$,亦即 $X > 15$,于是保险公司亏本的概率为

$$\beta = P\{X > 15\} = 1 - P\{X \leqslant 15\}$$

$$= 1 - P\left\{\frac{X-3}{\sqrt{2.9997}} \leqslant \frac{15-3}{\sqrt{2.9997}}\right\}$$

$$= 1 - \Phi(6.928) = 0.$$

故保险公司亏本的概率为 0.

例 5 设供电公司供应某地区 1000 户居民用电,各户用电情况相互独立.已知每户每天用电量(单位:kW·h)在 [0,20] 上服从均匀分布.现在要以 0.99 的概率满足该地区居民用电量的需要,问供电公司每天至少要向该地区供应多少电?

分析 设 X_i 为第 i 居民每天的用电量,$i = 1, 2, \cdots, 1000$,则它们之间独立且同服从于 [0,20] 上的均匀分布,于是 $E(X_i) = 10, D(X_i) = \dfrac{100}{3}$,而 1000 户居民每天的

用电量 $X = \sum_{i=1}^{1000} X_i$ 近似服从正态分布，从而可由中心极限定理求解本问题.

解　由分析知，$X \sim N\left(10000, \dfrac{100000}{3}\right)$.

设供电公司需供应 $a(\mathrm{kW \cdot h})$ 电才能满足要求，则

$$P\{X \leqslant a\} = P\left\{\frac{X-10000}{\sqrt{100000/3}} \leqslant \frac{a-10000}{\sqrt{100000/3}}\right\}$$
$$\approx \Phi\left(\frac{a-10000}{\sqrt{100000/3}}\right) = 0.99,$$

即 $\dfrac{a-10000}{\sqrt{100000/3}} = 2.33$，解得 $a \approx 10426(\mathrm{kW \cdot h})$，故供电公司每天至少要向该地区供应 $10426(\mathrm{kW \cdot h})$ 电，才能满足需要.

例 6　设某种电子元件的使用寿命（单位：h）服从参数为 $\lambda = 0.1$ 的指数分布，其使用情况是第一个损坏第二个立即使用，第二个损坏第三个立即使用等等. 求在一年中至少需要多少个电子元件才能以 0.95 的概率保证该电子元件够用（假设一年有 306 个工作日，每个工作日 8h）.

分析　问题可归结为一年中需要多少个该电子元件才能以 0.95 的概率保证够用，也就是多少个电子元件的寿命之和会以 0.95 的概率大于一年的工作时间 $306 \times 8\mathrm{h}$，因而该问题是一个大量和的概率计算问题，要用中心极限定理.

解　设一年中需要 n 个电子元件，以 X_i 表示第 i 个电子元件的寿命，$i = 1, 2, \cdots, n$，则 $X = \sum_{i=1}^{n} X_i$ 是 n 个电子元件的总寿命，于是问题归结为求最小的 n 使得

$$P\{X \geqslant 306 \times 8\} = P\{X \geqslant 2448\} \geqslant 0.95.$$

由题意 X_i 独立同分布，$i = 1, 2, \cdots, n$，且 $E(X_i) = \dfrac{1}{\lambda} = 10$，$D(X_i) = \dfrac{1}{\lambda^2} = 100$，$X \sim N(10n, 100n)$，于是由中心极限定理得

$$P\{X \geqslant 2448\} = 1 - P\left\{\frac{X-10n}{\sqrt{100n}} < \frac{2448-10n}{\sqrt{100n}}\right\}$$
$$\approx 1 - \Phi\left(\frac{2448-10n}{10\sqrt{n}}\right) \geqslant 0.95,$$

即 $\Phi\left(\dfrac{10n-2448}{10\sqrt{n}}\right) \geqslant 0.95$，查标准正态分布表得 $\Phi(1.645) = 0.95$，于是，$\dfrac{10n-2448}{10\sqrt{n}} \geqslant 1.645$，解得 $n \geqslant 271.9$，故 n 至少应为 272.

四、教材习题选解

（A）

1. 在每次试验中，事件 A 出现的概率为 0.75. 当试验次数 n 为多大时，能够使

n 重伯努利试验中事件 A 出现的频率在 $0.74\sim0.76$ 的概率至少为 0.9（用切比雪夫不等式和中心极限定理两种方法计算）？

解　设 X 为 n 重伯努利试验中事件 A 出现的次数，则 $X\sim b(n,0.75)$，从而 $E(X)=0.75n$，$D(X)=0.1875n$，现在要确定 n，使得 n 满足概率不等式

$$P\left\{0.74\leqslant\frac{X}{n}\leqslant0.76\right\}\geqslant0.90.$$

（1）用切比雪夫不等式估计，n 应取 18750，见第 3 章例 12.

（2）用中心极限定理估计，可知当 n 比较大时，X 近似服从正态分布 $N(0.75n, 0.1875n)$. 于是，有

$$P\left\{0.74\leqslant\frac{X}{n}\leqslant0.76\right\}=P\{\mid X-0.75n\mid\leqslant0.01n\}$$

$$=P\left\{\left|\frac{X-0.75n}{\sqrt{0.1875n}}\right|\leqslant\frac{0.01n}{\sqrt{0.1875n}}\right\}$$

$$\approx2\Phi(0.0231\sqrt{n})-1\geqslant0.90.$$

查标准正态分布表得 $\Phi(1.645)=0.95$，于是，有 $0.0231\sqrt{n}\geqslant1.645$，解得 $n\geqslant5071.17$，故取 $n=5072$.

将（1）和（2）进行比较，可知用中心极限定理估计的 n 比用切比雪夫不等式估计的 n 要精确得多.

5. 设某生产线上组装每件产品的时间服从指数分布，组装每件产品平均需要 10min，且各件产品的组装时间是相互独立的.

（1）求组装 100 件产品需要 $15\sim20$h 的概率；

（2）保证有 95% 的可能性，问 16h 内最多可以组装多少件产品？

解　设 X_i 为第 i 件产品的组装时间 $(i=1,2,\cdots,100)$，则它们之间独立且同服从指数分布，$E(X_i)=10(\min)$，$D(X_i)=100$，而 100 件产品的组装时间为 $X=\sum\limits_{i=1}^{100}X_i$.

（1）由于 $n=100$ 比较大，故由中心极限定理知，100 件产品的组装时间 $X=\sum\limits_{i=1}^{100}X_i$ 近似服从正态分布，由于 $E(X)=100\times E(X_i)=1000$，$D(X)=10000$，于是 $X\sim N(1000,100^2)$. 故所求概率为

$$P\left\{900\leqslant\sum_{i=1}^{100}X_i\leqslant1200\right\}=P\left\{\frac{900-1000}{100}\leqslant\frac{\sum\limits_{i=1}^{100}X_i-1000}{100}\leqslant\frac{1200-1000}{100}\right\}$$

$$=P\left\{-1\leqslant\frac{\sum\limits_{i=1}^{100}X_i-1000}{100}\leqslant2\right\}$$

$$\approx\Phi(2)-\Phi(-1)=0.9773-(1-0.8413)=0.8186.$$

即组装 100 件产品需要 $15\sim20$h 的概率为 0.8186.

(2) 16h 即 960min,要求确定 n,使得

$$P\left\{\sum_{i=1}^n X_i \leqslant 960\right\} = 0.95.$$

由于 n 比较大时,$\sum_{i=1}^n X_i$ 近似服从正态分布 $N(10n, 100n)$,可得

$$0.95 = P\left\{\frac{\sum_{i=1}^n X_i - 10n}{\sqrt{100n}} \leqslant \frac{960 - 10n}{\sqrt{100n}}\right\} \approx \Phi\left(\frac{960 - 10n}{\sqrt{100n}}\right),$$

另一方面,标准正态分布表得 $\Phi(1.645) = 0.95$,于是,有

$$\frac{960 - 10n}{\sqrt{100n}} = 1.645, \tag{*}$$

由此,得方程

$$100n^2 - 19470.6025n + 960^2 = 0,$$

其解为 $n_1 = 81.18, n_2 = 113.53$,其中 $n_2 = 113.53$ 不满足(*),为增根,故在 16h 内以概率 0.95 最多可以组装 81 或 82 件产品.

6. 某产品的合格率为 99%,问包装箱中应该装多少件此种产品,才能有 95% 的可能性使每箱中至少有 100 件合格产品?

分析 每件产品可看成一次试验,合格品表示试验成功,那么一包装箱 n 件产品中合格品的个数 X 应服从二项分布,即 $X \sim b(n, 0.99)$. 于是问题归结为考察一包装箱中合格品的个数超过 100 件的概率,由于 n 较大,故可用中心极限定理计算.

解 设一包装箱中应装 n 件产品,则 n 件产品中合格品的总个数 X 服从二项分布,即 $X \sim b(n, 0.99)$. 由棣莫弗-拉普拉斯中心极限定理有

$$P\{X > 100\} = 1 - P\left\{\frac{X - 0.99n}{\sqrt{n \times 0.99 \times 0.01}} \leqslant \frac{100 - 0.99n}{\sqrt{n \times 0.99 \times 0.01}}\right\}$$

$$\approx 1 - \Phi\left(\frac{100 - 0.99n}{\sqrt{0.0099n}}\right) \geqslant 0.95,$$

即 $\Phi\left(\frac{0.99n - 100}{\sqrt{0.0099n}}\right) \geqslant 0.95$,查标准正态分布表得 $\Phi(1.645) = 0.95$,于是,

$\frac{0.99n - 100}{\sqrt{0.0099n}} \geqslant 1.645$,解得 $n \geqslant 103$,故 n 至少应为 103.

(B)

3. (2001)某生产线生产的产品成箱包装,每箱的质量是随机的. 假设每箱平均质量为 50kg,标准差为 5kg. 若用最大载重为 5t 的汽车承运,试利用中心极限定理说明每辆车最多可以装多少箱,才能保证不超载的概率大于 0.977?

分析 设 $X_i (i = 1, 2, \cdots, n)$ 是装运的第 i 箱的质量(单位:kg),每辆车最多可以装 n 箱,有条件知,可以把 $X_1, X_2, \cdots, X_n$ 视为独立同分布的随机变量,且 $E(X_i) = 50, D(X_i) = 25$,n 箱的总质量为 $T_n = \sum_{i=1}^n X_i$,由中心极限定理知,T_n 近似服从正态

分布,即 $T_n \sim N(50n, 25n)$.

解 由分析,有

$$P\{T_n \leqslant 5000\} = P\left\{\frac{T_n - 50n}{5\sqrt{n}} \leqslant \frac{5000 - 50n}{5\sqrt{n}}\right\} \approx \Phi\left(\frac{5000 - 50n}{5\sqrt{n}}\right) > 0.977,$$

查标准正态分布表得 $\Phi(2) = 0.977$,于是,有

$$\frac{1000 - 10n}{\sqrt{n}} > 2,$$

解得,$n < 98.0199$,故每辆车最多可以装 98 箱,才能保证不超载的概率大于 0.977.

4. 某调查公司受委托,调查某电视节目在某城市的收视率 p,调查公司将所有调查对象中收看此节目的频率作为 p 的估计 $\hat{p}$. 现在要保证有 90% 的把握,使得调查所得收视率 $\hat{p}$ 与真实收视率 p 之间的差异不大于 5%. 问至少要调查多少对象.

解 设共调查 n 个对象,记

$$X_i = \begin{cases} 1, & \text{第 } i \text{ 个调查对象收看此电视节目,} \\ 0, & \text{第 } i \text{ 个调查对象不看此电视节目,} \end{cases}$$

则 X_i 独立同分布,且 $P\{X_i = 1\} = p, P\{X_i = 0\} = 1 - p, i = 1, 2, \cdots, n$.

又记 n 个被调查对象中收看此电视节目的人数为 Y_n,则有

$$Y_n = \sum_{i=1}^{n} X_i \sim b(n, p).$$

由大数定律知,当 n 很大时,频率 $\frac{Y_n}{n}$ 与概率 p 很接近,即用频率 $\frac{Y_n}{n}$ 作为收视率 p 的估计是合理的. 根据题意有

$$P\left\{\left|\frac{1}{n}\sum_{i=1}^{n} X_i - p\right| < 0.05\right\} \geqslant 0.90,$$

又由中心极限定理,得

$$P\left\{\left|\frac{1}{n}\sum_{i=1}^{n} X_i - p\right| < 0.05\right\} = P\left\{\left|\sum_{i=1}^{n} X_i - np\right| < 0.05n\right\}$$

$$= P\left\{\frac{\left|\sum_{i=1}^{n} X_i - np\right|}{\sqrt{np(1-p)}} < \frac{0.05n}{\sqrt{np(1-p)}}\right\}$$

$$\approx 2\Phi\left(\frac{0.05n}{\sqrt{np(1-p)}}\right) - 1,$$

从而得

$$2\Phi\left(\frac{0.05n}{\sqrt{np(1-p)}}\right) - 1 \geqslant 0.90,$$

即 $\Phi\left(\frac{0.05n}{\sqrt{np(1-p)}}\right) \geqslant 0.95$. 查标准正态分布表得 $\Phi(1.645) = 0.95$,于是,有

$$\frac{0.05n}{\sqrt{np(1-p)}} \geqslant 1.645,$$

解得 $n \geqslant p(1-p) \times 1082.41$.

又因为 $p(1-p) \leqslant 0.25$，所以 $n \geqslant 270.6$，故至少要调查 271 个对象.

五、自　测　题

1. 设随机变量序列 $X_1, X_2, \cdots, X_n, \cdots$ 独立同分布于参数为 2 的指数分布，则当 $n \rightarrow \infty$ 时，$Y_n = \dfrac{1}{n} \sum_{i=1}^{n} X_i^2$ 依概率收敛于____.

2. 设随机变量序列 $X_1, X_2, \cdots, X_n, \cdots$ 相互独立，它们满足大数定律，则 X_i 的分布可以是（　　）.

(A) $P\{X_i = m\} = \dfrac{c}{m^3}, m = 1, 2, 3, \cdots$;　　(B) X_i 服从参数为 $\dfrac{1}{i}$ 的指数分布；

(C) X_i 服从参数为 i 的泊松分布；　　(D) X_i 的密度函数为 $f(x) = \dfrac{1}{\pi(1+x^2)}$.

3. 设有 36 个电子器件，他们的使用寿命（单位：h）$T_1, T_2, \cdots, T_{36}$ 都服从参数 $\lambda = 0.1$ 的指数分布，其使用情况是：第一个损坏第二个立即使用，第二个损坏第三个立即使用等. 令 T 为 36 个电子器件使用的总时间，用中心极限定理计算超过 420h 的概率.

4. 某保险公司多年的统计资料表明，在索赔户中因被盗索赔的占 20%，以 X 表示在随机抽查的 100 个索赔户中因被盗向保险公司索赔的户数.（1）写出 X 的概率分布；（2）用中心极限定理计算 $P\{14 \leqslant X \leqslant 30\}$.

5. 某电视机厂每月生产 10000 台电视机，但其显像管车间的正品率为 0.8，为了以 99.7% 的概率保证出厂的电视机都装上正品的显像管，问该车间每月至少要生产多少只显像管？

6. 报名听概率统计课程的学生人数服从均值为 100 的泊松分布，负责这门课程的教师决定，如果报名人数多于 120 人，就分成两个班；如果报名人数少于 120 人，就集中一个班讲授. 问该教师讲授两个班的概率是多少？

7. 一个复杂系统，由 n 个相互独立起作用的部件组成，每个部件的可靠度（部件正常工作的概率）为 0.9，且必须至少有 80% 的部件正常工作时，才能使整个系统正常工作，问 n 至少为多少时才能使系统的可靠度为 0.997？

8. 某超市供应一地区 1000 人的某种商品，若该商品在一段时间内每人需要一件的概率为 0.6，问该超市需要准备多少件此种商品，才能以 0.997 的概率保证不会脱销（假设每个人是否购买是独立的）.

9. 设 $\{X_n\}$ 为相互独立的随机变量序列，且

$$P\{X_n = \pm\sqrt{n}\} = \frac{1}{n}, \quad P\{X_n = 0\} = 1 - \frac{2}{n}, \quad n = 2, 3, \cdots.$$

证明：$\{X_n\}$ 服从大数定律.

六、自测题参考答案

1. 0.5.

2. (A).

3. 0.1587.

4. (1) $P\{X=k\}=C_{100}^{k}0.2^{k}0.8^{100-k}(k=1,2,\cdots,100)$；　(2) 0.927.

5. $n\approx12655$.

6. 0.0227.

7. $n=69$.

8. 643 件.

9. 略.

第6章 抽样分布

一、基本要求

(1) 理解总体、个体、样本和统计量的概念.

(2) 了解直方图的作法,了解经验分布函数的概念和性质,会根据样本值求经验分布函数.

(3) 理解样本均值、样本方差的概念,掌握根据样本数据计算样本均值、样本方差的方法.

(4) 了解 χ^2 分布、t 分布、F 分布的定义及性质,理解分位数的概念并会查表计算分位数.

(5) 理解正态总体的常用抽样分布,如正态总体样本产生的标准正态分布、χ^2 分布、t 分布、F 分布等.

二、内 容 提 要

1. 基本概念

1) 总体

(1) 总体. 具有一定共同属性的研究对象的全体称为总体. 它是一个随机变量,记为 X.

(2) 有限总体. 所包含的个体数量是有限的总体.

(3) 无限总体. 所包含的个体数量是无限的总体.

2) 个体

组成总体的每一个元素称为个体.

3) 样本

(1) 样本. 一般的,从总体 X 中抽取部分个体 $X_1, X_2, \cdots, X_n$,这些个体 $X_1, X_2, \cdots, X_n$ 称为总体 X 的一个容量为 n 的样本,抽样得到的样本观察值记为 $x_1, x_2, \cdots, x_n$.

(2) 简单随机样本. $X_1, X_2, \cdots, X_n$ 相互独立,且 $X_i (i = 1, 2, \cdots, n)$ 与 X 同分布.

2. 总体分布与样本联合分布的关系

(1) 若总体 X 的分布函数为 $F(x)$,则简单随机样本 $(X_1, X_2, \cdots, X_n)$ 的联合分布函数为 $F(x_1, x_2, \cdots, x_n) = \prod_{i=1}^{n} F(x_i)$.

（2）若总体 X 为连续型随机变量，密度函数为 $f(x)$，则简单随机样本 $(X_1, X_2, \cdots, X_n)$ 联合密度函数为 $f(x_1, x_2, \cdots, x_n) = \prod_{i=1}^{n} f(x_i)$.

3. 统计量

设 $X_1, X_2, \cdots, X_n$ 为总体 X 的一个样本，称样本的任一不含总体分布未知参数的函数为该样本的统计量.

设 $X_1, X_2, \cdots, X_n$ 是来自总体 X 的样本，常用的统计量有

（1）样本均值

$$\overline{X} = \frac{1}{n}(X_1 + X_2 + \cdots + X_n) = \frac{1}{n}\sum_{i=1}^{n} X_i.$$

注 若 $E(X) = \mu$，则 $E(\overline{X}) = \mu$.

（2）样本方差

$$S^2 = \frac{1}{n-1}\sum_{i=1}^{n}(X_i - \overline{X})^2 = \frac{1}{n-1}\left(\sum_{i=1}^{n} X_i^2 - n\overline{X}^2\right).$$

注 若 $D(X) = \sigma^2$，则 $E(S^2) = \sigma^2$.

（3）未修正样本方差

$$S_0^2 = \frac{1}{n}\sum_{i=1}^{n}(X_i - \overline{X})^2.$$

（4）样本标准差

$$S = \sqrt{\frac{1}{n-1}\sum_{i=1}^{n}(X_i - \overline{X})^2}.$$

（5）样本 k 阶原点矩

$$A_k = \frac{1}{n}\sum_{i=1}^{n} X_i^k, \quad k \geqslant 1.$$

注 $\overline{X} = A_1$.

（6）样本 k 阶中心矩

$$B_k = \frac{1}{n}\sum_{i=1}^{n}(X_i - \overline{X})^k, \quad k \geqslant 1.$$

注 $S^2 = B_2$.

（7）顺序统计量.

设 $X_1, X_2, \cdots, X_n$ 为总体 X 的一个样本，将样本中的各个分量按照从小到大的顺序排列成

$$X_{(1)} \leqslant X_{(2)} \leqslant \cdots \leqslant X_{(n)},$$

则称 $(X_{(1)}, X_{(2)}, \cdots, X_{(n)})$ 为样本的一组顺序统计量，称 $X_{(i)}$ 为样本的第 i 个顺序统计量 $(i = 1, 2, \cdots, n)$. 特别的，分别称 $X_{(1)}$ 与 $X_{(n)}$ 为样本的极小值与极大值，并称 $X_{(n)} - X_{(1)}$ 为样本的极差.

4. 枢轴量

样本的含有未知参数但分布已知的样本函数称为枢轴量.

5. 分位数

(1) 设随机变量 X 的分布函数为 $F(x)$,对给定的实数 $\alpha(0<\alpha<1)$,若实数 F_α 满足 $P\{X>F_\alpha\}=\alpha$,则称 F_α 为随机变量 X 分布的水平 α 上侧分位数.

(2) 设 X 是对称分布的随机变量,其分布函数为 $F(x)$,对给定实数 $\alpha(0<\alpha<1)$,若实数 $T_{\frac{\alpha}{2}}$ 满足 $P|X|>T_{\frac{\alpha}{2}}\}=\alpha$,则称 $T_{\frac{\alpha}{2}}$ 为随机变量 X 分布的水平 α 的双侧分位数.

6. 常用的统计分布

1) $\chi^2(n)$ 分布(表 6.1)

表 6.1

概念	设 $X_1,X_2,\cdots,X_n$ 是取自总体 $N(0,1)$ 的样本,称统计量 $\chi^2=X_1^2+X_2^2+\cdots+X_n^2$ 服从自由度为 n 的 χ^2 分布,记为 $\chi^2\sim\chi^2(n)$
图像	 χ^2 分布的密度函数曲线
期望与方差	$E(\chi^2)=n,D(\chi^2)=2n$
性质	若 $X\sim\chi^2(m),Y\sim\chi^2(n)$,且 X 与 Y 相互独立,则 $$X+Y\sim\chi^2(m+n)$$
查表	通过 χ^2 分布表可以查到概率 $\alpha=0.995,\cdots,0.001$ 等 χ^2 分布水平 α 上侧分位数 $\chi_\alpha^2(n)$

2) $t(n)$ 分布(表 6.2)

表 6.2

概念	设 $X\sim N(0,1),Y\sim\chi^2(n)$,且 X 与 Y 相互独立,则称随机变量 $T=\dfrac{X}{\sqrt{Y/n}}$ 服从自由度为 n 的 t 分布,记作 $T\sim t(n)$
图像	 t 分布的密度函数曲线
性质	当 $n>45$ 时,有 $T=\dfrac{X}{\sqrt{Y/n}}$ 近似服从 $N(0,1)$

续表

查表	通过 t 分布表可以查到概率 $\alpha=0.1,\cdots,0.005$ 等 t 分布水平 α 上侧分位数 $t_\alpha(n)$,且 $t_{1-\alpha}(n)=-t_\alpha(n)(0<\alpha<1)$,当 $n>45$ 时,有 $T=\dfrac{X}{\sqrt{Y/n}}$ 近似服从 $N(0,1)$,可由标准正态分布确定其水平 α 上侧分位数

3) F 分布(表 6.3)

表 6.3

概念	设 $X\sim\chi^2(m)$,$Y\sim\chi^2(n)$,且 X 与 Y 相互独立,则随机变量 $F=\dfrac{X/m}{Y/n}$ 服从第一自由度为 m(分子 X 的自由度),第二自由度为 n(分母 Y 的自由度)的 F 分布,记为 $F\sim F(m,n)$
图像	 F 分布的密度函数曲线
性质	若 $F\sim F(m,n)$,则 $\dfrac{1}{F}\sim F(n,m)$
查表	通过 F 分布表可以查到概率 $\alpha=0.01,\cdots,0.25$ 等 F 分布水平 α 上侧分位数 $F_\alpha(m,n)$,且 $F_\alpha(m,n)$ 满足 $$\frac{1}{F_\alpha(m,n)}=F_{1-\alpha}(n,m)(0<\alpha<1)$$

7. 正态总体的样本均值与样本方差的分布

(1) 设总体 $X\sim N(\mu,\sigma^2)$,且 $X_1,X_2,\cdots,X_n$ 是来自总体 X 中容量为 n 的样本,则 $\overline{X}\sim N\left(\mu,\dfrac{\sigma^2}{n}\right)$,即 $U=\dfrac{\overline{X}-\mu}{\sigma/\sqrt{n}}\sim N(0,1)$.

(2) 设总体 $X\sim N(\mu,\sigma^2)$,且 $X_1,X_2,\cdots,X_n$ 是来自总体 X 中容量为 n 的样本,则

① $\chi^2=\dfrac{n-1}{\sigma^2}S^2\sim\chi^2(n-1)$;

② $\overline{X}$ 与 S^2 相互独立.

(3) 设总体 $X\sim N(\mu,\sigma^2)$,且 $X_1,X_2,\cdots,X_n$ 是来自总体 X 中容量为 n 的样本,则

① $\dfrac{1}{\sigma^2}\sum\limits_{i=1}^{n}(X_i-\mu)^2\sim\chi^2(n)$;

② $T=\dfrac{\overline{X}-\mu}{S/\sqrt{n}}\sim t(n-1)$.

(4) 设总体 $X\sim N(\mu_1,\sigma_1^2)$,$Y\sim N(\mu_2,\sigma_2^2)$,且 X 与 Y 相互独立,$X_1,\cdots,X_{n_1}$ 与 $Y_1,\cdots,Y_{n_2}$ 分别来自总体 X 与 Y 的样本,$\overline{X},\overline{Y}$ 与 S_1^2,S_2^2 分别是其样本均值和样本方差,则

① $U=\dfrac{(\overline{X}-\overline{Y})-(\mu_1-\mu_2)}{\sqrt{\dfrac{\sigma_1^2}{n_1}+\dfrac{\sigma_2^2}{n_2}}}\sim N(0,1)$;

② $F=\left(\dfrac{\sigma_2}{\sigma_1}\right)^2\dfrac{S_1^2}{S_2^2}\sim F(n_1-1,n_2-1)$;

③ 当 $\sigma_1^2=\sigma_2^2=\sigma^2$ 时,

$$T=\dfrac{(\overline{X}-\overline{Y})-(\mu_1-\mu_2)}{S_w\sqrt{\dfrac{1}{n_1}+\dfrac{1}{n_2}}}\sim t(n_1+n_2-2),$$

其中 $S_w^2=\dfrac{n_1-1}{n_1+n_2-2}S_1^2+\dfrac{n_2-1}{n_1+n_2-2}S_2^2$.

8. 一般总体抽样分布的极限分布

当总体 X 不服从正态分布,$X_1,X_2,\cdots,X_n$ 为取自总体 X 的样本,且有 $E(X_i)=\mu,D(X_i)=\sigma^2<+\infty(i=1,2,\cdots,n)$,只要样本容量 n 充分大 $(n>50)$,即大样本时,由中心极限定理,可以得到如下结论.

令 $T_n=X_1+X_2+\cdots+X_n$,则有

$$\lim_{n\to\infty}P\left\{\dfrac{T_n-n\mu}{\sqrt{D(T_n)}}\leqslant x\right\}=\int_{-\infty}^x\dfrac{1}{\sqrt{2\pi}}e^{-\frac{t^2}{2}}dt=\Phi(x).$$

这个定理说明,只要 n 充分大时,随机变量

$$\dfrac{T_n-E(T_n)}{\sqrt{D(T_n)}}=\dfrac{\sum_{i=1}^n X_i-n\mu}{\sqrt{n\sigma^2}}=\dfrac{\overline{X}-\mu}{\sigma/\sqrt{n}}$$

总是近似服从标准正态分布(无论方差 σ^2 已知或未知),即

$$\dfrac{\overline{X}-\mu}{\sigma/\sqrt{n}}\sim N(0,1),$$

其中

$$\overline{X}=\dfrac{1}{n}T_n.$$

三、典 型 例 题

例1 设总体 $X\sim N(\mu,\sigma^2)$,$X_1,X_2,\cdots,X_n$ 是来自总体 X 中容量为 n 的样本,则

(1) $X_1+X_2\sim$ ___;

(2) $\dfrac{X_1+X_2-2\mu}{\sqrt{2}\sigma}\sim$ ___;

(3) $\dfrac{(X_1+X_2-2\mu)^2}{2\sigma^2}\sim$ ___;

(4) $\dfrac{(X_1+X_2-2\mu)^2}{2\sigma^2}+\dfrac{(X_3+X_4+X_5-3\mu)^2}{3\sigma^2}\sim\underline{\quad}$.

分析 因为 $X_1,X_2,\cdots,X_n$ 是来自总体 X 的样本,即为简单随机样本,从而有 $X_i\sim N(\mu,\sigma^2)(i=1,\cdots,n)$,且 $X_1,X_2,\cdots,X_n$ 相互独立,于是 $X_1+X_2\sim N(2\mu,2\sigma^2)$. 结合一般正态分布和标准正态分布的关系有 $\dfrac{X_1+X_2-2\mu}{\sqrt{2}\sigma}\sim N(0,1)$. 又由 χ^2 分布的 定义有 $\dfrac{(X_1+X_2-2\mu)^2}{2\sigma^2}\sim\chi^2(1)$,而 $\dfrac{X_1+X_2-2\mu}{\sqrt{2}\sigma}$ 与 $\dfrac{X_3+X_4+X_5-3\mu}{\sqrt{3}\sigma}$ 相互独立,由 χ^2 分布的独立可加性有 $\dfrac{(X_1+X_2-2\mu)^2}{2\sigma^2}+\dfrac{(X_3+X_4+X_5-3\mu)^2}{3\sigma^2}\sim\chi^2(2)$.

答案 (1) $N(2\mu,2\sigma^2)$; (2) $N(0,1)$; (3) $\chi^2(1)$; (4) $\chi^2(2)$.

例2 设随机变量 T 服从自由度为 n 的 t 分布,若 $P\{|X|>\lambda\}=\alpha$,则 $P\{X>\lambda\}=\underline{\quad}$.

分析 因为 T 分布的密度函数图像关于 y 轴对称,根据 $P\{|X|>\lambda\}=\alpha$,即 $P\{X>\lambda\}+P\{X<-\lambda\}=\alpha$,从而 $P\{X>\lambda\}=\dfrac{\alpha}{2}$.

由此题目,也很容易得到 $P\{X>-\lambda\}=1-\dfrac{\alpha}{2}$,$P\{X<\lambda\}=1-\dfrac{\alpha}{2}$ 等结论.

答案 $\dfrac{\alpha}{2}$.

例3 设随机变量 T 服从自由度为 $n(n>1)$ 的 t 分布,$F=\dfrac{1}{T^2}$,则( ).

(A) $F\sim\chi^2(n)$; (B) $F\sim\chi^2(n-1)$; (C) $F\sim F(1,n)$; (D) $F\sim F(n,1)$.

分析 因为 T 服从自由度为 n 的 t 分布,从而 $T=\dfrac{X}{\sqrt{Y/n}}$,其中 $X\sim N(0,1)$,$Y\sim\chi^2(n)$,且 X 与 Y 相互独立,由 F 分布的定义有 $T^2\sim F(1,n)$,再结合 F 分布的性质有 $F=\dfrac{1}{T^2}\sim F(n,1)$.

答案 (D).

例4 设总体 $X\sim N(\mu,\sigma^2)$,$X_1,X_2,\cdots,X_n$ 是来自总体 X 中容量为 n 的样本,$\overline{X}$ 与 S^2 分别为此样本的样本均值与样本方差,则 $\overline{X}\sim\underline{\quad}$;$\dfrac{\overline{X}-\mu}{S}\sqrt{n}\sim\underline{\quad}$;$\dfrac{1}{\sigma^2}\sum\limits_{i=1}^{n}(X_i-\overline{X})^2\sim\underline{\quad}$;$\dfrac{1}{\sigma^2}\sum\limits_{i=1}^{n}(X_i-\mu)^2\sim\underline{\quad}$.

分析 由 $X_1,X_2,\cdots,X_n$ 是来自总体 X 中容量为 n 的样本,即 $X_i\sim N(\mu,\sigma^2)$ $(i=1,\cdots,n)$,于是 $\sum\limits_{i=1}^{n}X_i\sim N(n\mu,n\sigma^2)$,从而 $\overline{X}\sim N\left(\mu,\dfrac{\sigma^2}{n}\right)$,而 $\dfrac{X_i-\mu}{\sigma}\sim N(0,1)$,故

$\dfrac{1}{\sigma^2}\sum\limits_{i=1}^{n}(X_i-\mu)^2\sim\chi^2(n)$，由定理有 $\dfrac{\sum\limits_{i=1}^{n}(X_i-\overline{X})^2}{\sigma^2}\sim\chi^2(n-1)$，$\dfrac{\overline{X}-\mu}{S}\sqrt{n}\sim t(n-1)$.

答案 $N\left(\mu,\dfrac{\sigma^2}{n}\right),t(n-1),\chi^2(n-1),\chi^2(n).$

例 5 从一正态总体中抽取容量为 10 的样本，如果样本均值与总体均值之差的绝对值在 4 以上的概率为 0.02，求总体的标准差．

分析 设总体 $X\sim N(\mu,\sigma^2)$，则 $\overline{X}\sim N\left(\mu,\dfrac{\sigma^2}{n}\right)$，通过题设 $P\{|\overline{X}-\mu|\geqslant 4\}=0.02$，可反解出 μ．

解 设总体 $X\sim N(\mu,\sigma^2)$，则 $\overline{X}\sim N\left(\mu,\dfrac{\sigma^2}{10}\right)$，故有

$$P\{|\overline{X}-\mu|\geqslant 4\}=P\left\{\left|\dfrac{\overline{X}-\mu}{\sigma/\sqrt{10}}\right|\geqslant\dfrac{4}{\sigma/\sqrt{10}}\right\}$$

$$=1-P\left\{\left|\dfrac{\overline{X}-\mu}{\sigma/\sqrt{10}}\right|\leqslant\dfrac{4}{\sigma/\sqrt{10}}\right\}$$

$$=2-2\Phi\left(\dfrac{4}{\sigma/\sqrt{10}}\right)=0.02.$$

即 $\Phi\left(\dfrac{12.65}{\sigma}\right)=0.99$，从而 $\dfrac{12.65}{\sigma}=u_{0.02}=2.33$，解得 $\sigma=5.43$.

例 6 设总体 X 的密度函数为 $f(x)=\begin{cases}2x, & 0\leqslant x\leqslant 1,\\ 0, & \text{其他},\end{cases}$ $X_1,X_2,\cdots,X_n$ 是来自总体 X 中容量为 n 的样本，

(1) 求 $\max\{X_1,X_2,\cdots,X_n\}$ 的密度函数；

(2) 求 $P\left\{\min\{X_1,X_2,\cdots,X_n\}>\dfrac{1}{2}\right\}$.

分析 设 $M=\max\{X_1,X_2,\cdots,X_n\}$，$N=\min\{X_1,X_2,\cdots,X_n\}$.

一般，若 $X_1,X_2,\cdots,X_n$ 相互独立，其分布函数分别为 $F_1(x),F_2(x),\cdots,F_n(x)$，则

$$F_M(z)=F_1(z)\cdot F_2(z)\cdots F_n(z),$$

$$F_N(z)=1-[1-F_1(z)]\cdot[1-F_2(z)]\cdots[1-F_n(z)].$$

特别地，当 $X_1,X_2,\cdots,X_n$ 相互独立且同分布时，设其分布函数为 $F(x)$，则

$$F_M(z)=[F(z)]^n,\quad F_N(z)=1-[1-F(z)]^n.$$

解 X 的分布函数为 $F(x)=\begin{cases}0, & x<0,\\ x^2, & 0\leqslant x<1,\\ 1, & x\geqslant 1.\end{cases}$

(1) $\max\{X_1,X_2,\cdots,X_n\}$ 的分布函数和密度函数分别为

$$F_{\max}(x)=[F(x)]^n=\begin{cases}0,&x<0,\\x^{2n},&0\leqslant x<1,\\1,&x\geqslant 1,\end{cases}\qquad f_{\max}(x)=\begin{cases}2nx^{2n-1},&0<x<1,\\0,&\text{其他}.\end{cases}$$

(2) $P\Big\{\min\{X_1,X_2,\cdots,X_{10}\}>\dfrac{1}{2}\Big\}=\displaystyle\prod_{i=1}^{10}P\Big\{X_i>\dfrac{1}{2}\Big\}$

$$=\prod_{i=1}^{10}\Big[1-F\Big(\frac{1}{2}\Big)\Big]=\Big(\frac{3}{4}\Big)^{10}=0.056.$$

四、教材习题选解

(A)

2. 设总体 X 服从以 $\alpha(\alpha>0)$ 为参数的指数分布，$(X_1,X_2,\cdots,X_n)$ 为其一个样本，求该样本的样本密度.

解　由题意 $X_i\sim E(\alpha)$，从而 $f(x_i)=\alpha e^{-\alpha x_i},x_i>0(i=1,2,\cdots,n)$. 从而

$$f(x_1,\cdots,x_n)=\prod_{i=1}^n f(x_i)=\prod_{i=1}^n(\alpha e^{-\alpha x_i})=\alpha^n e^{-\alpha\sum_{i=1}^n x_i},$$

其中 $x_i>0(i=1,\cdots,n)$.

10. 从总体 $X\sim N(80,20^2)$ 中随机抽取一个容量为 100 的样本，求样本均值与总体数学期望之差绝对值大于 3 的概率.

解　由于 $\overline{X}\sim N\Big(\mu,\dfrac{\sigma^2}{n}\Big)$，从而 $\dfrac{\overline{X}-\mu}{\sigma/\sqrt{n}}\sim N(0,1)$，即

$$\frac{\overline{X}-80}{20/\sqrt{100}}=\frac{\overline{X}-80}{2}\sim N(0,1).$$

由题意

$$P\{|\overline{X}-80|>3\}=P\Big\{\Big|\frac{\overline{X}-80}{2}\Big|>\frac{3}{2}\Big\}=2-2\Phi(1.5)=0.1336.$$

12. 设 X_1,X_2,X_3,X_4 为来自正态总体 $N(0,4)$ 的样本，记

$$X=a(X_1-2X_2)^2+b(3X_3-4X_4)^2,$$

试确定 a,b 的值，使统计量 X 服从 χ^2 分布，并求其自由度.

解　因为

$$X_1-2X_2\sim N(0,20),\quad 3X_3-4X_4\sim N(0,100),$$

所以

$$\frac{X_1-2X_2}{\sqrt{20}}\sim N(0,1),\quad \frac{3X_3-4X_4}{10}\sim N(0,1),$$

从而

$$\Big(\frac{X_1-2X_2}{\sqrt{20}}\Big)^2+\Big(\frac{3X_3-4X_4}{10}\Big)^2\sim\chi^2(2),$$

故 $a=\dfrac{1}{20},b=\dfrac{1}{100}$，且其自由度为 2.

13. 设总体 $X\sim N(\mu,0.3^2)$，$(X_1,X_2,\cdots,X_n)$ 为总体的一个样本，$\overline{X}$ 是样本均值，样本容量 n 至少应取多大，才能使 $P\{|\overline{X}-\mu|<0.1\}\geqslant0.95$.

解　由于 $\overline{X}\sim N\left(\mu,\dfrac{\sigma^2}{n}\right)$，从而 $\dfrac{\overline{X}-\mu}{\sigma/\sqrt{n}}\sim N(0,1)$，即 $\dfrac{\overline{X}-\mu}{0.3/\sqrt{n}}\sim N(0,1)$，由题意 $P\{|\overline{X}-\mu|<0.1\}\geqslant0.95$，即

$$P\left\{\left|\dfrac{\overline{X}-\mu}{0.3/\sqrt{n}}\right|<\dfrac{0.1}{0.3/\sqrt{n}}\right\}\geqslant0.95,$$

从而 $2\Phi\left(\dfrac{\sqrt{n}}{3}\right)-1\geqslant0.95$，故 $\dfrac{\sqrt{n}}{3}\geqslant1.96$，即 n 至少为 35.

(B)

2. 设 $X_1,X_2,\ldots,X_9$ 是取自正态总体 $X\sim N(\mu,\sigma^2)$ 的样本，且

$$Y_1=\dfrac{1}{6}(X_1+X_2+\cdots+X_6),\quad Y_2=\dfrac{1}{3}(X_7+X_8+X_9),\quad S^2=\dfrac{1}{2}\sum_{i=7}^{9}(X_i-Y_2)^2,$$

求证：$Z=\dfrac{\sqrt{2}(Y_1-Y_2)}{S}\sim t(2)$.

证明　因为

$$Y_1=\dfrac{1}{6}\sum_{i=1}^{6}X_i\sim N\left(\mu,\dfrac{\sigma^2}{6}\right),\quad Y_2=\dfrac{1}{3}\sum_{i=7}^{9}X_i\sim N\left(\mu,\dfrac{\sigma^2}{3}\right),$$

由 Y_1 与 Y_2 相互独立，有 $Y_1-Y_2\sim N\left(0,\dfrac{\sigma^2}{2}\right)$，从而

$$\dfrac{Y_1-Y_2}{\sigma/\sqrt{2}}=\dfrac{\sqrt{2}(Y_1-Y_2)}{\sigma}\sim N(0,1),$$

又 $\dfrac{2S^2}{\sigma^2}\sim\chi^2(2)$，而

$$Z=\dfrac{Y_1-Y_2}{S}\sqrt{2}=\dfrac{\dfrac{\sqrt{2}(Y_1-Y_2)}{\sigma}}{\sqrt{\dfrac{2S^2/\sigma^2}{2}}}\sim t(2).$$

3. 设 $X_1,X_2,\cdots,X_n,X_{n+1}$ 为来自正态总体 $N(\mu,\sigma^2)$ 的样本，$\overline{X}=\dfrac{1}{n}\sum_{i=1}^{n}X_i$，求：
(1) $X_{n+1}-\overline{X}$ 服从的分布；(2) $X_1-\overline{X}$ 服从的分布.

解　(1) 因个体与总体同分布，故 $X_{n+1}\sim N(\mu,\sigma^2)$，从而 $\overline{X}\sim N\left(\mu,\dfrac{\sigma^2}{n}\right)$，而 $\overline{X}=\dfrac{1}{n}\sum_{i=1}^{n}X_i$ 与 X_{n+1} 相互独立，所以 $X_{n+1}-\overline{X}$ 应服从正态分布. 其期望与方差分别为

$$E(X_{n+1}-\overline{X})=E(X_{n+1})-E(\overline{X})=0,$$

$$D(X_{n+1}-\overline{X})=D(X_{n+1})+D(\overline{X})=\sigma^2+\frac{\sigma^2}{n}=\frac{n+1}{n}\sigma^2.$$

综上所述 $X_{n+1}-\overline{X}\sim N\left(0,\frac{n+1}{n}\sigma^2\right)$.

(2) 因 $X_1-\overline{X}$ 是 $X_1,X_2,\cdots,X_n$ 的线性函数,故 $X_1-\overline{X}$ 服从正态分布,期望与方差分别为

$$E(X_1-\overline{X})=E(X_1)-E(\overline{X})=\mu-\mu=0,$$

$$D(X_1-\overline{X})=D\left(\frac{n-1}{n}X_1-\frac{1}{n}X_2-\cdots-\frac{1}{n}X_n\right)$$

$$=\left[\left(\frac{n-1}{n}\right)^2+(n-1)\frac{1}{n^2}\right]\sigma^2=\frac{n-1}{n}\sigma^2.$$

综上所述 $X_1-\overline{X}\sim N\left(0,\frac{n-1}{n}\sigma^2\right)$.

五、自 测 题

1. 设总体 $X\sim N(0,1)$,$X_1,\cdots,X_n$ 是来自总体 X 的样本,则 $\sum\limits_{i=1}^{n}X_i^2\sim$ ____.

2. 设随机变量 X 服从自由度为 n 的 t 分布,若 $P\{|X|>\lambda\}=\alpha$,则 $P\{X<-\lambda\}=$ ____.

3. 设 $X\sim N(0,1)$,$Y\sim\chi^2(n)$,且 X 与 Y 相互独立,则 $\frac{X}{\sqrt{Y}}\sqrt{n}\sim$ ____.

4. 设随机变量 X 和 Y 相互独立,且都服从正态分布 $N(0,9)$,$X_1,X_2,\cdots,X_9$ 和 $Y_1,Y_2,\cdots,Y_9$ 分别是来自总体 X 和 Y 的样本,则统计量 $U=\dfrac{\sum\limits_{i=1}^{9}X_i}{\sqrt{\sum\limits_{i=1}^{9}Y_i^2}}\sim$ ____.

5. 设 $X_1,X_2,\cdots,X_9$ 是来自总体 $X\sim N(0,81)$ 的样本,则样本均值 $\overline{X}\sim$ ____.

6. 设随机变量 $F\sim F(m,n)$,且 $P\{F>F_\alpha(m,n)\}=\alpha(0<\alpha<1)$,则 $F_{1-\alpha}(m,n)=$ ____.

(A) $\dfrac{1}{F_\alpha(m,n)}$; (B) $\dfrac{1}{F_{1-\alpha}(m,n)}$; (C) $\dfrac{1}{F_\alpha(n,m)}$; (D) $\dfrac{1}{F_{1-\alpha}(n,m)}$.

7. 设 $X_1,X_2,\cdots,X_n$ 是来自总体 $X\sim N(\mu,\sigma^2)$ 的样本,则 $\dfrac{\overline{X}-\mu}{S}\sqrt{n}\sim$ ____.

8. 设 $X_1,X_2,\cdots,X_n$ 是来自总体 $X\sim N(\mu,\sigma^2)$ 的样本,则 $\dfrac{\overline{X}-\mu}{\sigma}\sqrt{n}\sim$ ____.

9. 设 $X_1,X_2,\cdots,X_n$ 是来自总体 $X\sim N(\mu,\sigma^2)$ 的样本,则 $\dfrac{\sum\limits_{i=1}^{n}(X_i-\overline{X})^2}{\sigma^2}\sim$ ____.

10. 设 $X \sim N(\mu_1, \sigma_1^2)$, $Y \sim N(\mu_2, \sigma_2^2)$, 且总体 X 与总体 Y 相互独立, 从总体 X, Y 中分别抽取容量为 m, n 的样本, 若记其样本均值分别为 $\bar{X}, \bar{Y}$, 则 $\bar{X} - \bar{Y} \sim$ ____.

六、自测题参考答案

1. $\chi^2(n)$,

2. $\dfrac{\alpha}{2}$,

3. $t(n)$,

4. $t(9)$,

5. $N(0, 9)$,

6. (C).

7. $t(n-1)$,

8. $N(0, 1)$,

9. $\chi^2(n-1)$,

10. $N\left(\mu_1 - \mu_2, \dfrac{\sigma_1^2}{m} + \dfrac{\sigma_2^2}{n}\right)$.

第7章 参 数 估 计

一、基 本 要 求

（1）理解点估计的概念，了解点估计好坏的三个标准——无偏性、有效性、相合性，并会验证估计量的无偏性.

（2）了解矩估计的思想，理解最大似然估计的基本思想，掌握矩估计法与最大似然估计法.

（3）理解区间估计的概念，会求单个正态总体 $N(\mu, \sigma^2)$ 参数 μ, σ^2 的置信区间，会求两个正态总体均值差与方差比置信区间.

二、内 容 提 要

1. 点估计

1）基本概念

设总体 $X \sim F(x; \theta)$，其中 θ 是未知参数，$X_1, X_2, \cdots, X_n$ 是来自总体 X 的样本，构造适当的统计量 $\hat{\theta} = \hat{\theta}(X_1, X_2, \cdots, X_n)$ 去估计未知参数 θ，这种用统计量 $\hat{\theta}$ 去估计未知参数 θ 的方法，称为对未知参数 θ 的点估计. 在此，我们称 $\hat{\theta}$ 为 θ 的点估计量. 如果给定一组样本值 $x_1, x_2, \cdots, x_n$，此时称 $\hat{\theta}(x_1, x_2, \cdots, x_n)$ 为待估参数 θ 的点估计值.

2）常用的评价估计量的标准

（1）无偏性. 设 $\hat{\theta} = \hat{\theta}(X_1, X_2, \cdots, X_n)$ 为参数 θ 的估计量，若 $E(\hat{\theta}) = \theta$，则称 $\hat{\theta}$ 是 θ 的无偏估计量，否则称 $\hat{\theta}$ 为 θ 的有偏估计量. 若 $\lim\limits_{n \to \infty} E(\hat{\theta}) = \theta$，则称 $\hat{\theta}$ 是 θ 的渐近无偏估计量.

（2）有效性. 设 $\hat{\theta}_1$ 和 $\hat{\theta}_2$ 是 θ 的两个无偏估计量，若 $D(\hat{\theta}_1) < D(\hat{\theta}_2)$，称 $\hat{\theta}_1$ 比 $\hat{\theta}_2$ 有效.

（3）相合性. 设 $\hat{\theta} = \hat{\theta}(X_1, X_2, \cdots, X_n)$ 为未知参数 θ 的估计量，若 $\hat{\theta}$ 依概率收敛于 θ，即对任意 $\varepsilon > 0$，有 $\lim\limits_{n \to \infty} P\{|\hat{\theta} - \theta| < \varepsilon\} = 1$ 或 $\lim\limits_{n \to \infty} P\{|\hat{\theta} - \theta| \geqslant \varepsilon\} = 0$，则称 $\hat{\theta}$ 为 θ 的（弱）相合估计量.

3）样本的似然函数

（1）离散型总体. 设总体 X 的概率分布为 $P\{X = x\} = p(x; \theta)$. $X_1, X_2, \cdots, X_n$ 是

来自总体 X 的一个样本,对于给定的一组样本值 $x_1, x_2, \cdots, x_n$,称联合概率分布

$$L = P(x_1, x_2, \cdots, x_n; \theta) = \prod_{i=1}^{n} p(x_i; \theta)$$ 为样本的似然函数.

(2) 连续型总体. 设总体 X 的密度函数为 $f(x;\theta), X_1, X_2, \cdots, X_n$ 是来自总体 X 的一个样本,对于给定的一组样本值 $x_1, x_2, \cdots, x_n$,称 $X_1, X_2, \cdots, X_n$ 的联合密度函数 $L = L(x_1, x_2, \cdots, x_n; \theta) = \prod_{i=1}^{n} f(x_i; \theta)$ 为样本的似然函数.

4) 点估计方法

(1) 最大似然估计. 若 $\hat{\theta} = \hat{\theta}(x_1, \cdots, x_n)$ 使得 $L(\hat{\theta}) = \max L(\theta)$,则称 $\hat{\theta} = \hat{\theta}(x_1, \cdots, x_n)$ 为未知参数 θ 的最大似然估计值,相应的统计量 $\hat{\theta} = \hat{\theta}(X_1, \cdots, X_n)$ 称为 θ 的最大似然估计量.

(2) 矩估计. 用样本矩估计总体矩,用样本矩的函数估计总体矩的函数,这种估计法称为参数的矩估计,相应的估计量和估计值称为矩估计量和矩估计值.

5) 参数点估计的两种方法的基本步骤

(1) 矩估计法的基本步骤.

第 1 步　确定总体矩

$$\alpha_k = E(X^k), \quad \beta_k = E(X - E(X))^k;$$

第 2 步　将待估参数 θ 表述为总体矩的函数,即

$$\theta_i = g_i(\alpha_1, \cdots, \alpha_s; \beta_1, \cdots, \beta_t), \quad i = 1, \cdots, r;$$

第 3 步　用 A_k, B_k 分别代替 α_k, β_k,即可得到 θ_i 的矩估计

$$\hat{\theta}_i = g_i(A_1, \cdots, A_s; B_1, \cdots, B_t), \quad i = 1, \cdots, r.$$

(2) 最大似然估计法的基本步骤.

第 1 步　利用总体 X 的分布,求出似然函数 $L(\theta_1, \cdots, \theta_r)$;

第 2 步　一般,求出对数似然函数 $\ln L$;

第 3 步　当 $\ln L$ 关于 θ 可微时,建立似然方程组 $\frac{\partial \ln L}{\partial \theta_i} = 0 (i = 1, \cdots, r)$;

第 4 步　求解似然方程组,确定 $\ln L$ 的最大值点 $\hat{\theta} = (\hat{\theta}_1, \cdots, \hat{\theta}_r)$,一般似然方程组的解就是最值点,$\hat{\theta}_i$ 即为 θ_i 的最大似然估计.

2. 区间估计

1) 区间估计的概念

设 θ 为总体分布的未知参数,$X_1, X_2, \cdots, X_n$ 为来自总体 X 的样本,对给定的实数 $\alpha (0 < \alpha < 1)$,若存在两个估计量 $\hat{\theta}_1$ 与 $\hat{\theta}_2$,使得 $P\{\hat{\theta}_1 < \theta < \hat{\theta}_2\} = 1 - \alpha$,则称区间 $(\hat{\theta}_1, \hat{\theta}_2)$ 是总体参数 θ 的置信度为 $1 - \alpha$ 的置信区间,$\hat{\theta}_1$ 与 $\hat{\theta}_2$ 分别称为置信度为 $1 - \alpha$ 的置信下限和置信上限.

2) 正态总体参数的区间估计(表 7.1)

表 7.1 正态总体参数的置信区间一览表

待估参数	条 件	枢轴量	置信下、上限
均值 μ	σ^2 已知	$U=\dfrac{\overline{X}-\mu}{\sigma/\sqrt{n}}\sim N(0,1)$	$\overline{X}-u_{\frac{\alpha}{2}}\cdot\dfrac{\sigma}{\sqrt{n}}$ $\overline{X}+u_{\frac{\alpha}{2}}\cdot\dfrac{\sigma}{\sqrt{n}}$
	σ^2 未知	$T=\dfrac{\overline{X}-\mu}{S/\sqrt{n}}\sim t(n-1)$	$\overline{X}-t_{\frac{\alpha}{2}}\cdot\dfrac{S}{\sqrt{n}}$ $\overline{X}+t_{\frac{\alpha}{2}}\cdot\dfrac{S}{\sqrt{n}}$
方差 σ^2	μ 未知	$\chi^2=\dfrac{(n-1)S^2}{\sigma^2}\sim\chi^2(n-1)$	$\dfrac{(n-1)S^2}{\chi^2_{\alpha/2}(n-1)}$ $\dfrac{(n-1)S^2}{\chi^2_{1-\alpha/2}(n-1)}$
均值差 $\mu_1-\mu_2$	σ_1^2,σ_2^2 已知	$U=\dfrac{(\overline{X}-\overline{Y})-(\mu_1-\mu_2)}{\sqrt{\dfrac{\sigma_1^2}{n_1}+\dfrac{\sigma_2^2}{n_2}}}\sim N(0,1)$	$(\overline{X}-\overline{Y})-u_{\frac{\alpha}{2}}\sqrt{\dfrac{\sigma_1^2}{n_1}+\dfrac{\sigma_2^2}{n_2}}$ $(\overline{X}-\overline{Y})+u_{\frac{\alpha}{2}}\sqrt{\dfrac{\sigma_1^2}{n_1}+\dfrac{\sigma_2^2}{n_2}}$
	$\sigma_1^2=\sigma_2^2$ 但未知	$U=\dfrac{(\overline{X}-\overline{Y})-(\mu_1-\mu_2)}{S\sqrt{\dfrac{1}{n_1}+\dfrac{1}{n_2}}}\sim t(f),f=n_1+n_2-2$	$(\overline{X}-\overline{Y})-t_{\frac{\alpha}{2}}(f)S\sqrt{\dfrac{1}{n_1}+\dfrac{1}{n_2}}$ $(\overline{X}-\overline{Y})+t_{\frac{\alpha}{2}}(f)S\sqrt{\dfrac{1}{n_1}+\dfrac{1}{n_2}}$
方差比 σ_1^2/σ_2^2	μ_1,μ_2 均未知	$F=\dfrac{S_1^2/\sigma_1^2}{S_2^2/\sigma_2^2}\sim F(n_1-1,n_2-1)$	$\dfrac{1}{F_{\alpha/2}(n_1-1,n_2-1)}\dfrac{S_1^2}{S_2^2}$ $\dfrac{1}{F_{1-\alpha/2}(n_1-1,n_2-1)}\dfrac{S_1^2}{S_2^2}$

三、典 型 例 题

例 1 设总体 $X\sim N(\mu,\sigma^2)$,其中 μ,σ^2 均未知,$X_1,X_2,\cdots,X_n$ 是来自总体 X 的样本,试确定常数 C,使得 $CY=C[(X_1-X_2)^2+(X_3-X_4)^2+(X_5-X_6)^2]$ 是 σ^2 的无偏估计.

分析 要使 $CY=C[(X_1-X_2)^2+(X_3-X_4)^2+(X_5-X_6)^2]$ 是 σ^2 的无偏估计,只需

$$E(CY) = E\{C[(X_1-X_2)^2+(X_3-X_4)^2+(X_5-X_6)^2]\} = \sigma^2,$$

从而由期望的相关性质

$$E[(X_i-X_j)^2]= D(X_i-X_j)+[E(X_i-X_j)]^2$$
$$= D(X_i)+D(X_j)(1\leqslant i,j\leqslant n,且\ i\neq j),$$

解上述的关于 C 的方程即可.

解 $E[(X_i-X_j)^2]=D(X_i-X_j)+[E(X_i-X_j)]^2$

$$= D(X_i) + D(X_j)$$
$$= 2\sigma^2 \quad (1 \leqslant i, j \leqslant n, \text{且 } i \neq j).$$

由题意有

$$E(CY) = E\{C[(X_1 - X_2)^2 + (X_3 - X_4)^2 + (X_5 - X_6)^2]\} = \sigma^2,$$

而

$$E(CY) = E\{C[(X_1 - X_2)^2 + (X_3 - X_4)^2 + (X_5 - X_6)^2]\}$$
$$= C\{E[(X_1 - X_2)^2] + E[(X_3 - X_4)^2] + E[(X_5 - X_6)^2]\}$$
$$= 6C\sigma^2 = \sigma^2,$$

从而 $C = \dfrac{1}{6}$.

例 2　设射手的命中率为 p,在向同一目标的 80 次射击中,命中 75 次,求 p 的最大似然估计值.

分析　本题的关键在于确定总体 X 的概率分布,从而得到似然函数.

解　若记 $X = \begin{cases} 1, & \text{射击命中目标,} \\ 0, & \text{射击没有命中目标,} \end{cases}$

则 X 服从两点分布,即

X	1	0
P	p	$1-p$

即有

$$P\{X = x\} = p^x (1-p)^{1-x}, \quad x = 0, 1.$$

似然函数为

$$L(P) = \prod_{i=1}^{n} p^{x_i} (1-p)^{1-x_i} = p^{\sum\limits_{i=1}^{n} x_i} (1-p)^{n - \sum\limits_{i=1}^{n} x_i},$$

$$\ln L = \left(\sum_{i=1}^{n} x_i\right) \ln p + \left(n - \sum_{i=1}^{n} x_i\right) \ln(1-p).$$

似然方程为

$$\frac{\mathrm{d}\ln L}{\mathrm{d}p} = \frac{\sum\limits_{i=1}^{n} x_i}{p} - \frac{n - \sum\limits_{i=1}^{n} x_i}{1-p} = 0.$$

解得 $\hat{p} = \dfrac{1}{n} \sum\limits_{i=1}^{n} x_i = \bar{x}$,故 p 得最大似然估计值为 $\hat{p} = \bar{x} = \dfrac{75}{80} = \dfrac{15}{16}$.

例 3　设总体 X 的概率分布为

X	0	1	2	3
P	θ^2	$2\theta(1-\theta)$	θ^2	$1-2\theta$

其中 $\theta\left(0 < \theta < \dfrac{1}{2}\right)$ 是未知参数,利用总体 X 的如下样本值 3,1,3,0,3,1,2,3,求 θ 的矩估计和最大似然估计值.

分析　本题中总体 X 是离散型随机变量,根据其概率分布确定似然函数 $L(\theta)$ 是求解的关键,而最大似然估计值,就是对给定的观测值 $(x_1,x_2,\cdots,x_n)$,选取 $\hat\theta$ 使得似然函数 $L(\theta)$ 达到最大.

解　(1) $E(X)=0\times\theta^2+1\times2\theta(1-\theta)+2\times\theta^2+3\times(1-2\theta)=3-4\theta$,

$$\theta=\frac{3-E(X)}{4},\quad \hat\theta_{ME}=\frac{3-\overline X}{4},$$

故 $\hat\theta_{ME}=\dfrac{3-\overline x}{4}=\dfrac14$.

(2) 对给定的样本值 $(3,1,3,0,3,1,2,3)$,似然函数为

$$L(\theta)=\prod_{i=1}^{8}P\{X_i=x_i\}=P\{X=0\}(P\{X=1\})^2P\{X=2\}(P\{X=3\})^4$$
$$=\theta^2\cdot[2\theta(1-\theta)]^2\cdot\theta^2\cdot(1-2\theta)^4$$
$$=4\theta^6(1-\theta)^2(1-2\theta)^4.$$
$$\ln L=\ln4+6\ln\theta+2\ln(1-\theta)+4\ln(1-2\theta),$$
$$\frac{\mathrm d\ln L}{\mathrm d\theta}=\frac6\theta-\frac{2}{1-\theta}-\frac{8}{1-2\theta}=0.$$

即有

$$12\theta^2-14\theta+3=0.$$

解得

$$\hat\theta_{MLE}=\frac{7-\sqrt{13}}{12}\quad\left(\hat\theta=\frac{7+\sqrt{13}}{12}\text{ 舍去}\right).$$

例 4　假定某市每月死于交通事故的人数 X 服从参数为 λ 的泊松分布,$\lambda>0$ 为未知参数,现测得一组样本值

$$3,2,0,5,4,3,1,0,7,2,0,2.$$

试求无死亡概率的最大似然估计值.

分析　本题的关键在于对泊松分布的概率表达式要特别熟悉,然后才能计算出未知参数 λ 的最大似然估计量,最终计算出无死亡概率的最大似然估计值 $\hat p=\mathrm e^{-\lambda}$.

解　先求 λ 的最大似然估计 $\hat\lambda$.

似然函数为

$$L(\lambda)=\prod_{i=1}^n\frac{\lambda^{x_i}}{x_i!}\mathrm e^{-\lambda}=\frac{\lambda^{\sum\limits_{i=1}^n x_i}}{\prod\limits_{i=1}^n x_i!}\mathrm e^{-n\lambda},$$

$$\ln L=\left(\sum_{i=1}^n X_i\right)\cdot\ln\lambda-\ln\left(\prod_{i=1}^n x_i!\right)-n\lambda.$$

似然方程为

$$\frac{\mathrm d\ln L}{\mathrm d\lambda}=\frac{\sum\limits_{i=1}^n x_i}{\lambda}-n=0.$$

解得

$$\hat{\lambda} = \frac{1}{n}\sum_{i=1}^{n} x_i = \bar{x} = 2.4167.$$

故 λ 得最大似然估计值为

$$\hat{\lambda} = \bar{x} = 2.4167.$$

由最大似然估计的不变性,无死亡的概率 $p = P\{X=0\} = e^{-\lambda}$ 的最大似然估计值为 $\hat{p} = e^{-\hat{\lambda}} = e^{-2.4167} \approx 0.089$.

例 5　设总体 X 的密度函数为

$$f(x;\alpha) = \begin{cases} (\alpha+1)x^{\alpha}, & 0 < x < 1, \\ 0, & \text{其他}, \end{cases}$$

其中 $\alpha > -1$ 为未知参数, $X_1, X_2, \cdots, X_n$ 是来自总体 X 的样本,试求 α 的矩估计量与最大似然估计量.

分析　本题中 α 的最大似然估计量可按常规算法得到,但要求 α 的矩估计量,必须首先计算 $E(X)$,很自然得到 α 与 $E(X)$ 的关系式,进而利用矩估计思想,用 $\bar{X}$ 代替表达式中的 α 即可.

解　(1) $E(X) = \int_0^1 x \cdot (\alpha+1)x^{\alpha} dx = \frac{\alpha+1}{\alpha+2}, \alpha = \frac{2E(X)-1}{1-E(X)}$,

故 $\hat{\alpha}_{ME} = \dfrac{2\bar{X}-1}{1-\bar{X}}$.

(2) 似然函数为

$$L(x_1, x_2, \cdots, x_n; \alpha) = \prod_{i=1}^{n} (\alpha+1)x_i^{\alpha} = (\alpha+1)^n \Big(\prod_{i=1}^{n} x_i\Big)^{\alpha},$$

$$\ln L = n\ln(\alpha+1) + \alpha \sum_{i=1}^{n} \ln x_i,$$

$$\frac{\mathrm{d}\ln L}{\mathrm{d}\alpha} = \frac{n}{\alpha+1} + \sum_{i=1}^{n} \ln x_i = 0,$$

解得

$$\hat{\alpha}_{MLE} = -1 - \frac{n}{\displaystyle\sum_{i=1}^{n} \ln x_i}.$$

故 α 的最大似然估计量为 $\hat{\alpha}_{MLE} = -1 - \dfrac{n}{\displaystyle\sum_{i=1}^{n} \ln X_i}$.

例 6　设总体 X 的密度函数为

$$f(x) = \begin{cases} 2e^{-2(x-\theta)}, & x \geqslant \theta, \\ 0, & x < \theta, \end{cases}$$

其中 $\theta > 0$ 是未知参数, $X_1, X_2, \cdots, X_n$ 为来自总体 X 的样本,求 θ 的最大似然估计量.

分析　本题根据最大似然估计常规求法是无解,所以最终必须根据函数的性质

来确定 $L(\theta)$ 的最大值点,从而求得 θ 的最大似然估计量.

解 设 $x_1, x_2, \cdots, x_n$ 是样本 $X_1, X_2, \cdots, X_n$ 的一组观测值,则样本的似然函数为

$$L(x_1, x_2, \cdots, x_n; \theta) = \prod_{i=1}^{n} \left[2\mathrm{e}^{-2(x_i - \theta)} \right] = 2^n \mathrm{e}^{-2\sum_{i=1}^{n}(x_i - \theta)} \quad (0 < \theta \leqslant x_i, i = 1, \cdots, n).$$

$$\ln L(\theta) = n\ln 2 - 2\sum_{i=1}^{n}(x_i - \theta).$$

由于 $\dfrac{\mathrm{d}\ln L(\theta)}{\mathrm{d}\theta} = 2n > 0$,而 $L(\theta)$ 关于 θ 是单调递增的,因此要使 $L(\theta)$ 达到最大,必须要求 θ 取其最大值.又因为 $0 < \theta \leqslant x_i (i = 1, \cdots, n)$,则 $0 < \theta \leqslant \min_{1 \leqslant i \leqslant n}\{x_i\}$,所以当 $\theta = \min_{1 \leqslant i \leqslant n}\{x_i\}$ 时,$L(\theta)$ 达到最大.故 θ 的最大似然估计值为 $\hat{\theta} = \min_{1 \leqslant i \leqslant n}\{x_i\}$,最大似然估计量为 $\hat{\theta} = \min_{1 \leqslant i \leqslant n}\{X_i\}$.

注 本部分的第 5 题和第 6 题虽然都是求连续型总体的单参数的最大似然估计,但确定似然函数最大值点的方法却不一样,请读者仔细体会.

例 7 设 $X_1, X_2, \cdots, X_9$ 是取自正态总体 $X \sim N(\mu, 0.9^2)$ 的样本,且样本均值为 $\bar{x} = 5$,则未知参数 μ 的 95% 的置信区间是_____.

分析 这是已知 σ^2,关于单正态总体均值区间的估计问题,置信区间为

$$\left(\bar{X} - u_{\frac{\alpha}{2}} \cdot \frac{\sigma}{\sqrt{n}}, \bar{X} + u_{\frac{\alpha}{2}} \cdot \frac{\sigma}{\sqrt{n}} \right).$$

这里 $\sigma = 0.9, n = 9, \bar{x} = 5, u_{\frac{\alpha}{2}} = u_{0.025} = 1.96$,代值计算得置信区间为 $(4.412, 5.588)$.

答案 $(4.412, 5.588)$.

例 8 随机从某毛纺厂生产的羊毛绽中抽测 10 个样品的含脂率(%),得到样本均值和样本方差分别为 $\bar{x} = 7.7, s^2 = 0.64$,假定含脂率服从正态分布.试求平均含脂率的置信度为 95% 的置信区间.

分析 这是未知 σ^2,关于单正态总体均值区间的估计问题,置信区间为

$$\left(\bar{X} - t_{\frac{\alpha}{2}}(n-1) \cdot \frac{S}{\sqrt{n}}, \bar{X} + t_{\frac{\alpha}{2}}(n-1) \cdot \frac{S}{\sqrt{n}} \right).$$

这里 $S = 0.8, n = 10, \bar{x} = 7.7, t_{\frac{\alpha}{2}}(n-1) = t_{0.025}(9) = 2.262$,代值计算得置信区间 $(7.13, 8.27)$.

答案 $(7.13, 8.27)$.

例 9 随机抽取某种炮弹 9 发做试验,得炮口速度的样本标准差为 $S = 11$,设炮口速度服从正态分布,则炮口速度的标准差的 95% 置信区间是_____.

分析 本题是 μ 未知条件下,关于单正态总体的标准差区间估计问题,置信区间为

$$\left(\sqrt{\frac{n-1}{\chi_{\frac{\alpha}{2}}^2(n-1)}} S, \sqrt{\frac{n-1}{\chi_{1-\frac{\alpha}{2}}^2(n-1)}} S \right).$$

这里 $S = 11, n = 9, \chi_{\frac{\alpha}{2}}^2(n-1) = \chi_{0.025}^2(8) = 17.535, \chi_{1-\frac{\alpha}{2}}^2(n-1) = \chi_{0.975}^2(8) = 2.180$,代值计算得置信区间 $(7.43, 21.07)$.

答案　$(7.43, 21.07)$.

例 10　设总体 $X \sim N(\mu, 9)$, $X_1, X_2, \cdots, X_n$ 为来自总体 X 的样本, 欲使 μ 的 $1-\alpha$ 的长度 L 不超过 2, 问在以下两种情况下样本容量 n 至少应取多少? (1) $\alpha = 0.1$; (2) $\alpha = 0.01$.

分析　本题中 $\sigma^2 = 9$, 此时置信区间为 $\left(\overline{X} - u_{\frac{\alpha}{2}} \cdot \dfrac{\sigma}{\sqrt{n}}, \overline{X} + u_{\frac{\alpha}{2}} \cdot \dfrac{\sigma}{\sqrt{n}}\right)$. 从而可以确定置信区间的长度为 $L = 2u_{\frac{\alpha}{2}} \cdot \dfrac{\sigma}{\sqrt{n}}$, 利用不等式 $L \leqslant 2$ 可确定 n 的取值范围.

解　由题意 $\sigma^2 = 9$, 则得置信区间为 $\left(\overline{X} - u_{\frac{\alpha}{2}} \cdot \dfrac{\sigma}{\sqrt{n}}, \overline{X} + u_{\frac{\alpha}{2}} \cdot \dfrac{\sigma}{\sqrt{n}}\right)$, 其置信区间的长度为 $L = 2u_{\frac{\alpha}{2}} \cdot \dfrac{\sigma}{\sqrt{n}}$, 对于给定的 α, 欲使 $L = 2u_{\frac{\alpha}{2}} \cdot \dfrac{\sigma}{\sqrt{n}} \leqslant 2$, 必须 $n \geqslant (u_{\frac{\alpha}{2}} \cdot \sigma)^2$.

对于 $\alpha = 0.1$ 与 $\alpha = 0.01$, $u_{0.05} = 1.64$, $u_{0.005} = 2.58$. 计算可得

$$n_1 \geqslant \sigma^2 \cdot u_{0.05}^2 = 24.2, \quad n_2 \geqslant \sigma^2 \cdot u_{0.005}^2 = 59.9.$$

四、教材习题选解

(A)

1. 设总体 $X \sim N(\mu, \sigma^2)$, $X_1, X_2, \cdots, X_n$ 是取自总体 X 的样本, 试选择适当的常数 C, 使 $C\sum\limits_{i=1}^{n-1}(X_{i+1} - X_i)^2$ 为 σ^2 的无偏估计.

解　由于 $X_1, X_2, \cdots, X_n$ 是取自总体 $X \sim N(\mu, \sigma^2)$ 的样本, 故有

$$E(X_{i+1} X_i) = E(X_{i+1}) \cdot E(X_i) = [E(X)]^2 = \mu^2,$$
$$E(X_{i+1}^2) = E(X_i^2) = E(X^2) = D(X) + [E(X)]^2 = \sigma^2 + \mu^2.$$

由题意有

$$\sigma^2 = E\left(C\sum_{i=1}^{n-1}(X_{i+1} - X_i)^2\right) = CE\left(\sum_{i=1}^{n-1}(X_{i+1}^2 + X_i^2 - 2X_{i+1}X_i)\right)$$
$$= C\sum_{i=1}^{n-1}[E(X_{i+1}^2) + E(X_i^2) - 2E(X_{i+1}X_i)]$$
$$= C\sum_{i=1}^{n-1}(\mu^2 + \sigma^2 + \mu^2 + \sigma^2 - 2\mu^2) = 2(n-1)\sigma^2 C,$$

故 $C = \dfrac{1}{2(n-1)}$.

2. 设总体 X 服从参数为 λ 的泊松分布, $X_1, X_2, \cdots, X_n$ 是取自总体 X 的样本.

(1) 试证对任意常数 C, $C\overline{X} + (1-C)S^2$ 均是 λ 的无偏估计量;

(2) 给出 λ^2 的一个无偏估计.

解　(1) 由于 $X \sim P(\lambda)$, $E(X) = D(X) = \lambda$, 故有

$$E(\overline{X}) = E(X) = \lambda, \quad E(S^2) = D(X) = \lambda.$$

从而对于任意常数 C, 有

$$E(C(\overline{X}) + (1-C)S^2) = CE(\overline{X}) + (1-C)E(S^2) = \lambda,$$

即 $C(\overline{X}) + (1-C)S^2$ 均为 λ 的无偏估计.

(2) 由于

$$E(\overline{X}) = \lambda, \quad E(\overline{X}^2) = D(\overline{X}) + (E(\overline{X}))^2 = \frac{D(X)}{n} + (E(X))^2 = \frac{\lambda}{n} + \lambda^2,$$

取 $\hat{\lambda}^2 = \overline{X}^2 - \dfrac{\overline{X}}{n}$, 则有 $E(\hat{\lambda}^2) = \lambda^2$, 即 $\hat{\lambda}^2$ 为 λ^2 的一个无偏估计.

3. 设 $X_1, X_2, \cdots, X_n$ 是取自总体 X 的样本, 记 $\mu = E(X), \sigma^2 = D(X)$, 试证对任意常数 $a_i, \sum\limits_{i=1}^{n} a_i = 1(i=1,2,\cdots,n)$, $\sum\limits_{i=1}^{n} a_i X_i$ 均是 μ 的无偏估计, 其中 $\overline{X} = \dfrac{1}{n}\sum\limits_{i=1}^{n} X_i$ 最为有效.

证明 $E(\sum\limits_{i=1}^{n} a_i X_i) = \sum\limits_{i=1}^{n} a_i E(X_i) = \sum\limits_{i=1}^{n} a_i E(X) = \mu \sum\limits_{i=1}^{n} a_i = \mu,$

故 $\sum\limits_{i=1}^{n} a_i X_i$ 均是 μ 的无偏估计. 欲证 $\overline{X} = \dfrac{1}{n}\sum\limits_{i=1}^{n} X_i$ 最为有效, 只需证明当且仅当 $a_i = \dfrac{1}{n}, i=1,2,\cdots,n$ 时, $\sum\limits_{i=1}^{n} a_i^2$ 达到最小.

由施瓦兹不等式

$$\Big(\sum_{i=1}^{n} x_i y_i\Big)^2 \leqslant \Big(\sum_{i=1}^{n} x_i^2\Big) \cdot \Big(\sum_{i=1}^{n} y_i^2\Big)$$

可得(令 $x_i = a_i, y_i = 1$)

$$\sum_{i=1}^{n} a_i^2 \geqslant \frac{\Big(\sum\limits_{i=1}^{n} a_i\Big)^2}{n} = \frac{1}{n} \quad \Big(\sum_{i=1}^{n} a_i = 1\Big),$$

当且仅当 $a_i = \dfrac{1}{n}, i=1,2,\cdots,n$ 时, 等号成立.

9. 设总体 X 服从二项分布 $b(m,p)$, 参数 m 已知, p 未知, $X_1, X_2, \cdots, X_n$ 为来自总体 X 的样本, 试求:

(1) p 的矩估计量;

(2) p 与 q 之比的矩估计量, 其中 $q = 1-p$.

解 (1) 由题意有 $E(X) = mp, p = \dfrac{E(X)}{m}$, 又 $\hat{E}(X) = \overline{X}$, 故 $\hat{p} = \dfrac{\overline{X}}{m}$.

(2) 令 $g(p) = \dfrac{p}{q} = \dfrac{p}{1-p}$, 故

$$g(p) = \frac{\hat{p}}{1-\hat{p}} = \frac{\dfrac{\overline{X}}{m}}{1-\dfrac{\overline{X}}{m}} = \frac{\overline{X}}{m-\overline{X}}.$$

但要注意,因 $D(X)=mpq,q=\dfrac{D(X)}{mp}$,故 $\dfrac{p}{q}=\dfrac{mp^2}{D(X)}$. 从而

$$g(p)=\frac{m(\hat{p})^2}{\hat{D}(X)}=\frac{(\overline{X})^2}{\dfrac{m}{n}\sum_{i=1}^{n}(X_i-\overline{X})^2}.$$

(B)

3. 设总体 X 服从均匀分布 $U(0,\theta)$,$X_1,X_2,\cdots,X_n$ 为来自总体 X 的样本,证明:

(1) $\hat{\theta}_1=2\overline{X}$ 与 $\hat{\theta}_2=\dfrac{n+1}{n}X_{(n)}$ 都是 θ 得无偏估计量,其中 $X_{(n)}=\max\{X_1,X_2,\cdots,X_n\}$;

(2) $\hat{\theta}_2$ 比 $\hat{\theta}_1$ 有效($n\geqslant 2$);

(3) $\hat{\theta}_1=2\overline{X}$ 与 $\hat{\theta}_2=\dfrac{n+1}{n}X_{(n)}$ 都是 θ 的相合估计量.

证明 (1) $E(\hat{\theta}_1)=2E(\overline{X})=2E(X)=2\cdot\dfrac{\theta}{2}=\theta$,即 $\hat{\theta}_1=2\overline{X}$ 是 θ 的无偏估计量,而 X 的密度函数和分布函数分别为

$$f(x)=\begin{cases}\dfrac{1}{\theta}, & 0<x<\theta,\\ 0, & 其他,\end{cases}\qquad F(x)=\begin{cases}0, & x\leqslant 0,\\ x/\theta, & 0<x<\theta,\\ 1, & x\geqslant\theta.\end{cases}$$

令 $Y=X_{(n)}$,则 Y 的分布函数为 $F_Y(y)=[F(y)]^n$,密度函数为

$$f_Y(y)=n[F(y)]^{n-1}\cdot f(y)=\begin{cases}n\dfrac{y^{n-1}}{\theta^n}, & 0<y<\theta,\\ 0, & 其他.\end{cases}$$

所以 $E(Y)=\displaystyle\int_0^\theta yn\frac{y^{n-1}}{\theta^n}\mathrm{d}y=\frac{n}{n+1}\theta$,从而

$$E(\hat{\theta}_2)=\frac{n+1}{n}E(X_{(n)})=\frac{n+1}{n}\cdot\frac{n}{n+1}\theta=\theta.$$

即 $\hat{\theta}_2=\dfrac{n+1}{n}X_{(n)}$ 也是 θ 的无偏估计量.

(2) 由总体 $X\sim U(0,\theta)$ 得

$$D(\hat{\theta}_1)=4D(\overline{X})=\frac{4}{n}\cdot D(X)=\frac{4}{n}\cdot\frac{\theta^2}{12}=\frac{\theta^2}{3n}.$$

又由

$$E(Y^2)=\int_0^\theta y^2\frac{ny^{n-1}}{\theta^n}dy=\frac{n}{n+2}\theta^2$$

得

$$D(Y)=E(Y^2)-[E(Y)]^2=\frac{n}{n+2}\theta^2-\frac{n^2}{(n+1)^2}\theta^2=\frac{n}{(n+2)(n+1)^2}\theta^2,$$

则

$$D(\hat{\theta}_2) = \left(\frac{n+1}{n}\right)^2 \cdot D(Y) = \left(\frac{n+1}{n}\right)^2 \cdot \frac{n}{(n+2)(n+1)^2}\theta^2 = \frac{1}{n(n+2)}\theta^2.$$

当 $n \geqslant 2$ 时，$D(\hat{\theta}_1) > D(\hat{\theta}_2)$，所以 $\hat{\theta}_2$ 比 $\hat{\theta}_1$ 有效.

（3）因为

$$E(\hat{\theta}_1) = E(\hat{\theta}_2) = \theta, \quad D(\hat{\theta}_1) = \frac{\theta^2}{3n}, \quad D(\hat{\theta}_2) = \frac{1}{n(n+2)}\theta^2,$$

所以由切比雪夫不等式知，对任意 $\varepsilon > 0$，有

$$P\{|\hat{\theta}_1 - \theta| \geqslant \varepsilon\} \leqslant \frac{D(\hat{\theta}_1)}{\varepsilon^2} = \frac{\theta^2}{3n\varepsilon^2},$$

$$P\{|\hat{\theta}_2 - \theta| \geqslant \varepsilon\} \leqslant \frac{D(\hat{\theta}_2)}{\varepsilon^2} = \frac{\theta^2}{n(n+2)\varepsilon^2},$$

从而有

$$\lim_{n \to \infty} P\{|\hat{\theta}_1 - \theta| \geqslant \varepsilon\} = 0, \quad \lim_{n \to \infty} P\{|\hat{\theta}_2 - \theta| \geqslant \varepsilon\} = 0,$$

即 $\hat{\theta}_1$ 与 $\hat{\theta}_2$ 都是 θ 的相合估计量.

4. 设总体 X 的密度函数为 $f(x;\theta) = \frac{1}{2\theta}e^{-\frac{|x|}{\theta}}$ $(-\infty < x < +\infty)$，其中未知参数 $\theta > 0$，$X_1, X_2, \cdots, X_n$ 为来自总体 X 的样本.（1）求 θ 的最大似然估计量 $\hat{\theta}$；（2）证明：$\hat{\theta}$ 为 θ 的无偏估计量；（3）求 $D(\hat{\theta})$.

解 （1）设 $x_1, x_2, \cdots, x_n$ 为样本 $X_1, X_2, \cdots, X_n$ 的一组观测值，则样本的似然函数为

$$L(x_1, x_2, \cdots, x_n; \theta) = \prod_{i=1}^{n} \frac{1}{2\theta}e^{-\frac{|x_i|}{\theta}} = \left(\frac{1}{2\theta}\right)^n e^{-\frac{1}{\theta}\sum_{i=1}^{n}|x_i|},$$

取对数得

$$\ln L(\theta) = -n\ln(2\theta) - \frac{1}{\theta}\sum_{i=1}^{n}|x_i|.$$

令

$$\frac{\mathrm{d}\ln L(\theta)}{\mathrm{d}\theta} = -\frac{n}{\theta} + \frac{1}{\theta^2}\sum_{i=1}^{n}|x_i| = 0,$$

解得 $\theta = \frac{1}{n}\sum_{i=1}^{n}|x_i|$，所以 $\hat{\theta} = \frac{1}{n}\sum_{i=1}^{n}|X_i|$ 为 θ 的最大似然估计量.

（2）因为

$$E(\hat{\theta}) = E\left(\frac{1}{n}\sum_{i=1}^{n}|X_i|\right) = E(|X_i|) = \int_{-\infty}^{+\infty}|x|\frac{1}{2\theta}e^{-\frac{|x|}{\theta}}\mathrm{d}x = 2\int_{0}^{+\infty}x\frac{1}{2\theta}e^{-\frac{x}{\theta}}\mathrm{d}x = \theta,$$

所以 $\hat{\theta}$ 为 θ 的无偏估计量.

(3) 因为

$$D(\hat{\theta}) = D\left(\frac{1}{n}\sum_{i=1}^{n}|X_i|\right) = \frac{1}{n^2}\sum_{i=1}^{n}D(|X_i|) = \frac{1}{n}D(|X_i|),$$

而

$$D(|X_i|) = D(|X|) = E(|X|^2) - [E(|X|)]^2,$$

又

$$E(|X|^2) = E(X^2) = \int_{-\infty}^{+\infty} x^2 \frac{1}{2\theta}\mathrm{e}^{-\frac{|x|}{\theta}}\,\mathrm{d}x = 2\int_{0}^{+\infty}\frac{1}{2\theta}x^2\mathrm{e}^{-\frac{x}{\theta}}\,\mathrm{d}x = 2\theta^2,$$

且

$$E(|X|) = E(|X_i|) = \theta,$$

所以

$$D(|X_i|) = 2\theta^2 - \theta^2 = \theta^2,$$

从而得 $D(\hat{\theta}) = \dfrac{\theta^2}{n}$.

5. 设总体 X 的密度函数为

$$f(x;\theta) = \begin{cases} \theta, & 0 < x < 1, \\ 1-\theta, & 1 \leqslant x < 2, \\ 0, & \text{其他}, \end{cases}$$

其中 $\theta(0<\theta<1)$ 是未知参数, $X_1,X_2,\cdots,X_n$ 为来自总体 X 的样本. 记 N 为样本观察值 $x_1,x_2,\cdots,x_n$ 中小于 1 的个数, 求:(1) θ 的矩估计量;(2) θ 的最大似然估计值.

解 (1) 由 $\mu_1 = E(X) = \displaystyle\int_0^1 x\theta\,\mathrm{d}x + \int_1^2 x(1-\theta)\,\mathrm{d}x = \frac{3}{2} - \theta$ 得 $\theta = \frac{3}{2} - \mu_1$, 而 $\hat{\mu}_1 = \overline{X}$, 所以 $\hat{\theta} = \dfrac{3}{2} - \overline{X}$.

(2) 对于样本观测值 $x_1,x_2,\cdots,x_n$, 按照 $0<x<1$ 和 $1\leqslant x<2$ 进行分组,则样本的似然函数为

$$L(\theta) = \theta^N(1-\theta)^{n-N}$$

其中, $0<x_{i_1},x_{i_2},\cdots,x_{i_N}<1; 1\leqslant x_{i_{N+1}},x_{i_{N+2}},\cdots,x_{i_n}<2$.

取对数得

$$\ln L(\theta) = N\ln\theta + (n-N)\ln(1-\theta),$$

令

$$\frac{\mathrm{d}\ln L(\theta)}{\mathrm{d}\theta} = \frac{N}{\theta} - \frac{n-N}{1-\theta} = 0,$$

解得 θ 的最大似然估计值为 $\hat{\theta} = \dfrac{N}{n}$.

五、自 测 题

1. 若 $\hat{\theta}$ 是参数 θ 的无偏估计量,则有 $E(\hat{\theta})=$ ____.

2. 设 $\hat{\theta}_1,\hat{\theta}_2$ 是参数 θ 的两个无偏估计量,若有____,则 $\hat{\theta}_1$ 比 $\hat{\theta}_2$ 有效.

3. 设 $X_1,\cdots,X_n$ 是取自总体 X 的样本,若统计量 $\sum\limits_{i=1}^{n}a_iX_i$ 是总体均值 $E(X)$ 的无偏估计量,则 $\sum\limits_{i=1}^{n}a_i=$ ____.

4. 设 $X_1,\cdots,X_{10}$ 是来自总体 X 的样本,若 $\hat{\mu}_1=\dfrac{1}{2}\sum\limits_{i=1}^{2}X_i,\hat{\mu}_2=\dfrac{1}{5}\sum\limits_{i=1}^{5}X_i,\hat{\mu}_3=\dfrac{1}{10}\sum\limits_{i=1}^{10}X_i$ 是 $E(X)$ 的三个无偏估计量,则最有效的是____.

5. 设总体 X 服从参数为 λ 的指数分布,$X_1,\cdots,X_n$ 是取自总体 X 的样本,则样本的似然函数为____.

6. 设 $X_1,\cdots,X_n$ 是取自总体 $X\sim N(\mu,\sigma^2)$ 的样本,$\sigma^2=0.01$,样本均值 $\overline{X}=12$,则总体均值 μ 的置信度为 95% 的置信区间为( ).

(A) $(12-1.96,12+1.96)$;　　(B) $\left(12-u_{0.025}\cdot\dfrac{0.1}{\sqrt{n}},12+u_{0.025}\cdot\dfrac{0.1}{\sqrt{n}}\right)$;

(C) $\left(12-t_{0.05}(n-2)\cdot\dfrac{0.1}{\sqrt{n}},12+t_{0.05}(n-2)\cdot\dfrac{0.1}{\sqrt{n}}\right)$;

(D) $\left(12-t_{0.05}(n-1)\cdot\dfrac{0.1}{\sqrt{n}},12+t_{0.05}(n-1)\cdot\dfrac{0.1}{\sqrt{n}}\right)$.

7. 统计量的评价标准中不包括( ).

(A) 一致性;　　(B) 有效性;　　(C) 无偏性;　　(D) 最大似然性.

8. 设总体 $X\sim N(\mu,\sigma^2)$,σ^2 未知,现从总体中抽取容量为 n 的样本,$\overline{X},S^2$ 分别为样本均值和样本方差,则 μ 的置信度为 $1-\alpha$ 的置信区间为( ).

(A) $\left(\overline{X}-t_{\frac{\alpha}{2}}(n-1)\cdot\dfrac{S}{\sqrt{n}},\overline{X}+t_{\frac{\alpha}{2}}(n-1)\cdot\dfrac{S}{\sqrt{n}}\right)$;

(B) $\left(\overline{X}-u_{\frac{\alpha}{2}}\cdot\dfrac{S}{\sqrt{n}},\overline{X}+u_{\frac{\alpha}{2}}\cdot\dfrac{S}{\sqrt{n}}\right)$;

(C) $\left(\overline{X}-t_{\frac{\alpha}{2}}(n-1)\cdot\dfrac{\sigma}{\sqrt{n}},\overline{X}+t_{\frac{\alpha}{2}}(n-1)\cdot\dfrac{\sigma}{\sqrt{n}}\right)$;

(D) $\left(\overline{X}-u_{\frac{\alpha}{2}}\cdot\dfrac{\sigma}{\sqrt{n}},\overline{X}+u_{\frac{\alpha}{2}}\cdot\dfrac{\sigma}{\sqrt{n}}\right)$.

9. 设 $\hat{\theta}$ 是参数 θ 的无偏估计量,若 $D(\hat{\theta})>0$,证明 $\hat{\theta}^2$ 不是 θ^2 的无偏估计量.

10. 若从总体 $X\sim N(\mu,\sigma^2)$ 中抽取容量为 9 的样本,样本方差 $S^2=0.07$,试求总体方差的置信度为 95% 的置信区间($\chi^2_{0.025}(9)=19.023,\chi^2_{0.975}(9)=2.7,\chi^2_{0.025}(8)=$

$17.535, \chi^2_{0.975}(8) = 2.18)$.

六、自测题参考答案

1. θ.

2. $D(\hat{\theta}_1) < D(\hat{\theta}_2)$.

3. 1.

4. $\hat{\mu}_3$.

5. $\lambda^n e^{-\lambda \sum\limits_{i=1}^{n} x_i} \ (x_i > 0, i = 1, 2, \cdots, n)$.

6. (B).

7. (D).

8. (A).

9. 分析　因为 $E(\hat{\theta}^2) = D(\hat{\theta}) + [E(\hat{\theta})]^2 = D(\hat{\theta}) + \theta^2 > \theta^2$，从而 $\hat{\theta}^2$ 不是 θ^2 的无偏估计量.

10. $(0.0331, 0.2333)$.

第8章 假设检验

一、基本要求

(1) 理解假设检验的概念,理解假设检验的基本思想,掌握假设检验的基本步骤,了解假设检验可能产生的两类错误.

(2) 掌握单个正态总体均值与方差的假设检验,了解两个正态总体均值差与方差比的假设检验.

(3) 了解一个比率和两个比率的假设检验.

(4) 了解总体分布假设的 χ^2 检验法,会应用该方法进行拟合优度检验.

二、内容提要

1. 假设检验的基本概念

1) 假设检验

先对总体分布函数中的参数或分布函数的形式提出假设,然后通过抽样并根据样本提供的信息对假设的正确性进行推断,作出拒绝或接受假设的决策,这类统计问题称作假设检验.

2) 参数假设与参数假设检验

如果总体的分布类型已知,但其中含有未知参数,这种对总体中未知参数的假设,称为参数假设,相应的检验称为参数假设检验.

3) 非参数假设与非参数假设检验

如果总体的分布类型未知,对总体分布类型提出假设,称为非参数假设,相应的检验称为非参数假设检验.

4) 原假设和备择假设

通常称提出的待检假设为原假设或零假设,记为 H_0,与之对立的假设称为备择假设或对立假设,记为 H_1.

5) 假设检验的基本思想

假设检验的基本思想是小概率事件在一次试验中几乎不可能发生的小概率事件原理.

假设检验的思路是概率反证法,即首先提出假设,然后根据一次抽样所得到的样本值进行计算,若导致小概率事件发生,则拒绝原假设,否则就接受原假设.

6）显著性水平与拒绝域

小概率原理关于"小概率"的值 α 称为检验中的显著性水平。

当检验统计量在某个范围取值时就拒绝原假设,这一取值范围称为拒绝域,拒绝域的边界值称为临界值.

7）假设检验中的两类错误

由于采取随机抽样作出决策,假设检验存在犯两种错误的可能性. 如果 H_0 为真而拒绝 H_0,称为犯第一类错误（弃真错误）,显然显著性水平 α 是犯第一类错误的最大允许值. 如果 H_0 不真而接受 H_0,称为犯第二类错误（纳伪错误）. 当样本容量 n 固定时,犯两类错误的概率大小是相互制约的,减少其中一个,另一个往往会增大. 通常的实际作法是：事先给定显著性水平 α 来限制第一类错误,尽量减小第二类错误.

2. 假设检验的基本步骤

（1）根据实际问题提出原假设 H_0 和备择假设 H_1；

（2）构造适当的检验统计量,在 H_0 为真时,它的分布是已知的；

（3）对给定的显著性水平 α 确定拒绝域；

（4）根据样本观测值计算检验统计量的值,从而比较判断是拒绝 H_0,还是接受 H_0.

3. 正态总体的未知参数的假设检验

常见的单个正态总体与两个正态总体的参数假设检验见表 8.1、表 8.2.

表 8.1　单个正态总体的参数假设检验

零假设	条件	统计量	拒绝域
$H_0:\mu=\mu_0$	$\sigma^2=\sigma_0^2$ 已知	$U=\dfrac{\overline{X}-\mu_0}{\sigma_0/\sqrt{n}}\sim N(0,1)$	
$H_0:\mu\leqslant\mu_0$			
$H_0:\mu\geqslant\mu_0$			

续表

零假设	条 件	统计量	拒绝域
$H_0 : \mu = \mu_0$			$\|T\| > t_{\frac{\alpha}{2}}(n-1)$
$H_0 : \mu \leqslant \mu_0$	σ^2 未知	$T = \dfrac{\overline{X} - \mu_0}{S/\sqrt{n}} \sim t(n-1)$	$T > t_\alpha(n-1)$
$H_0 : \mu \geqslant \mu_0$			$T < -t_\alpha(n-1)$
$H_0 : \sigma^2 = \sigma_0^2$			$\chi^2 < \chi_{1-\frac{\alpha}{2}}^2(n-1)$ 或 $\chi^2 > \chi_{\frac{\alpha}{2}}^2(n-1)$
$H_0 : \sigma^2 \leqslant \sigma_0^2$	μ 未知	$\chi^2 = \dfrac{(n-1)S^2}{\sigma_0^2} \sim \chi^2(n-1)$	$\chi^2 > \chi_\alpha^2(n-1)$
$H_0 : \sigma^2 \geqslant \sigma_0^2$			$\chi^2 < \chi_{1-\alpha}^2(n-1)$

表 8.2 两个正态总体的参数假设检验

零假设	条 件	统计量	拒绝域
$H_0:\mu_1=\mu_2$			$\lvert U\rvert>u_{\frac{\alpha}{2}}$ $\frac{\alpha}{2}$ $-u_{\frac{\alpha}{2}}$ O $u_{\frac{\alpha}{2}}$ $\frac{\alpha}{2}$
$H_0:\mu_1\leqslant\mu_2$	σ_1^2,σ_2^2 已知	$U=\dfrac{\overline{X}-\overline{Y}}{\sqrt{\dfrac{\sigma_1^2}{n_1}+\dfrac{\sigma_2^2}{n_2}}}\sim N(0,1)$	$U>u_\alpha$ O u_α α
$H_0:\mu_1\geqslant\mu_2$			$U<-u_\alpha$ α $-u_\alpha$ O
$H_0:\mu_1=\mu_2$			$\lvert T\rvert>t_{\frac{\alpha}{2}}(n_1+n_2-2)$ $\frac{\alpha}{2}$ $-t_{\frac{\alpha}{2}}(n_1+n_2-2)$ O $t_{\frac{\alpha}{2}}(n_1+n_2-2)$ $\frac{\alpha}{2}$
$H_0:\mu_1\leqslant\mu_2$	$\sigma_1^2=\sigma_2^2$ 但未知	$T=\dfrac{\overline{X}-\overline{Y}}{S_w\sqrt{\dfrac{1}{n_1}+\dfrac{1}{n_2}}}\sim$ $t(n_1+n_2-2)$ $S_w^2=\dfrac{(n_1-1)S_1^2+(n_2-2)S_2^2}{n_1+n_2-2}$	$T>t_\alpha(n_1+n_2-2)$ O $t_\alpha(n_1+n_2-2)$ α
$H_0:\mu_1\geqslant\mu_2$			$T<-t_\alpha(n_1+n_2-2)$ α $-t_\alpha(n_1+n_2-2)$ O

续表

零假设	条 件	统计量	拒绝域
$H_0:\sigma_1^2=\sigma_2^2$			$F<F_{1-\frac{\alpha}{2}}(n_1-1,n_2-1)$ 或 $F>F_{\frac{\alpha}{2}}(n_1-1,n_2-1)$
$H_0:\sigma_1^2\leqslant\sigma_2^2$	μ_1,μ_2 未知	$F=\dfrac{S_1^2}{S_2^2}\sim F(n_1-1,n_2-1)$	$F>F_\alpha(n_1-1,n_2-1)$
$H_0:\sigma_1^2\geqslant\sigma_2^2$			$F<F_{1-\alpha}(n_1-1,n_2-1)$

4. 比率的假设检验

比率 p 指总体中具有某种特征 A 的个体的比重,即随机抽取的一个个体具有特征 A 的概率. 检验方法分为小样本和大样本方法,这里只限于大样本方法.

一个比率的假设检验和两个比率的比较的假设检验见表 8.3、表 8.4.

表 8.3   一个比率的假设检验

零假设	枢轴量与统计量	拒绝域
$H_0:p=p_0$	$U=\dfrac{\mu_n-np}{\sqrt{np(1-p)}}\sim N(0,1)$	$|U_0|>u_{\frac{\alpha}{2}}$
$H_0:p\leqslant p_0$	$U_0=\dfrac{\mu_n-np_0}{\sqrt{np_0(1-p_0)}}$	$U_0>u_\alpha$
$H_0:p\geqslant p_0$		$U_0<-u_\alpha$

表 8.4   两个比率比较的假设检验

零假设	枢轴量与统计量	拒绝域
$H_0:p_1=p_2$	$U=\dfrac{\dfrac{\mu_n}{n}-\dfrac{\mu_m}{m}}{\sqrt{\hat{p}(1-\hat{p})\left(\dfrac{1}{n}+\dfrac{1}{m}\right)}}\sim N(0,1)$	$|U|>u_{\frac{\alpha}{2}}$
$H_0:p_1\leqslant p_2$		$U>u_\alpha$
$H_0:p_1\geqslant p_2$	$\hat{p}=\dfrac{\mu_n+\mu_m}{n+m}$	$U<-u_\alpha$

5. 置信区间与假设检验的关系

设 $X_1, X_2, \cdots, X_n$ 是来自总体 X 的样本,$x_1, x_2, \cdots, x_n$ 是相应的样本值,Θ 是参数 θ 的可能取值范围,则置信区间和假设检验具有下面的关系:

要检验假设

$$H_0 : \theta = \theta_0, \quad H_1 : \theta \neq \theta_0 \tag{9.1}$$

时,先求出 θ 的置信水平为 $1-\alpha$ 的置信区间 $(\underline{\theta}, \bar{\theta})$,然后考察 θ_0 是否包含于 $(\underline{\theta}, \bar{\theta})$ 中,若 $\theta_0 \in (\underline{\theta}, \bar{\theta})$,则接受 H_0. 若 $\theta_0 \notin (\underline{\theta}, \bar{\theta})$,则拒绝 H_0.

反之,要求出参数 θ 的置信水平为 $1-\alpha$ 的置信区间,先求出显著性水平为 α 的假设检验问题(9.1)的接受域:$\underline{\theta}(x_1, x_2, \cdots, x_n) < \theta_0 < \bar{\theta}(x_1, x_2, \cdots, x_n)$,则

$$(\underline{\theta}(x_1, x_2, \cdots, x_n), \bar{\theta}(x_1, x_2, \cdots, x_n)),$$

就是 θ 的置信水平为 $1-\alpha$ 的置信区间.

6. 分布函数拟合检验

当不知道总体服从什么分布时,要根据样本来推断总体的分布类型,即需要考虑假设检验

$$H_0 : F(x) = F_0(x), \quad H_1 : F(x) \neq F_0(x), \tag{9.2}$$

其中 $F_0(x)$ 是某个已知的分布函数. 对假设(9.2)作显著性检验,通常称为分布函数的拟合检验. 分布函数拟合检验的方法很多,最主要的是皮尔逊 χ^2 拟合检验法.

皮尔逊 χ^2 拟合检验法的基本步骤如下:

(1) 把实数轴分为 m 个互不相交的区间 $(t_{i-1}, t_i]$.

(2) 在假设 H_0 下计算 $p_i = P\{t_{i-1} < X \leq t_i\}$,当 $F_0(x)$ 中有未知参数时,用最大似然估计法得到这些参数的估计值后,计算 $P\{t_{i-1} < X \leq t_i\} = \hat{p}_i$ 作为 p_i 的估计值. 计算样本观测值 $x_1, x_2, \cdots, x_n$ 在区间 $(t_{i-1}, t_i]$ 中的个数 n_i.

(3) 当 H_0 成立且 n 充分大($n \geq 50$)时,根据皮尔逊定理,用统计量

$$\chi^2 = \sum_{i=1}^{m} \frac{(n_i - n\hat{p}_i)^2}{n\hat{p}_i} \sim \chi^2(m-k-1),$$

作为检验统计量,其中 k 为未知参数个数.

(4) 由样本计算出检验统计量 χ^2 的值. 若 $\chi^2 > \chi_\alpha^2(m-k-1)$,则拒绝 H_0;反之,接受 H_0.

三、典 型 例 题

1. 单个正态总体的参数检验

例 1 如果一个矩形的宽与长之比等于 0.618,称这样的矩形为黄金比矩形. 这样的矩形给人良好的感觉,现代的建筑构件(如窗架)、工艺品(如图片镜框),甚至司

机的驾驶执照、购物的信用卡等都常常采用黄金比矩形. 下面列出某工艺品工厂随机抽取的 20 个矩形的宽与长之比:

$$0.693, 0.749, 0.654, 0.670, 0.662, 0.672, 0.615,$$
$$0.606, 0.690, 0.628, 0.611, 0.606, 0.668, 0.601,$$
$$0.609, 0.533, 0.570, 0.844, 0.576, 0.933.$$

设这个工厂生产的矩形的宽与长的比值总体服从正态分布 $X \sim N(\mu, \sigma^2)$, 试检验假设 $H_0: \mu = 0.618, H_1: \mu \neq 0.618 (\alpha = 0.05)$.

分析　这是 σ 未知下单正态总体均值 μ 的假设检验问题. 应利用 T 检验法检验假设.

解　$H_0: \mu = 0.618, H_1: \mu \neq 0.618$.

取检验统计量

$$T = \frac{\overline{X} - \mu_0}{S/\sqrt{n}},$$

式中 $n = 20, \mu_0 = 0.618$, 给定 $\alpha = 0.05$, 查 T 分布表得, 临界值 $t_{0.025}(19) = 2.093$, 从而拒绝域为 $|T| > 2.093$. 由样本值算得 $\bar{x} = 0.6595, s = 0.0938$, 则

$$|T| = \left| \frac{\overline{X} - \mu_0}{S/\sqrt{n}} \right| = \left| \frac{0.6595 - 0.618}{0.0938/\sqrt{20}} \right| = 1.9786 < 2.093,$$

因此接受 $H_0: \mu = 0.618$.

例 2　用过去的铸造方法, 零件强度的标准差是 $1.6 \text{kg}^2/\text{mm}^2$, 为了降低成本, 改变了铸造方法, 测得用新方法铸出的零件强度如下:

$$51.9, 53.0, 52.7, 54.1, 53.2, 52.3, 52.5, 51.1, 54.7$$

设零件强度服从正态分布, 问改变方法后, 零件强度的方差是否发生了变化 ($\alpha = 0.05$)?

分析　这是单正态总体方差 σ^2 的假设检验问题, H_0 可取为无变化, 即 $H_0: \sigma^2 = 1.6^2$, 利用 χ^2 检验法进行检验.

解　检验假设 $H_0: \sigma^2 = 1.6^2, H_1: \sigma^2 \neq 1.6^2$.

取检验统计量

$$\chi^2 = \frac{(n-1)S^2}{\sigma_0^2},$$

式中 $n = 9, \sigma_0^2 = 1.6^2$. 对于 $\alpha = 0.05$, 查 χ^2 分布得, 临界值 $\chi^2_{0.025}(8) = 17.535$, $\chi^2_{0.975}(8) = 2.180$, 从而拒绝域为 $(0, 2.180) \bigcup (17.535, +\infty)$. 由样本值算得 $\bar{x} = 52.83, (n-1)s^2 = 9.54$, 则

$$\chi^2 = \frac{(n-1)S^2}{\sigma_0^2} = \frac{9.54}{1.6^2} = 3.727.$$

由于 $2.18 < \chi^2 = 3.727 < 17.535$, 所以接受 H_0, 即认为零件强度的方差没有显著变化.

例 3　市质监局接到投诉后, 对某金店进行质量调查. 现从其出售的标志为 18K

的项链中抽取 9 件进行检测. 检测标准为：标准值 18K 且标准差不得超过 0.3K,检测结果如下：

$$17.3,16.6,17.9,18.2,17.4,16.3,18.5,17.2,18.1.$$

假定项链的含金量服从正态分布,试问检测结果能否认定金店出售的产品存在质量问题($\alpha=0.01$)?

分析　若金店的产品不存在质量问题,则其平均值应为 18K,标准差不超过 0.3K,这就需要分别检验假设

$$H_0:\mu=18,\quad H_1:\mu\neq18,$$
$$H_0:\sigma^2\leqslant0.3^2,\quad H_1:\sigma^2>0.3^2.$$

显然这是一个单正态总体均值 μ 与方差 σ^2 均需检验的问题,其中任一个假设被拒绝则可以认为金店的产品存在质量问题.

解　检验假设　$H_0:\mu=18,H_1:\mu\neq18.$
取检验统计量

$$T=\frac{\overline{X}-\mu_0}{S/\sqrt{n}},$$

式中 $n=9,\mu_0=18$,给定 $\alpha=0.01$,查 T 分布表得,临界值 $t_{0.005}(8)=3.355$,从而拒绝域为 $|T|>3.355$. 由样本值算得 $\overline{x}=17.5,s^2=0.55,s=0.742$,则

$$T=\frac{\overline{X}-\mu_0}{S/\sqrt{n}}=\frac{17.5-18}{0.742/\sqrt{9}}=-2.022.$$

由于 $|T|=2.022<3.355$,故接受 H_0.
下面检验假设　$H_0:\sigma^2\leqslant0.3^2,H_1:\sigma^2>0.3^2.$
取检验统计量

$$\chi^2=\frac{(n-1)S^2}{\sigma_0^2},$$

式中 $n=9,\sigma_0^2=0.3^2,s^2=0.55$. 对于 $\alpha=0.01$,查 χ^2 分布表得,临界值 $\chi^2_{0.005}(8)=21.955,\chi^2_{0.995}(8)=1.344$,从而拒绝域为 $(0,1.344)\bigcup(21.955,+\infty)$. 代入计算

$$\chi^2=\frac{(n-1)S^2}{\sigma_0^2}=\frac{8\times0.55}{0.3^2}=48.89.$$

由于 $\chi^2=48.89>21.955$,故拒绝 H_0.
综合上述结论,可以认为金店的产品存在质量问题.

例 4　假设随机变量 X 服从正态分布 $N(\mu,1)$,$(x_1,x_2,\cdots,x_{10})$ 是取自 X 的 10 个观测值,要在 $\alpha=0.05$ 下检验

$$H_0:\mu=\mu_0=0,\quad H_1:\mu\neq0.$$

取拒绝域为 $C=\{|\overline{X}|\geqslant k\}$. (1) 求 k 的值;(2) 若已知 $\overline{x}=1$,是否可以据此样本推断 $\mu=0(\alpha=0.05)$? (3) 如果以 $C=\{|\overline{X}|\geqslant0.8\}$ 作为该检验 $H_0:\mu=0$ 的拒绝域,试求检验的显著性水平 α.

分析 当 σ^2 已知时,检验 $H_0:\mu=\mu_0$ 的统计量 $U=\dfrac{\overline{X}-\mu_0}{\sigma/\sqrt{n}}$ 实际上是由 $\overline{X}\sim$

$N\left(\mu,\dfrac{\sigma^2}{n}\right)$ 得到的,因此利用 U 统计量构造的拒绝域与利用 $\overline{X}$ 构造的拒绝域是等价的,其不同形式可以相互转化得到.

另外,根据显著性水平的概念,α 即为

$$\alpha = P(\text{拒绝 } H_0 \mid H_0 \text{ 为真}) = P((x_1,x_2,\cdots,x_n)\in C \mid H_0 \text{ 为真}).$$

解 (1) 假设 $H_0:\mu=\mu_0=0, H_1:\mu\neq0$ 的拒绝域为 $|U|>u_{\frac{\alpha}{2}}$. 因为 $U=\dfrac{\overline{X}-\mu_0}{\sigma/\sqrt{n}}$,

所以上述的拒绝域等价于 $|\overline{X}|>u_{\frac{\alpha}{2}}\cdot\dfrac{\sigma}{\sqrt{n}}$,从而

$$k = u_{\frac{\alpha}{2}}\cdot\frac{\sigma}{\sqrt{n}} = 1.96\times\frac{1}{\sqrt{10}} = 0.62.$$

(2) 由于 $\bar{x}=1>0.62$,所以拒绝 H_0,即认为不能推断 $\mu=0$.

(3) 在 H_0 成立的条件下,$\overline{X}\sim N\left(0,\dfrac{1}{10}\right)$.

$$\begin{aligned}
\alpha &= P(\text{拒绝 } H_0 \mid H_0 \text{ 为真}) = P((x_1,x_2,\cdots,x_n)\in C \mid H_0 \text{ 为真})\\
&= P(\overline{X}\geqslant0.8 \mid \mu=0)\\
&= P\left(\frac{\overline{X}}{\sqrt{1/10}}\geqslant\frac{0.8}{\sqrt{1/10}}\;\middle|\;\mu=0\right)\\
&= 2\left(1-\Phi\left(\frac{0.8}{\sqrt{1/10}}\right)\right) = 2(1-\Phi(2.53)) = 0.0114.
\end{aligned}$$

注 假设检验的拒绝域可有不同的等价形式.

例5 随机地选取了 8 个人,分别测量了他们在早晨起床时和晚上就寝时的身高(单位:cm),得到以下数据. 设各对数据的差 $D_i=X_i-Y_i(i=1,2,\cdots,8)$ 是来自正态总体 $N(\mu_D,\sigma_D^2)$ 的样本,μ_D,σ_D^2 均未知. 问是否可以认为早晨的身高比晚上的身高要高($\alpha=0.05$)?

序　号	1	2	3	4	5	6	7	8
早晨(x_i)	172	168	180	181	160	163	165	177
晚上(y_i)	172	167	177	179	159	161	166	175

分析 本题属于逐对比较法,成对数据之差来自正态总体 $N(\mu_D,\sigma_D^2)$,要求在水平 $\alpha=0.05$ 下检验假设 $H_0:\mu_D\leqslant0, H_1:\mu_D>0$. 由于 σ_D^2 未知,采用 T 检验法.

解 检验假设 $H_0:\mu_D\leqslant0, H_1:\mu_D>0$.

取检验统计量

$$T = \frac{\overline{D}-\mu_0}{S/\sqrt{n}},$$

式中 $n=8, \mu_0=0$, 给定 $\alpha=0.05$, 查 T 分布表得, 临界值 $t_{0.05}(7)=1.8946$, 从而拒绝域为 $T>1.8946$. 由样本值算得 $\bar{d}=1.25, s_D=1.2817$, 则

$$T=\frac{\bar{D}-\mu_0}{S/\sqrt{n}}=\frac{1.25}{1.2817/\sqrt{8}}=2.758>1.8946.$$

故拒绝 H_0, 认为早晨的身高比晚上的身高要高.

2. 两个正态总体的参数检验

例 6　杜鹃总是把蛋生在别的鸟的鸟巢中, 现在从两种鸟巢中得到的杜鹃蛋共 24 只, 其中 9 只来自一种鸟巢, 15 只来自另一种鸟巢, 测得杜鹃蛋的长度数据 (单位: mm) 列于下表中.

样本 1	21.2, 21.6, 21.9, 22.0, 22.0, 22.2, 22.8, 22.9, 23.2	$\bar{x}=22.20$ $s_1^2=0.4225$
样本 2	19.8, 20.0, 20.3, 20.8, 20.9, 20.9, 21.0, 21.0, 21.0, 21.2, 21.5, 22.0, 22.0, 22.1, 22.3	$\bar{x}=21.12$ $s_2^2=0.5689$

假设两个样本来自同方差的正态总体, 试鉴别杜鹃蛋的长度差异是由于随机因素造成的, 还是与它们被发现的鸟巢不同有关 ($\alpha=0.05$).

分析　假定样本 1 与样本 2 分别来自正态总体 $N(\mu_1, \sigma^2), N(\mu_2, \sigma^2)$, 其中 μ_1, μ_2 是蛋的平均长度. 如果 $\mu_1=\mu_2$, 两样本可视为取自同一总体, 观测值的差异可以认为是随机因素造成的. 如果 $\mu_1 \neq \mu_2$, 两样本来自均值显著不同的总体, 说明鸟巢的不同对蛋的长度存在明显差异. 因此问题可归结为在 $\sigma_1^2=\sigma_2^2$ 未知下, 采用 T 检验法检验假设

$$H_0: \mu_1=\mu_2, \quad H_1: \mu_1 \neq \mu_2.$$

解　检验假设 $H_0: \mu_1=\mu_2, H_1: \mu_1 \neq \mu_2$.
取检验统计量

$$T=\frac{\bar{X}-\bar{Y}}{S_w\sqrt{\dfrac{1}{n_1}+\dfrac{1}{n_2}}},$$

其中

$$S_w^2=\frac{(n_1-1)S_1^2+(n_2-1)S_2^2}{n_1+n_2-2}.$$

式中 $n_1=9, n_2=15, \bar{x}=22.2, \bar{y}=21.12, s_1^2=0.4225, s_2^2=0.5689$. 给定 $\alpha=0.05$, 查 T 分布表得, 临界值 $t_{0.025}(22)=2.074$, 从而拒绝域为 $|T|>2.074$. 代入计算

$$s_w^2=\frac{(n_1-1)S_1^2+(n_2-1)S_2^2}{n_1+n_2-2}=0.5157, \quad s_w=0.718,$$

$$T=\frac{\bar{X}-\bar{Y}}{S_w\sqrt{\dfrac{1}{n_1}+\dfrac{1}{n_2}}}=\frac{22.2-21.12}{0.718 \cdot \sqrt{\dfrac{1}{9}+\dfrac{1}{15}}}=3.564.$$

由于 $|T|=3.564>2.074$, 所以拒绝 H_0, 即认为杜鹃蛋的长度与它们被发现的

鸟巢有关.

注 在采用 T 检验法检验有关两个正态总体均值差的假设检验时,先要检查一下两总体的方差是否相等.若在题目中未指明两总体方差相等时,需先用 F 检验法来检验方差齐性,只有当 F 检验认为两总体方差相等时,才能用 T 检验法来检验有关均值差的假设.

例 7 下面给出两位作家的小品文中由 3 个字母组成的单词的比例,其中马克・吐温(Mark Twain)8 篇,斯诺物格拉斯(Snodgrass)10 篇.

马克・吐温(X)	0.225,0.262,0.217,0.240,0.230,0.229,0.235,0.217
斯诺物格拉斯(Y)	0.209,0.205,0.196,0.210,0.202,0.207,0.224,0.223,0.220,0.201

设两组数据分别来自正态总体 $N(\mu_1,\sigma_1^2),N(\mu_2,\sigma_2^2)$,其中 $\mu_1,\mu_2,\sigma_1^2,\sigma_2^2$ 均未知,两样本相互独立.问两位作家所写的小品文中包含由 3 个字母组成的单词的比例是否有显著的差异($\alpha=0.05$)?

分析 本题需检验假设 $H_0:\mu_1=\mu_2,H_1:\mu_1\neq\mu_2$. 由于 σ_1^2,σ_2^2 未知,所以两总体的方差是否相等也未知,从而应先用 F 检验法来检验方差齐性,在 F 检验认为两总体方差相等时,再检验均值差的假设.

解 先检验假设 $H_0:\sigma_1^2=\sigma_2^2,H_1:\sigma_1^2\neq\sigma_2^2$.
取检验统计量

$$F=\frac{S_1^2}{S_2^2},$$

式中 $n_1=8,n_2=10$,给定 $\alpha=0.05$,查 F 分布表得,临界值 $F_{0.025}(7,9)=4.20$,$F_{0.975}(7,9)=\frac{1}{F_{0.025}(9,7)}=0.2075$,从而拒绝域为 $(0,0.2075)\bigcup(4.20,+\infty)$. 由样本值算得 $s_1^2=0.0146^2,s_2^2=0.0097^2$,则

$$F=\frac{S_1^2}{S_2^2}=\frac{0.0146^2}{0.0097^2}=2.2655.$$

由于 $0.2075<F<4.20$,所以接受 H_0,即认为两总体的方差是相同的.
基于上述检验的结果,下面我们就能用 T 检验法来检验假设

$$H_0:\mu_1=\mu_2,H_1:\mu_1\neq\mu_2.$$

取检验统计量

$$T=\frac{\overline{X}-\overline{Y}}{S_w\sqrt{\frac{1}{n_1}+\frac{1}{n_2}}}.$$

给定 $\alpha=0.05$,查 T 分布表得,临界值 $t_{0.025}(16)=2.1199$,从而拒绝域为 $|T|>2.1199$. 由样本值算得 $\overline{x}=0.2319,\overline{y}=0.2097,s_w=0.0129$,则

$$T=\frac{\overline{X}-\overline{Y}}{S_w\sqrt{\frac{1}{n_1}+\frac{1}{n_2}}}=\frac{0.2319-0.2097}{0.0129\cdot\sqrt{\frac{1}{8}+\frac{1}{10}}}=3.6284>2.1199.$$

故拒绝 H_0,即认为两个作家所写的小品文中包含由 3 个字母组成的单词的比例有显著的差异.

注　例 5 与例 7 两者是不一样的. 例 5 中的数据是成对数据,在表中的横行中的数据(即 8 人早晨的身高或 8 人晚上的身高)不能看成是来自一个总体的样本值,因而不能采用检验两个总体均值差的 T 检验法来加以检验;例 7 中的数据不是成对数据当然也不能按例 5 的方法来做. 例 5 与例 7 的两种情况不能混淆.

3. 比率的检验

例 8　某厂有一批产品共 5 万件,须经检验后方可出厂,按规定标准,次品率 p_0 不得超过 10%,今从中随机抽取 100 件产品进行检验,发现有 14 件次品,问这批产品能否出厂($\alpha=0.05$)?

分析　设 $X_i=\begin{cases}1,&\text{第 }i\text{ 件产品为次品,}\\0,&\text{第 }i\text{ 件产品为正品,}\end{cases}$ $i=1,2,\cdots,100$, 则 $\mu_n=\sum_{i=1}^{n}X_i$ 表示次品数,$\mu_n\sim b(n,p)$,$n=100$. 这是比率的假设检验问题,检验的假设为

$$H_0:p\leqslant 0.1,\quad H_1:p>0.1.$$

解　检验假设 $H_0:p\leqslant 0.1,H_1:p>0.1$.

取检验统计量

$$U=\frac{\mu_n-np_0}{\sqrt{np_0(1-p_0)}},$$

式中 $n=100$,$p_0=0.1$,$\mu_n=14$,给定 $\alpha=0.05$,查标准正态分布表得,临界值 $u_{0.05}=1.64$,从而拒绝域为 $U>1.64$. 代入计算

$$U=\frac{\mu_n-np_0}{\sqrt{np_0(1-p_0)}}=\frac{14-100\times0.1}{\sqrt{100\times0.1\times(1-0.1)}}=1.33<1.64,$$

故接受 H_0,即认为该批产品的次品率不大于 10%,可以出厂.

4. 非参数的假设检验

例 9　随机抽取 200 只某种电子元件进行寿命试验,测得元件的寿命(单位:h)的频数分布为

元件寿命	$\leqslant 200$	$(200,300]$	$(300,400]$	$(400,500]$	>500
频数	94	25	22	17	42

根据计算平均寿命为 325h,试检验元件的寿命是否服从指数分布($\alpha=0.10$)?

分析　这是一个分布的拟合优度 χ^2 检验问题,注意指数分布中含有未知参数 λ,需要先利用其最大似然估计值求出各组的概率 p_i 的估计值 $\hat{p}_i$,才能确定 χ^2 统计量的值,同时 χ^2 统计量的自由度应为 $m-k-1=5-1-1=3$.

解　检验假设

$$H_0 : X \sim E(\lambda).$$

其中 λ 的最大似然估计值为 $\hat{\lambda}_{MLE} = \dfrac{1}{\overline{X}} = \dfrac{1}{325}$. 利用 X 的密度函数

$$f(x) = \begin{cases} \dfrac{1}{325} e^{-\frac{x}{325}}, & x > 0, \\ 0, & x \leqslant 0, \end{cases}$$

容易计算得

$$\hat{p}_1 = \int_0^{200} f(x)\mathrm{d}x = 0.4596, \quad \hat{p}_2 = \int_{200}^{300} f(x)\mathrm{d}x = 0.1431,$$

$$\hat{p}_3 = \int_{300}^{400} f(x)\mathrm{d}x = 0.1052, \quad \hat{p}_4 = \int_{400}^{500} f(x)\mathrm{d}x = 0.0774,$$

$$\hat{p}_5 = 1 - \hat{p}_1 - \hat{p}_2 - \hat{p}_3 - \hat{p}_4 = 0.2147.$$

式中 $n_1 = 94, n_2 = 25, n_3 = 22, n_4 = 17, n_5 = 42, n = 200$. 代入计算

$$\chi^2 = \sum_{i=1}^m \frac{(n_i - n\hat{p}_i)^2}{n\hat{p}_i} = \sum_{i=1}^5 \frac{(n_i - n\hat{p}_i)^2}{n\hat{p}_i} = 0.7187.$$

给定 $\alpha = 0.10$,查 χ^2 分布表得,临界值 $\chi^2_{0.10}(3) = 6.251$. 因为 $\chi^2 = 0.7187 < 6.251$,所以接受 H_0,即认为元件的寿命服从指数分布.

四、教材习题选解

(A)

1. 已知某炼铁厂在正常情况下某铁水含碳量 $X \sim N(4.55, 0.108^2)$. 现在测了 5 炉铁水,其含碳量分别为 4.28,4.40,4.42,4.35,4.37. 如果方差没有改变,试问 $E(X)$ 有无变化($\alpha = 0.05$)?

解 检验假设 $H_0 : \mu = \mu_0 = 4.55, H_1 : \mu \neq \mu_0$.

由于 $\sigma = 0.108$ 已知,选用 $U = \dfrac{\overline{X} - \mu_0}{\sigma / \sqrt{n}} \sim N(0,1)$ 为检验统计量,故得拒绝域为 $|U| \geqslant u_{\frac{\alpha}{2}} = u_{0.025} = 1.96$.

由样本值算得

$$U = \frac{\overline{X} - 4.55}{0.108/\sqrt{5}} = \frac{4.364 - 4.55}{0.108/\sqrt{5}} = -3.85.$$

故 $|U| > 1.96$,所以拒绝 H_0,即认为总体均值有显著性变化.

2. 用传统工艺加工杨梅罐头,每瓶平均维生素 c 的含量为 19mg. 现改进加工工艺,抽查 16 瓶罐头,测得维生素 c 的含量为(单位:mg)

18.8,20,19.5,21,22,22.5,20,22,18,23,19,23,20.5,23,20.5,20.

假定罐头维生素 c 的含量服从正态分布 $N(\mu, 4)$,问新工艺生产的罐头中维生素 c 的含量是否比旧工艺下的生产的罐头中维生素 c 的含量高($\alpha = 0.05$)?

解　检验假设 $H_0:\mu\leqslant 19,H_1:\mu>19$.

取检验统计量

$$U=\frac{\overline{X}-\mu_0}{\sigma/\sqrt{n}},$$

式中 $n=16,\mu_0=19,\sigma=2$. 给定 $\alpha=0.05$,查标准正态分布表得,临界值 $u_{0.05}=1.64$,从而拒绝域为 $U>1.64$. 由样本值算得 $\overline{x}=20.8$,则

$$|U|=\left|\frac{\overline{X}-\mu_0}{\sigma/\sqrt{n}}\right|=\left|\frac{20.8-19}{2/\sqrt{16}}\right|=3.6>1.64,$$

故拒绝 H_0,即认为新工艺生产的罐头中维生素 c 的含量比旧工艺下的高.

5. 某车间生产铜丝,生产一直比较稳定,其折断力(单位:kg)$X\sim N(\mu,8^2)$. 今从产品中随机抽取 10 根铜丝检查,其折断力分别为 578,572,570,568,572,570,570,572,596,584. 问根据这 10 个样本值能否断定该车间生产的铜丝的折断力的波动性较以往的有显著变化($\alpha=0.05$)?

解　检验假设 $H_0:\sigma^2=8^2,H_1:\sigma^2\neq 8^2$.

取检验统计量

$$\chi^2=\frac{(n-1)S^2}{\sigma_0^2},$$

式中 $n=10,\sigma_0^2=8^2$. 对于 $\alpha=0.05$,查 χ^2 分布表得,临界值 $\chi^2_{0.025}(9)=19.023$,$\chi^2_{0.975}(9)=2.700$,从而拒绝域为 $(0,2.7)\bigcup(19.023,+\infty)$. 由样本值算得 $\overline{x}=575.2$,$(n-1)s^2=681.6$,则

$$\chi^2=\frac{(n-1)S^2}{\sigma_0^2}=\frac{681.6}{8^2}=10.65.$$

由于 $2.7<\chi^2=10.65<19.023$,所以接受 H_0,即认为该车间生产的铜丝的折断力的波动性较以往的无显著变化.

7. 设用甲、乙两种不同的方法冶炼某种金属材料,某杂质含量(单位:%)分别服从正态分布. 对两种方法冶炼的材料,分别抽样测定其杂质含量. 已知 $n_1=13,n_2=9;s_1^2=5.862,s_2^2=1.641$. 试问用这两种方法冶炼的材料的杂质含量有无显著差异($\alpha=0.10$)?

解　检验假设 $H_0:\sigma_1^2=\sigma_2^2,H_1:\sigma_1^2\neq\sigma_2^2$.

取检验统计量

$$F=\frac{S_1^2}{S_2^2},$$

式中 $n_1=13,n_2=9,s_1^2=5.862,s_2^2=1.641$. 给定 $\alpha=0.10$,查 F 分布表得,临界值 $F_{0.05}(12,8)=3.35,F_{0.95}(12,8)=\dfrac{1}{F_{0.05}(8,12)}=0.35$,从而拒绝域为 $(0,0.35)\bigcup(3.35,+\infty)$.

$$F = \frac{S_1^2}{S_2^2} = \frac{5.862}{1.641} = 3.57 > 3.35.$$

所以拒绝 H_0，即认为这两种方法冶炼的材料的杂质含量有显著差异.

(B)

1. 设 $X_1, X_2, \cdots, X_n$ 是来自正态总体 $N(\mu, \sigma^2)$ 的简单随机样本，其中参数 μ, σ^2 未知，记 $\overline{X} = \frac{1}{n} \sum_{i=1}^{n} X_i, Q^2 = \sum_{i=1}^{n} (X_i - \overline{X})^2$，则假设 $H_0 : \mu = 0$ 的 t 检验使用统计量 $T = \underline{\quad}$.

分析 若 $S^2 = \frac{1}{n-1} \sum_{i=1}^{n} (X_i - \overline{X})^2$，则统计量 $T = \frac{\overline{X} - \mu}{S/\sqrt{n}} \sim t(n-1)$. 由 $\mu = 0$,

$Q^2 = \sum_{i=1}^{n} (X_i - \overline{X})^2$，得 $S^2 = \frac{1}{n-1} Q^2$，所以

$$T = \frac{\overline{X} - \mu}{S/\sqrt{n}} = \frac{\overline{X}}{\frac{1}{\sqrt{n-1}} Q/\sqrt{n}}$$

$$= \frac{\overline{X}}{Q/\sqrt{n(n-1)}} = \frac{\overline{X}}{Q} \sqrt{n(n-1)} \sim t(n-1).$$

答案 $\frac{\overline{X}}{Q} \sqrt{n(n-1)}$.

2. 设总体 X 服从正态分布 $N(\mu, 3^2)$，$X_1, X_2, \cdots, X_n$ 是 X 的一组样本，在显著性水平 $\alpha = 0.05$ 下，已求得假设"总体的均值等于 75"的拒绝域为

$$\{X_1, X_2, \cdots, X_n : \overline{X} < 74.02 \text{ 或 } \overline{X} > 75.98\}$$

则样本容量 $n = \underline{\quad}$.

分析 假设 $H_0 : \mu = \mu_0 = 75, H_1 : \mu \neq 75$ 的拒绝域为 $|U| > u_{\frac{\alpha}{2}}$. 因为 $U = \frac{\overline{X} - \mu_0}{\sigma/\sqrt{n}}$，所以上述的拒绝域等价于

$$\left\{ X_1, X_2, \cdots, X_n : \overline{X} < \mu_0 - u_{\frac{\alpha}{2}} \cdot \frac{\sigma}{\sqrt{n}} \text{ 或 } \overline{X} > \mu_0 + u_{\frac{\alpha}{2}} \cdot \frac{\sigma}{\sqrt{n}} \right\}.$$

从而

$$\mu_0 + u_{\frac{\alpha}{2}} \cdot \frac{\sigma}{\sqrt{n}} = 75 + 1.96 \times \frac{3}{\sqrt{n}} = 75.98,$$

所以 $n = 36$.

答案 36.

3. 设某次考试的学生成绩服从正态分布，从中随机抽取 36 位考生的成绩，算得平均成绩为 66.5 分，标准差为 15 分，则在显著水平 $\alpha = 0.05$ 下，是否可认为这次考试全体考生的平均成绩为 70 分？

解 检验假设 $H_0 : \mu = 70, H_1 : \mu \neq 70$.

取检验统计量

$$T = \frac{\overline{X} - \mu_0}{S/\sqrt{n}},$$

式中 $n=36, \mu_0=70, s=15$. 给定 $\alpha=0.05$, 查 T 分布表得, 临界值 $t_{0.025}(35)=2.030$, 从而拒绝域为 $|T|>2.030$. 代入计算

$$|T| = \left| \frac{\overline{X} - \mu_0}{S/\sqrt{n}} \right| = \left| \frac{66.5 - 70}{15/\sqrt{36}} \right| = 1.4 < 2.030.$$

故接受 H_0, 即认为平均成绩为 70 分.

五、自 测 题

1. 在检验假设 H_0 的过程中, 若检验结果是接受 H_0, 则可能犯第____类错误; 若检验结果是拒绝 H_0, 则可能犯第____类错误.

2. 已知总体 $X \sim N(\mu, \sigma^2)$, σ^2 未知, $X_1, X_2, \cdots, X_n$ 是来自总体 X 的样本, 要检验假设 $H_0 : \sigma^2 = \sigma_0^2$, 则采用的统计量是____.

3. $X \sim N(\mu_1, \sigma_1^2)$, $Y \sim N(\mu_2, \sigma_2^2)$ 相互独立, 从两总体中分别抽取容量为 n, m 的样本, 样本方差分别为 S_1^2, S_2^2, 则 $F = S_1^2/S_2^2 \sim F(n-1, m-1)$ 成立的条件是____.

4. 某电子元件平均电阻一直保持 2.64Ω, 今测得采用新工艺生产的 36 个元件的平均电阻值为 2.61Ω. 假设电阻值服从正态分布, 而且新工艺不改变电阻值的标准差, 已知改变工艺前的标准差 0.06Ω, 问新工艺对产品的电阻值是否有显著影响 ($\alpha = 0.05$)?

5. 某厂生产某种零件, 在正常生产的情况下, 这种零件的轴长服从正态分布, 均值为 0.13cm. 如果从某日生产的这种零件中任取 10 件, 测量后得 $\overline{x} = 0.146\text{cm}$, $s = 0.016\text{cm}$. 问该日生产的零件的平均轴长是否与往日一样 ($\alpha = 0.05$)?

6. 某厂生产铜丝, 生产一向稳定. 现从该厂产品中随机抽出 10 段检查其折断力, 测后经计算: $\overline{x} = 287.5$, $\sum\limits_{i=1}^{10} (x_i - \overline{x})^2 = 160.5$. 假定铜丝折断力服从正态分布, 问是否可相信该厂生产的铜丝折断力方差为 $16 (\alpha = 0.1)$?

7. 某厂所生产的某种细纱支数的标准差为 1.2, 现从某日生产的一批产品中, 随机抽 16 缕进行支数测量, 求得样本标准差为 2.1. 设细纱支数服从正态分布, 问细纱的均匀度有无显著变化 ($\alpha = 0.05$)?

六、自测题参考答案

1. 二; 一.

2. $\dfrac{(n-1)S^2}{\sigma_0^2}$.

3. $\sigma_1^2 = \sigma_2^2$.

4. $|U|=3>1.96$，拒绝 H_0，认为新工艺对产品的电阻值有显著影响.

5. $T=3.162>2.262$，拒绝 H_0，不能认为平均轴长与往日一样.

6. $\chi^2=10.03$，$3.33<10.03<16.9$，接受 H_0，认为可以相信这批铜丝折断力方差为 16.

7. $\chi^2=45.9>27.5$，拒绝 H_0，应该认为细纱的均匀度有显著变化.

第9章 回归分析

一、基 本 要 求

(1) 理解回归分析的含义.

(2) 会用最小二乘法求回归系数,掌握回归方程的显著性检验利用回归方程进行预测和控制.

(3) 了解非线性回归的线性化方法.

(4) 了解多元线性回归方法,即回归系数的估计和显著性检验,了解回归方程的显著性检验.

二、内 容 提 要

1. 回归分析

1) 回归模型与回归函数

设随机变量 Y 与可控制的普通变量 $x_1, x_2, \cdots, x_k$ 之间具有相关关系,相应可建立回归模型

$$Y = f(x_1, x_2, \cdots, x_k) + \varepsilon,$$

其中 $f(x_1, x_2, \cdots, x_k)$ 称为 Y 对 $x_1, x_2, \cdots, x_k$ 的回归函数,ε 称为随机误差.

2) 回归分析

是寻求一个随机变量 Y 对另一个或一组变量 $x_1, x_2, \cdots, x_k$ 的相关性的一种统计方法.它主要通过对变量的观察所获得的统计数据来确定反映变量间关系的经验公式,并通过所得公式进行统计描述、分析和推断,进而解决预测、控制和优化问题.

2. 一元回归分析

1) 回归模型

一元线性回归模型为

$$Y_i = \beta_0 + \beta_1 x_i + \varepsilon_i, i = 1, 2, \cdots, n,$$

其中 β_0, β_1 为待定参数,ε_i 是第 i 次观测时的随机误差,通常假设 $\varepsilon_i \sim N(0, \sigma^2)$ 且 $\text{Cov}(\varepsilon_i, \varepsilon_j) = 0, i \neq j, i, j = 1, 2, \cdots, n$.

2) 最小二乘估计

选取 $\hat{\beta}_0, \hat{\beta}_1$,使得

$$Q(\hat{\beta}_0,\hat{\beta}_1) = \min_{\beta_0,\beta_1}\{Q(\beta_0,\beta_1)\},$$

其中 $Q(\beta_0,\beta_1) = \sum_{i=1}^{n}(Y_i - \beta_0 - \beta_1 x_i)^2$.

将 $Q(\beta_0,\beta_1)$ 分别对 β_0,β_1 求偏导,并令它们等于 0,容易得到

$$\begin{cases} \hat{\beta}_0 = \overline{Y} - \hat{\beta}_1\overline{x}, \\ \hat{\beta}_1 = \dfrac{\sum\limits_{i=1}^{n}x_iY_i - n\overline{x}\,\overline{Y}}{\sum\limits_{i=1}^{n}x_i^2 - n\overline{x}^2}, \end{cases}$$

其中 $\overline{x} = \dfrac{1}{n}\sum_{i=1}^{n}x_i, \overline{Y} = \dfrac{1}{n}\sum_{i=1}^{n}Y_i$.

$\hat{\beta}_0,\hat{\beta}_1$ 称为 β_0,β_1 的最小二乘估计(LSE),相应可得到回归方程的估计为

$$\hat{Y} = \hat{\beta}_0 + \hat{\beta}_1 x.$$

记

$$l_{xx} = \sum_{i=1}^{n}(x_i - \overline{x})^2 = \sum_{i=1}^{n}x_i^2 - n\overline{x}^2,$$

$$l_{YY} = \sum_{i=1}^{n}(Y_i - \overline{Y})^2 = \sum_{i=1}^{n}Y_i^2 - n\overline{Y}^2,$$

$$l_{xY} = \sum_{i=1}^{n}(x_i - \overline{x})(Y_i - \overline{Y}) = \sum_{i=1}^{n}x_iY_i - n\overline{x}\,\overline{Y},$$

则有

$$\begin{cases} \hat{\beta}_0 = \overline{Y} - \hat{\beta}_1\overline{x}, \\ \hat{\beta}_1 = \dfrac{l_{xY}}{l_{xx}}. \end{cases}$$

3) 高斯-马尔可夫定理

$\hat{\beta}_0,\hat{\beta}_1$ 是 β_0,β_1 的最优线性无偏估计.

$\hat{\sigma}^2 = \dfrac{1}{n-2}\sum\limits_{i=1}^{n}(Y_i - \hat{Y}_i)^2 = \dfrac{\text{ESS}}{n-2}$ 是 σ^2 的无偏估计,通常也称为 σ^2 的 LSE 估计,

其中

$$\text{ESS} = \sum_{i=1}^{n}(Y_i - \hat{\beta}_0 - \hat{\beta}_1 x_i)^2 = l_{YY} - \hat{\beta}_1 l_{xY}.$$

4) 回归方程的显著性检验

回归方程是否显著,也就是说 Y 与 x 之间是否存在线性关系,必须进行假设检验. 回归方程的显著性检验归结为检验假设

$$H_0:\beta_1 = 0, \quad H_1:\beta_1 \neq 0.$$

上述检验通常可利用 F 检验、可决系数等来进行,这些检验相互之间均是等价的.

(1) F 检验

平方和分解式为

$$TSS = ESS + RSS,$$

其中

$$TSS = l_{YY} = \sum_{i=1}^{n} (Y_i - \bar{Y})^2$$

$$RSS = \sum_{i=1}^{n} (\hat{Y}_i - \bar{Y})^2 = \hat{\beta}_1^2 l_{xx},$$

$$ESS = \sum_{i=1}^{n} (Y_i - \hat{Y}_i)^2 = \sum_{i=1}^{n} e_i^2 = l_{YY} - \hat{\beta}_1^2 l_{xx}.$$

当 H_0 成立时,有

$$F = \frac{(n-2)RSS}{ESS} \sim F(1, n-2),$$

相应的拒绝域为 $(F_\alpha(1, n-2), +\infty)$.

(2) 可决系数

通常引入可决系数

$$R^2 = \frac{RSS}{TSS} = 1 - \frac{ESS}{TSS}$$

来度量回归方程的拟合优度.

由于 $R^2 = \frac{l_{xY}^2}{l_{xx}l_{xY}} = r^2$,$r$ 恰为 x 与 Y 的样本相关系数,故 R^2 反映了 x 与 Y 的线性相关程度,且有

$$R^2 = \frac{F}{F + (n-2)}.$$

根据 F 检验容易得到等价的可决系数检验的拒绝域为

$$C = \{(x, y): |R| \geq d\},$$

其中

$$d = \sqrt{\frac{F_\alpha(1, n-2)}{F_\alpha(1, n-2) + (n-2)}}.$$

(3) 预测与控制

如果回归方程经检验是显著的,就可以利用它来进行预测和控制. 给定 x_0,预测相应的响应变量值 Y_0. 对 Y_0 的预测分为点预测和区间预测.

通常以 x_0 处的回归值

$$\hat{Y}_0 = \hat{\beta}_0 + \hat{\beta}_1 x_0.$$

作为 Y_0 的点预测. 显然 $\hat{Y}_0$ 是 Y_0 的无偏估计.

Y_0 的置信水平为 $1-\alpha$ 的预测区间为

$$(\hat{Y}_0 - \delta, \hat{Y}_0 + \delta),$$

其中

$$\delta = \sqrt{F_a(1, n-2) \cdot \hat{\sigma}^2 \left[1 + \frac{1}{n} + \frac{(x_0 - \overline{x}_0)^2}{l_{xx}} \right]}.$$

控制是预测的反问题,给定 Y_1, Y_2,要求确定 x_1, x_2,使得当 $x_1 < x < x_2$ 时, $P(Y_1 < Y < Y_2) = 1 - \alpha$ 成立. x_1 与 x_2 的近似解为

$$x_1 = \frac{Y_1 + \hat{\sigma} \cdot u_{1-\frac{\alpha}{2}} - \hat{\beta}_0}{\hat{\beta}_1}, \quad x_2 = \frac{Y_2 - \hat{\sigma} \cdot u_{1-\frac{\alpha}{2}} - \hat{\beta}_0}{\hat{\beta}_1}.$$

3. 一元非线性回归

实际问题中,随机变量 Y 与 x 之间虽然存在相关关系,但并不一定是线性相关关系,也就是说回归函数 $f(x)$ 不一定是 x 的线性函数.这时常用的方法就是通过简单的变量代换,把曲线回归转化为线性回归问题来解决.常见的可通过变量代换线性化的回归函数见教材 9.3 节.

4. 多元线性回归

多元回归模型为
$$Y = \beta_0 + \beta_1 x_1 + \beta_2 x_2 + \cdots + \beta_t x_t + \varepsilon,$$
其中 $\beta_0, \beta_1, \cdots, \beta_t$ 为待定参数, ε 是随机误差.

对于 $(x_1, x_2, \cdots, x_t; Y)$ 的 n 组观测值 $(x_{i1}, x_{i2}, \cdots, x_{it}; Y_i)$,有
$$Y_i = \beta_0 + \beta_1 x_{i1} + \beta_2 x_{i2} + \cdots + \beta_t x_{it} + \varepsilon_i, \quad i = 1, 2, \cdots, n.$$

类似于一元线性回归,假设 $\varepsilon_i \sim N(0, \sigma^2)$ 且 $\mathrm{Cov}(\varepsilon_i, \varepsilon_j) = 0, i \neq j, i, j = 1, 2, \cdots, n$. 利用最小二乘法,容易得到正规方程组
$$(\boldsymbol{X}^{\mathrm{T}} \boldsymbol{X}) \cdot \hat{\boldsymbol{\beta}} = \boldsymbol{X}^{\mathrm{T}} \boldsymbol{Y}.$$

$\hat{\beta}_0, \hat{\beta}_1, \cdots, \hat{\beta}_t$ 的最小二乘估计为
$$\hat{\boldsymbol{\beta}} = (\boldsymbol{X}^{\mathrm{T}} \boldsymbol{X})^{-1} \boldsymbol{X}^{\mathrm{T}} \boldsymbol{Y}.$$
其中

$$\hat{\boldsymbol{\beta}} = \begin{pmatrix} \hat{\beta}_0 \\ \hat{\beta}_1 \\ \vdots \\ \hat{\beta}_t \end{pmatrix}, \quad \boldsymbol{X} = \begin{pmatrix} 1 & x_{11} & x_{12} & \cdots & x_{1t} \\ 1 & x_{21} & x_{22} & \cdots & x_{2t} \\ \vdots & \vdots & \vdots & & \vdots \\ 1 & x_{n1} & x_{n2} & \cdots & x_{nt} \end{pmatrix}, \quad \boldsymbol{Y} = \begin{pmatrix} Y_1 \\ Y_2 \\ \vdots \\ Y_n \end{pmatrix}.$$

类似可以证明 $\hat{\beta}$ 仍是 β 的最优线性无偏估计量,即高斯—马尔可夫定理成立.

与一元线性回归类似,需要对回归模型进行显著性检验,但是多元需要做回归方程和回归系数的两种显著性检验.

回归方程的显著性检验就是考察响应变量 Y 与解释变量 $x_1, x_2, \cdots, x_t$ 之间是否有线性相关关系,等价于检验假设
$$H_0 : \beta_1 = \beta_2 = \cdots = \beta_t = 0.$$

检验统计量为

$$F = \frac{\text{RSS}/t}{\text{ESS}/n-t-1} \sim F(t, n-t-1).$$

其中 $\text{TSS} = \sum_{i=1}^{n}(Y_i - \bar{Y})^2$，$\text{RSS} = \sum_{i=1}^{n}(\hat{Y}_i - \bar{Y})^2$，$\text{ESS} = \sum_{i=1}^{n}(Y_i - \hat{Y}_i)^2$. 相应的拒绝域为 $(F_\alpha(t, n-t-1), +\infty)$.

若 Y 与 $x_1, x_2, \cdots, x_t$ 之间确实存在线性关系，还需进一步对每一个解释变量的系数进行检验，即考察 x_j 对 Y 的影响是否显著. 需要检验假设

$$H_{oj} : \beta_j = 0,$$

检验统计量为

$$t_j = \frac{\hat{\beta}_j / \sqrt{c_{jj}}}{\sqrt{\text{ESS}/(n-t-1)}} \sim t(n-t-1),$$

其中 c_{jj} 是矩阵 $(\boldsymbol{X}^{\mathrm{T}}\boldsymbol{X})^{-1}$ 中主对角线上的第 j 个元素. 相应的拒绝域为 $(t_{\frac{\alpha}{2}}(n-t-1), +\infty)$.

同样可进行多元回归模型的预测. 对于给定的 $\boldsymbol{X}_0 = (x_{01}, x_{02}, \cdots, x_{0t})^{\mathrm{T}}$，通常以 $\boldsymbol{X}_0$ 处的回归值

$$\hat{Y}_0 = \hat{\beta}_0 + \hat{\beta}_1 x_{01} + \hat{\beta}_2 x_{02} + \cdots + \hat{\beta}_t x_{0t}$$

作为 Y_0 的点预测.

Y_0 的置信水平 $1-\alpha$ 的预测区间为

$$(\hat{Y}_0 - \hat{\sigma} \cdot u_{1-\frac{\alpha}{2}}, \hat{Y}_0 + \hat{\sigma} \cdot u_{1-\frac{\alpha}{2}}).$$

其中 $\hat{\sigma}^2 = \frac{1}{n-t-1} e'e, e = \boldsymbol{Y} - \boldsymbol{X}\hat{\beta}$

三、典型例题

例 1　炼铝厂测得所产铸模用的铝的硬度 X 与抗张强度 Y 的数据如下表所示：

X	68	53	70	84	60	72	51	83	70	64
Y	288	293	349	343	290	354	283	324	340	286

（1）求 Y 对 x 的回归方程；

（2）在显著水平 $\alpha = 0.05$ 下检验回归方程的显著性；

（3）试预测当铝的硬度 $x = 65$ 时的抗张强度 $Y(\alpha = 0.05)$.

解　（1）由表中数据计算可得

$$\bar{x} = \frac{1}{n}\sum_{i=1}^{n} x_i = 67.5, \quad \bar{Y} = \frac{1}{n}\sum_{i=1}^{n} Y_i = 315,$$

$$l_{xx} = \sum_{i=1}^{n} x_i^2 - n\bar{x}^2 = 46659 - 10 \times 67.5^2 = 1096.5,$$

$$l_{YY} = \sum_{i=1}^{n} Y_i^2 - n\bar{Y}^2 = 1000120 - 10 \times 315^2 = 7870,$$

$$l_{xY} = \sum_{i=1}^{n} x_i Y_i - n\bar{x}\bar{Y} = 214672 - 10 \times 67.5 \times 315 = 2047.$$

于是

$$\hat{\beta}_1 = \frac{l_{xY}}{l_{xx}} = \frac{2047}{1096.5} = 1.87, \quad \hat{\beta}_0 = \bar{Y} - \hat{\beta}_1\bar{x} = 315 - 1.87 \times 67.5 = 188.78,$$

Y 对 x 的回归方程为

$$\hat{Y} = 188.78 + 1.87x.$$

(2) 检验假设 $H_0: \beta_1 = 0, H_1: \beta_1 \neq 0$.

$$\text{RSS} = \hat{\beta}_1^2 l_{xx} = \hat{\beta}_1 l_{xY} = 1.87 \times 2047 = 3827.89,$$
$$\text{ESS} = l_{YY} - \text{RSS} = 7870 - 3827.89 = 4042.11.$$
$$F = \frac{(n-2)\text{RSS}}{\text{ESS}} = \frac{8 \times 3827.89}{4042.11} = 7.58.$$

对于给定显著性水平 $\alpha = 0.05$，查表得

$$F_\alpha(1, n-2) = F_{0.05}(1,8) = 5.32.$$

由于 $F = 7.58 > 5.32$，所以拒绝 H_0，即认为铝的抗张强度与硬度之间有显著的线性相关关系，回归方程显著有效.

(3) 当 $x = 65$ 时，Y 的预测区间

$$F_\alpha(1, n-2) = F_{0.05}(1,8) = 5.32, \quad \hat{\sigma} = \sqrt{\frac{\text{ESS}}{n-2}} = \sqrt{\frac{4042.11}{8}} = 22.48.$$

当 $x = 65$ 时，

$$Y = 188.78 + 1.87 \times 65 = 310.33,$$
$$\sqrt{1 + \frac{1}{n} + \frac{(x_0 - \bar{x}_0)^2}{l_{xx}}} = \sqrt{1 + \frac{1}{10} + \frac{(65 - 67.5)^2}{1096.5}} = 1.05,$$

从而

$$\delta = 2.306 \times 22.48 \times 1.05 = 54.43.$$

当 $x = 65$ 时，Y 的 95% 的预测区间为

$$(310.33 - 54.43, 310.33 + 54.43) = (255.90, 364.76).$$

例 2 已知鱼的体重 Y 与体长 X 有关系式

$$Y = \alpha x^\beta.$$

测得尼罗罗非鱼的生长数据如下表所示，求尼罗罗非鱼体重 Y 与体长 X 的经验公式.

Y/g	0.5	34	75	122.5	170	192	195
x/mm	29	60	124	155	170	185	190

解 本题是可化成线性回归的非线性回归问题.

对 $Y = \alpha x^\beta$ 两边取对数，得

$$\ln Y = \ln\alpha + \beta\ln x$$

令 $Y' = \ln Y, x' = \ln x, a = \ln\alpha, b = \beta$，则得

$$Y' = a + bx'$$

对此方程求 $\hat{a}$ 和 $\hat{b}$.

由原表中数据可得关于 x', Y' 的新表如下

i	Y	Y'	x	x'	i	Y	Y'	x	x'
1	0.5	−0.6931	29	3.3673	5	170	5.1358	170	5.1358
2	34	3.5264	60	4.0943	6	192	5.2575	185	5.2204
3	75	4.3175	124	4.8202	7	195	5.2730	190	5.2470
4	122.5	4.8081	155	5.0434					

进而可以计算出

$$\bar{x}' = \frac{1}{n}\sum_{i=1}^{n} x'_i = 4.7041, \quad \overline{Y}' = \frac{1}{n}\sum_{i=1}^{n} Y'_i = 3.9465,$$

$$l_{x'x'} = 157.9322 - 7 \times 4.7041^2 = 3.0323,$$

$$l_{Y'Y'} = 136.4968 - 7 \times 3.9465^2 = 27.4728,$$

$$l_{x'Y'} = 138.6548 - 7 \times 4.7041 \times 3.9465 = 8.7017,$$

于是

$$b = \frac{l_{x'Y'}}{l_{x'x'}} = 2.8697, \quad a = \overline{Y}' - b\bar{x}' = -9.5529.$$

则 Y' 关于 x' 的回归方程为

$$\hat{Y}' = 2.8697x' - 9.5529.$$

又

$$\text{RSS} = bl_{x'Y'} = 2.8697 \times 8.7017 = 24.9713,$$

$$\text{ESS} = l_{Y'Y'} - \text{RSS} = 27.4728 - 24.9713 = 2.5015.$$

$$F = \frac{(n-2)\text{RSS}}{\text{ESS}} = \frac{5 \times 24.9713}{2.5015} = 49.9127.$$

对于给定显著性水平 $\alpha = 0.01$,查表得

$$F_\alpha(1, n-2) = F_{0.01}(1,5) = 16.26.$$

由于 $F = 49.97 > 16.26$,所以回归方程高度显著有效的. 而

$$\hat{a} = \mathrm{e}^{-9.5529} = 7.0995 \times 10^{-5}, \quad \hat{\beta} = \hat{b} = 2.8697,$$

所以得到尼罗罗非鱼体重 Y 与体长 X 的经验公式

$$\hat{Y} = 7.0995 \times 10^{-5} x^{2.8697}.$$

四、教材习题选解

(A)

1. 某市商业部门为编制某种商品的采购供应计划,调查了 20 个居民点,其商品需求量和居民人数之间的关系如下表所示. 求这两个变量之间的线性回归方程并检验其相关的显著性($\alpha = 0.01$).

居民点	居民数 x/百人	商品需求量 Y/件	居民点	居民数 x/百人	商品需求量 Y/件
1	3.0	50	11	11.5	105
2	4.5	70	12	10.2	98
3	2.2	40	13	4.5	50
4	9.6	95	14	9.5	90
5	12.3	105	15	3.6	40
6	5.4	80	16	1.7	20
7	1.5	40	17	2.5	40
8	6.5	90	18	6.5	80
9	2.5	50	19	12.0	100
10	8.6	95	20	7.5	85

解　由表中数据计算可得

$$\bar{x} = \frac{1}{n}\sum_{i=1}^{n} x_i = 6.28, \quad \bar{Y} = \frac{1}{n}\sum_{i=1}^{n} Y_i = 71.15,$$

$$l_{xx} = \sum_{i=1}^{n} x_i^2 - n\bar{x}^2 = 1042.8 - 20 \times 6.28^2 = 254.032,$$

$$l_{YY} = \sum_{i=1}^{n} Y_i^2 - n\bar{Y}^2 = 115129 - 20 \times 71.15^2 = 13882.55,$$

$$l_{xY} = \sum_{i=1}^{n} x_i Y_i - n\bar{x}\bar{Y} = 10698.1 - 20 \times 6.28 \times 71.15 = 1761.66.$$

于是

$$\hat{\beta}_1 = \frac{l_{xY}}{l_{xx}} = \frac{1761.66}{254.032} = 6.935,$$

$$\hat{\beta}_0 = \bar{Y} - \hat{\beta}_1 \bar{x} = 71.15 - 6.935 \times 6.28 = 27.598.$$

Y 对 x 的回归方程为

$$\hat{Y} = 27.598 + 6.935x.$$

检验假设 $H_0 : \beta_1 = 0, H_1 : \beta_1 \neq 0.$

$$\text{RSS} = \hat{\beta}_1^2 l_{xx} = \hat{\beta}_1 l_{xY} = 6.935 \times 1761.66 = 12217.112,$$

$$\text{ESS} = l_{YY} - \text{RSS} = 13882.55 - 12217.112 = 1665.438.$$

$$F = \frac{(n-2)\text{RSS}}{\text{ESS}} = \frac{18 \times 12217.112}{1665.438} = 132.042.$$

对于给定显著性水平 $\alpha = 0.01$，查表得

$$F_\alpha(1, n-2) = F_{0.01}(1, 18) = 8.29.$$

由于 $F = 132.042 > 8.29$，所以拒绝 H_0，即认为居民数与商品需求量之间有显著的线性相关关系，回归方程显著有效.

3. 为了研究小麦基本苗数（单位：万/亩）与成熟期有效穗数（单位：万/亩）

之间的关系,某农场在同样的肥料和管理水平下,对 5 块麦田进行试验的数据如下表:

基本苗数 x	15.0	25.8	30.0	36.6	44.4
有效穗数 Y	39.4	42.9	41.0	43.1	49.2

由经验知道 Y 与 x 之间存在线性关系.(1) 试求 Y 与 x 之间的回归方程;(2) 对回归方程作显著性检验;(3) 根据基本苗数 $x_0 = 26$ 万/亩,求成熟期有效穗数 Y_0 的预测区间($\alpha = 0.10$).

解　(1) 由表中数据计算可得

$$\bar{x} = \frac{1}{n}\sum_{i=1}^{n} x_i = 30.36, \quad \bar{Y} = \frac{1}{n}\sum_{i=1}^{n} Y_i = 43.12,$$

$$l_{xx} = \sum_{i=1}^{n} x_i^2 - n\bar{x}^2 = 5101.56 - 5 \times 30.36^2 = 492.912,$$

$$l_{YY} = \sum_{i=1}^{n} Y_i^2 - n\bar{Y}^2 = 9352.02 - 5 \times 43.12^2 = 55.348,$$

$$l_{xY} = \sum_{i=1}^{n} x_i Y_i - n\bar{x}\bar{Y} = 6689.76 - 5 \times 30.36 \times 43.12 = 144.144.$$

于是

$$\hat{\beta}_1 = \frac{l_{xY}}{l_{xx}} = \frac{144.144}{492.912} = 0.292,$$

$$\hat{\beta}_0 = \bar{Y} - \hat{\beta}_1 \bar{x} = 43.12 - 0.292 \times 30.36 = 34.255$$

Y 对 x 的回归方程为

$$\hat{Y} = 34.255 + 0.292x.$$

(2) 检验假设 $H_0 : \beta_1 = 0, H_1 : \beta_1 \neq 0$.

$$\text{RSS} = \hat{\beta}_1^2 l_{xx} = \hat{\beta}_1 l_{xY} = 0.292 \times 144.144 = 42.090,$$

$$\text{ESS} = l_{YY} - \text{RSS} = 55.348 - 42.090 = 13.258.$$

$$F = \frac{(n-2)\text{RSS}}{\text{ESS}} = \frac{3 \times 42.090}{13.258} = 9.524.$$

对于给定显著性水平 $\alpha = 0.10$,查表得

$$F_\alpha(1, n-2) = F_{0.10}(1, 3) = 5.54.$$

由于 $F = 9.524 > 5.54$,所以拒绝 H_0,即认为回归方程显著有效.

(3) 当 $x_0 = 26$ 时,Y_0 的预测区间

$$F_\alpha(1, n-2) = F_{0.10}(1, 3) = 5.54, \quad \hat{\sigma} = \sqrt{\frac{\text{ESS}}{n-2}} = \sqrt{\frac{13.258}{3}} = 2.102.$$

当 $x_0 = 26$ 时,

$$Y_0 = 34.255 + 0.292 \times 26 = 41.847,$$

$$\sqrt{1+\frac{1}{n}+\frac{(x_0-\bar{x}_0)^2}{l_{xx}}}=\sqrt{1+\frac{1}{5}+\frac{(26-30.36)^2}{492.912}}=1.113,$$

从而

$$\delta=2.354\times2.102\times1.113=5.507.$$

当 $x_0=26$ 时，Y 的 90% 的预测区间为

$$(41.847-5.507,41.847+5.507)=(36.34,47.354).$$

五、自 测 题

1. 对于线性模型 $Y=a+bx+\varepsilon,\varepsilon\sim N(0,\sigma^2)$，由样本 $(x_1,y_1),(x_2,y_2),\cdots,(x_n,y_n)$ 得回归直线 $\hat{Y}=\hat{a}+\hat{b}x$，则 $\hat{b}=$____ ；$\hat{a}=$____ ；σ^2 的无偏估计量 $\hat{\sigma}^2=$____ . 回归直线 $\hat{Y}=\hat{a}+\hat{b}x$ 一定过点____ .

2. 在一元线性回归分析中，有平方和分解公式 $l_{YY}=\text{RSS}+\text{ESS}$ 或 $\sum_{i=1}^{n}(Y_i-\bar{Y})^2=\sum_{i=1}^{n}(\hat{Y}_i-\bar{Y})^2+\sum_{i=1}^{n}(Y_i-\hat{Y}_i)^2$. 其中 $\text{RSS}=\sum_{i=1}^{n}(\hat{Y}_i-\bar{Y})^2=\hat{\beta}_1 l_{xY}$ 称为____ ；自由度为____ ；$\text{ESS}=\sum_{i=1}^{n}(Y_i-\hat{Y}_i)^2=l_{YY}-\hat{\beta}_1 l_{xY}$ 称为____ ；自由度为____ ；在 F 检验中，统计量 $F=$____ .

3. 为了确定某种商品的供给量 Y 与价格 x 之间的关系，任取 10 对数据作为样本，算得平均价格 $\bar{x}=8$(元)，平均供给量 $\bar{Y}=50$(kg)，且 $\sum_{i=1}^{10}x_i^2=840,\sum_{i=1}^{10}y_i^2=33700,\sum_{i=1}^{10}x_iy_i=5260$. 试求 Y 对 x 的线性回归方程，并进行回归效果的显著性检验 $(\alpha=0.05)$.

4. 某汽车配件部前 5 个月的销售额 x(单位：万元)与利润 Y(单位：万元)的统计数据如下表：

月 份	1	2	3	4	5
销售额 x	20	35	70	105	120
利润 Y	1.5	2.0	3.5	5.0	6.0

经计算 $\sum_{i=1}^{5}x_i=350,\sum_{i=1}^{5}y_i=18,\sum_{i=1}^{5}x_i^2=31950,\sum_{i=1}^{5}y_i^2=79.5,\sum_{i=1}^{5}x_iy_i=1590$. 求(1) Y 对 x 的线性回归方程. (2) 对所建立的线性回归方程进行相关性检验. $(\alpha=0.05)$(3) 求当销售额为 150 万元时，利润的点预测是多少？

$(r_{0.05}(3)=0.8783,r_{0.05}(4)=0.811,F_{0.05}(1;3)=10.13,F_{0.05}(1,4)=7.71)$

六、自测题参考答案

1. $\dfrac{l_{xY}}{l_{xx}}$ 或 $\dfrac{\sum\limits_{i=1}^{n}(x_i-\bar{x})(Y_i-\bar{Y})}{\sum\limits_{i=1}^{n}(x_i-\bar{x})^2}$; $\bar{Y}-\hat{b}\bar{x}$; $\dfrac{\text{ESS}}{n-2}$ 或 $\dfrac{1}{n-2}\sum\limits_{i=1}^{n}(Y_i-\hat{Y}_i)^2$; $(\bar{x},\bar{Y})$.

2. 回归平方和,1;残差平方和,$n-2$;$\dfrac{\text{RSS}}{\text{ESS}/(n-2)}$.

3. 线性回归方程为 $\hat{Y}=6.3x-0.4$;由于 $F=83.3386>5.32$ 或 $R=0.9552>0.6320$,所以回归效果是显著的.

4. (1) 线性回归方程为 $\hat{Y}=0.4993+0.0443x$;

　　(2) $r=0.9972>r_{0.05}(3)=0.8783$, x 与 Y 的线性关系显著.

　　(3) $\hat{Y}=7.1443$ 万元.

附录 模拟试题及参考答案

模拟试题一

一、填空题(每小题 2 分,共 20 分)

1. 设 A,B 为随机事件,且 A 与 B 互不相容,$P(B)=0.2$,则 $P(\overline{A}B)=$____.

2. 袋中有 50 个球,其中 20 个黄球、30 个白球,现有 2 人依次随机地从袋中各取一球,取后不放回,则第 2 个人取得黄球的概率为____.

3. 某专业进行考试,共 5 道题,每题有 4 个选项,其中只有一个是正确的,答对三题可以及格.某考生没有复习,随机选择答案,那么他能考及格的概率为____.

4. 设随机变量 X 服从区间 $[1,5]$ 上的均匀分布,当 $x_1<1<x_2<5$ 时,概率 $P\{x_1<X<x_2\}=$____.

5. 设随机变量 $X\sim N(2,4)$,且 $P\{X>a\}=0.5$,则 $a=$____.

6. 随机变量 X 在 $[-1,2]$ 上服从均匀分布,又随机变量 $Y=\begin{cases}-1, & X<0, \\ 0, & X=0, \\ 1, & X>0,\end{cases}$ 则 $D(Y)=$____.

7. 设随机变量 X,Y 都服从二项分布,且 $X\sim b\left(12,\dfrac{1}{2}\right)$,$Y\sim b\left(18,\dfrac{1}{3}\right)$,又 X 与 Y 相互独立,则 $D(X-Y)=$____.

8. 设随机变量 X 和 Y 的数学期望分别为 -2 和 2,方差分别为 1 和 4,而相关系数为 -0.5,则根据切比雪夫不等式,概率 $P\{|X+Y|\geqslant 6\}\leqslant$ ____.

9. 设在总体 $X\sim N(\mu,\sigma^2)$ 中抽取一容量为 16 的样本,μ,σ^2 未知,则概率 $P\left\{\dfrac{S^2}{\sigma^2}\leqslant 2.04\right\}=$____.

10. 设随机变量 X 服从 $t(1)$ 分布,则 X^2 服从____分布.

二、单项选择题(每小题 2 分,共 10 分)

11. 对于两随机事件 A,B,则有 $P(A\overline{B})=$( ).

    (A) $P(A)-P(B)$;   (B) $P(A)-P(B)+P(AB)$;

    (C) $P(A)-P(AB)$;   (D) $P(A)+P(\overline{B})-P(A\overline{B})$.

12. 随机变量 $X\sim N(3,\sigma^2)$,且 $P\{3<X<6\}=0.4$,则 $P\{X<0\}=$( ).

    (A) 0.1;   (B) 0.2;   (C) 0.3;   (D) 0.4.

13. 随机变量 X,Y 独立同分布,且 $P\{X=1\}=P\{X=-1\}=0.5$,$P\{Y=1\}=$

$P\{Y=-1\}=0.5$ 则( ).

(A) $P\{X=Y\}=1$；　　　　　　　(B) $P\{X=Y\}=0.5$；

(C) $P\{X+Y=0\}=0.25$；　　　　(D) $P\{X\cdot Y=1\}=0.25$.

14. 设随机变量 $U\sim N(0,1),V\sim\chi^2(n)$，且 U,V 相互独立，则 $Y=U^2+V$ 服从的分布为( ).

(A) $\chi^2(n+1)$；　(B) $\chi^2(2n)$；　(C) $t(n+1)$　　(D) $t(n)$.

15. 设总体 $X\sim N(\mu,\sigma^2),X_1,X_2,X_3$ 为取自总体 X 的简单随机样本，在以下总体均值 μ 的四个无偏估计量中，最有效的是( ).

(A) $\hat{\mu}_1=\dfrac{1}{2}X_1+\dfrac{1}{3}X_2+\dfrac{1}{6}X_3$；　　　(B) $\hat{\mu}_2=\dfrac{1}{2}X_1+\dfrac{1}{2}X_3$；

(C) $\hat{\mu}_3=\dfrac{1}{5}X_1+\dfrac{3}{5}X_2+\dfrac{1}{5}X_3$；　　　(D) $\hat{\mu}_4=\dfrac{1}{4}X_1+\dfrac{1}{2}X_2+\dfrac{1}{4}X_3$.

三、计算题（每小题 9 分，共 36 分）

16. 假设有两箱同种零件，第一箱装 50 件，其中 10 件一等品；第二箱装 30 件，其中 18 件一等品. 现从两箱中随机挑出一箱，然后从该箱中先后取出两个零件（取出的零件均不放回）. 试求：(1) 先取出的零件是一等品的概率；(2) 在先取出的零件是一等品的条件下，第二次取出的仍然是一等品的概率.

17. 设连续型随机变量 X 的分布函数 $F(x)=\begin{cases}A+Be^{-2x}, & x>0,\\ 0, & x\leqslant 0,\end{cases}$ 试求：(1) 常数 A,B 的值；(2) 概率 $P\{-1<X<1\}$；(3) X 的密度函数 $f(x)$.

18. 二维随机向量 $(X,Y)\sim f(x,y)=\begin{cases}cxy, & 0\leqslant x\leqslant 1,0\leqslant y\leqslant 1,\\ 0, & \text{其他}.\end{cases}$ 求：(1) 常数 c；(2) X、Y 和 XY 的数学期望；(3) $\mathrm{Cov}(X,Y)$.

19. 设总体 X 的密度函数为

$$f(x;\lambda)=\begin{cases}\lambda\alpha x^{\alpha-1}e^{-\lambda x^{\alpha}}, & x>0,\\ 0, & x\leqslant 0,\end{cases}$$

其中 $\lambda>0$ 是未知参数，$\alpha>0$ 是已知常数. $X_1,X_2,\cdots,X_n$ 是来自总体 X 的简单随机样本，求 λ 的最大似然估计.

四、应用题（每小题 9 分，共 27 分）

20. 某人乘车或步行上班，他等车的时间 X（单位：min）服从指数分布

$$X\sim f(x)=\begin{cases}\dfrac{1}{5}e^{-\frac{1}{5}x}, & x>0,\\ 0, & x\leqslant 0,\end{cases}$$

如果等车时间超过 10min 他就步行上班. 若该人一周上班 5 次，以 Y 表示他一周步行上班的次数. 求 Y 的概率分布；并求他一周内至少有一次步行上班的概率.

21. 某宾馆大楼有 6 部电梯，各电梯正常运行的概率均为 0.8，且各电梯是否正常运行相互独立. 试计算：(1) 所有电梯都正常运行的概率 p_1；(2) 至少一部电梯正

常运行的概率 p_2；(3) 恰有一部电梯因故障而停开的概率 p_3.

22. 某制药车间为提高药物生产的稳定性，在采取措施后试生产了 9 批，测得其收益率(单位：%)是：79.2，75.6，74.4，73.5，76.8，77.3，78.1，76.3，75.9. 经计算得，$s^2 = 3.1227$. 若已知收益率服从正态分布，试推断收益率的总体方差是否与原方差 13 有显著性差异(显著性水平 $\alpha = 0.05$)?

五、证明题(7 分)

23. 设 A, B 为两个随机事件，且 $0 < P(B) < 1$，又事件 A, B 满足关系式：$P(A \mid B) = P(A \mid \overline{B})$. 证明：随机事件 A 与 B 相互独立.

模拟试题二

一、填空题(每小题 2 分，共 20 分)

1. 设 A, B 为随机事件，且 $P(A) = 0.8, P(B) = 0.4, P(B \mid A) = 0.25$，则 $P(A \mid B) = $ ___.

2. 设 A, B 为随机事件，且 $P(A) = \dfrac{1}{4}, P(B \mid A) = \dfrac{1}{3}, P(A \mid B) = \dfrac{1}{2}$，则 $P(A \cup B) = $ ___.

3. 一批产品共有 10 个正品和 2 个次品，任意抽取两次，每次抽一个，抽出后不再放回，则第二次抽出的是次品的概率为 ___.

4. 设随机变量 X 服从参数为 3 的指数分布，其分布函数为 $F(x)$，则 $F\left(\dfrac{1}{3}\right) = $ ___.

5. 在 $[0, T]$ 内通过某交通路口的汽车数 X 服从泊松分布，且已知 $P\{X = 4\} = 3P\{X = 3\}$，则在 $[0, T]$ 内至少有一辆汽车通过的概率为 ___.

6. 一射手对同一目标独立地进行 4 次射击，若至少命中 1 次的概率为 $\dfrac{80}{81}$，则该射手的命中率为 ___.

7. 设随机变量 $X \sim N(0, 1), Y \sim b\left(16, \dfrac{1}{2}\right)$，且 X 和 Y 相互独立，则 $D(2X + Y) = $ ___.

8. 设总体 X 的概率分布为 $P\{X = 1\} = p, P\{X = 0\} = 1 - p$，其中 $0 < p < 1$. 设 $X_1, X_2, \cdots, X_n$ 为来自总体的样本，则样本均值 $\overline{X}$ 的标准差为 ___.

9. 设总体 $X \sim N(\mu_1, \sigma^2)$ 与总体 $Y \sim N(\mu_2, \sigma^2)$ 相互独立，$X_1, X_2, \cdots, X_n$ 和 $Y_1, Y_2, \cdots, Y_m$ 分别是来自总体 X 和 Y 的简单随机样本，$\overline{X}$ 和 $\overline{Y}$ 分别为对应的样本均值，则 $\dfrac{1}{n + m - 2} E\left[\sum_{i=1}^{n}(X_i - \overline{X})^2 + \sum_{i=1}^{m}(Y_i - \overline{Y})^2\right] = $ ___.

10. 设 $X_1, X_2, \cdots, X_n$ 是来自二项分布 $b(n, p)$ 的简单随机样本，$\overline{X}$ 和 S^2 分别是样本均值和样本方差，记统计量 $T = \overline{X} - S^2$，则 $E(T) = $ ___.

二、单项选择题（每小题 2 分,共 10 分）

11. 五个考签中有一个难签,甲、乙、丙三位考生从中依次抽取一个考签,他们抽到难签的概率分别为 p_1,p_2,p_3,则下列关系成立的是(　　).

(A) $p_1<p_2<p_3$;　　　　　　(B) $p_1=p_2=p_3$;

(C) $p_1>p_2>p_3$;　　　　　　(D) 以上关系均不正确.

12. 设随机事件 A,B 互不相容,且有 $P(A)>0,P(B)>0$,则下列关系成立的是(　　).

(A) A,B 相互独立;　　　　　(B) A,B 不是相互独立的;

(C) A,B 互为对立事件;　　　(D) A,B 不互为对立事件.

13. 设二维随机向量 $(X,Y)\sim N(\mu_1,\mu_2,\sigma_1^2,\sigma_2^2,\rho)$,则下列结论中错误的是(　　).

(A) $X\sim N(\mu_1,\sigma_1^2),Y\sim N(\mu_2,\sigma_2^2)$;

(B) X 与 Y 相互独立的充分必要条件是 $\rho=0$;

(C) $E(X+Y)=\mu_1+\mu_2$;

(D) $D(X+Y)=\sigma_1^2+\sigma_2^2$.

14. 设二维随机变量 (X,Y) 的联合密度函数为

$$f(x,y)=\begin{cases}k(x^2+y^2), & 0<x<2,1<y<4,\\0, & \text{其他},\end{cases}$$

则 k 的值为(　　).

(A) $\dfrac{1}{30}$;　　(B) $\dfrac{1}{60}$;　　(C) $\dfrac{1}{50}$;　　(D) $\dfrac{1}{80}$.

15. 设 $X_1,X_2,\cdots,X_9$ 是来自正态总体 $N(0,4)$ 的样本,则在下列各式中,正确的是(　　).

(A) $\dfrac{1}{4}\sum_{i=1}^9 x_i^2\sim\chi^2(9)$;　　　　(B) $\dfrac{1}{4}\sum_{i=1}^9 x_i^2\sim\chi^2(8)$;

(C) $\dfrac{1}{2}\sum_{i=1}^9 x_i^2\sim\chi^2(9)$;　　　　(D) $\dfrac{1}{2}\sum_{i=1}^9 x_i^2\sim\chi^2(8)$.

三、计算题（每小题 9 分,共 36 分）

16. 设随机变量 X 的密度函数为

$$f_X(x)=\begin{cases}\dfrac{1}{x^2}, & x\geqslant 1,\\0, & x<1.\end{cases}$$

(1) 求 X 的分布函数 $F_X(x)$;(2) 求 $P\left\{\dfrac{1}{2}<X\leqslant 3\right\}$;(3) 令 $Y=2X$,求 Y 的密度函数 $f_Y(y)$.

17. 设连续型随机变量 X 的分布函数为

$$F(x)=\begin{cases}0, & x<0,\\\dfrac{x}{8}, & 0\leqslant x<8,\\1, & x\geqslant 8.\end{cases}$$

求：(1) X 的密度函数 $f(x)$；(2) $E(X),D(X)$；(3) 估计概率 $P\{|X-E(X)|\leqslant 4\}$，并与实际值比较.

18. 设二维随机变量 (X,Y) 的概率分布为

X \ Y	−1	0	1
−1	a	0	0.2
0	0.1	b	0.2
1	0	0.1	c

其中 a,b,c 为常数，且 X 的数学期望 $E(X)=-0.2,P\{Y\leqslant 0|X\leqslant 0\}=0.5$，记 $Z=X+Y$. 求：(1) a,b,c 的值；(2) Z 的概率分布；(3) $P\{X=Z\}$.

19. 设总体 X 的密度函数为

$$f(x)=\begin{cases}\lambda^2 x e^{-\lambda x}, & x>0,\\ 0, & \text{其他},\end{cases}$$

其中参数 $\lambda(\lambda>0)$ 未知，$X_1,X_2,\cdots,X_n$ 是来自总体 X 的简单随机样本. (1) 求参数 λ 的矩估计量；(2) 求参数 λ 的最大似然估计量.

四、应用题（每小题 9 分，共 27 分）

20. 某保险公司的统计表明，新保险的汽车司机中可划分为两类：第一类人易出事故，在一年内出事故的概率为 0.4，第二类人为谨慎的人，在一年内出事故的概率为 0.2。假定第一类人占新保险司机的 30%，那么一个新保险汽车司机在买保险后一年内出事故的概率是多少？

21. 设某商场的日营业额为 X 万元，已知在正常情况下 X 服从正态分布 $N(3.864,0.2)$，十一黄金周的前五天营业额（单位：万元）分别为：4.28、4.40、4.42、4.35、4.37. 假设标准差不变，问十一黄金周是否显著增加了商场的营业额（其中 $\alpha=0.01,u_{0.01}=2.32,u_{0.005}=2.58$）.

22. 某企业在探索生产某种产品的生产费用 x（单位：万元）与月产量 Y（单位：千吨）之间的关系过程中，得到了如下数据

生产费 x/万元	62	80	86	110	115	132	135	160
月产量 Y/千吨	1.2	3.1	2.0	3.8	5.0	6.1	7.2	8.0

经计算，得

$$\sum_{i=1}^{8}x_i=880,\sum_{i=1}^{8}Y_i=36.4,\sum_{i=1}^{8}x_iY_i=4544.6,\sum_{i=1}^{8}x_i^2=104214,\sum_{i=1}^{8}Y_i^2=207.54.$$

(1) 建立 x 与 Y 之间的线性回归方程；

(2) 对所建立的线性回归方程进行显著性检验（$\alpha=0.05$）.

$(F_{0.05}(1,6)=5.99,F_{0.05}(1,7)=5.59,r_{0.05}(6)=0.707,r_{0.05}(7)=0.666)$.

五、证明题（7 分）

23. 已知随机变量 X 服从自由度为 n 的 t 分布，证明随机变量 $F=X^2$ 服从自由

度为$(1,n)$的 F 分布.

模拟试题一参考答案

一、填空题

1. 0.2;　2. 0.4;　3. 0.1035;　4. $\frac{1}{4}(x_2-1)$;　5. 2;

6. 8/9;　7. 7;　8. $\frac{1}{12}$;　9. 0.99;　10. $F(1,1)$.

二、单项选择题

11. (C);　12. (A);　13. (B);　14. (A);　15. (D).

三、计算题

16. **解**　设 A_1,A_2 分别表示取自第一、二箱;B_1,B_2 分别表示第一次、第二次取出一等品,则 $P(A_1)=0.5,P(A_2)=0.5,P(B_1|A_1)=0.2,P(B_1|A_2)=0.6$.

(1) 由全概率公式得

$P(B_1)=P(A_1)P(B_1\mid A_1)+P(A_2)P(B_1\mid A_2)=0.5\times0.2+0.5\times0.6=0.4$,

$$P(B_1B_2\mid A_1)=\frac{10\times9}{50\times49},\quad P(B_1B_2\mid A_2)=\frac{18\times17}{30\times29},$$

$$P(B_1B_2)=P(A_1)P(B_1B_2\mid A_1)+P(A_2)P(B_1B_2\mid A_2)=0.1942.$$

(2) 由贝叶斯公式得

$$P(B_2\mid B_1)=\frac{P(B_1B_2)}{P(B_1)}=\frac{0.1942}{0.4}=0.4855.$$

17. **解**　(1) 由 $\lim\limits_{x\to0^+}F(x)=0,F(+\infty)=1$,得 $A=1,B=-1$,且

$$F(x)=\begin{cases}1-e^{-2x},&x>0,\\0,&x\leqslant0.\end{cases}$$

(2) $P\{-1<X<1\}=F(1)-F(-1)=1-e^{-2}$.

(3) $f(x)=F'(x)=\begin{cases}2e^{-2x},&x>0,\\0,&x\leqslant0.\end{cases}$

18. **解**　(1) $\int_{-\infty}^{+\infty}\int_{-\infty}^{+\infty}f(x,y)dxdy=\frac{c}{4}=1$,所以,$c=4$.

(2) $E(X)=4\int_0^1x^2dx\int_0^1ydy=\frac{2}{3}$,

$E(Y)=4\int_0^1xdx\int_0^1y^2dy=\frac{2}{3}$,

$E(XY)=4\int_0^1x^2dx\int_0^1y^2dy=\frac{4}{9}$.

(3) $\mathrm{Cov}(X,Y)=E(XY)-E(X)E(Y)=0$.

19. **解**　似然函数为

$$L(x_1,x_2,\cdots,x_n;\lambda) = \prod_{i=1}^{n} \lambda \alpha x_i^{\alpha-1} e^{-\lambda x_i^{\alpha}} = \lambda^n \alpha^n (x_1 x_2 \cdots x_n)^{\alpha-1} e^{-\lambda \sum\limits_{i=1}^{n} x_i^{\alpha}},$$

$$\ln L = n\ln\lambda + n\ln\alpha + (\alpha-1)\sum_{i=1}^{n} \ln x_i - \lambda \sum_{i=1}^{n} x_i^{\alpha}.$$

令 $\dfrac{d\ln L}{d\lambda} = \dfrac{n}{\lambda} - \sum\limits_{i=1}^{n} x_i^{\alpha} = 0$, 得 λ 的最大似然估计为 $\hat{\lambda} = \dfrac{n}{\sum\limits_{i=1}^{n} x_i^{\alpha}}$.

四、应用题

20. 解　先求他等车超过 10min 的概率

$$P\{X > 10\} = 1 - P\{X \leqslant 10\} = 1 - \int_0^{10} \frac{1}{5} e^{-\frac{1}{5}x} dx = e^{-2},$$

所以 Y 服从 $n=5, p=e^{-2}$ 的二项分布, 即 $Y \sim b(5, e^{-2})$, 于是

$$P\{Y \geqslant 1\} = 1 - P\{Y = 0\} = 1 - (1 - e^{-2})^5.$$

21. 解　X 表示宾馆大楼 6 部电梯中正常工作的台数, 则 $X \sim b(6, 0.8)$.

(1) $p_1 = P\{X = 6\} = 0.8^6 = 0.262144$.

(2) $p_2 = P\{X \geqslant 1\} = 1 - P\{X = 0\} = 1 - 0.2^6 = 0.999936$.

(3) $p_3 = P\{X = 5\} = C_6^5 \times 0.8^5 \times 0.2 = 0.393216$.

22. 解　要检验 $H_0: \sigma^2 = 13, H_1: \sigma^2 \neq 13$. 选择统计量 $\chi^2 = \dfrac{(n-1)S^2}{13}$, 当 H_0 成立时, $\chi^2 \sim \chi^2(n-1)$.

由样本数据得 $n = 9; s^2 = 3.1227, (n-1)s^2 = 24.98, \alpha = 0.05$, 查表得 $\chi^2_{0.975}(8) = 2.18, \chi^2_{0.025}(8) = 17.535$, 所以, 接受域为 $(2.18, 17.535)$.

$\chi^2 = \dfrac{(n-1)s^2}{13} = \dfrac{24.98}{13} = 1.92 < 2.18$, 拒绝 H_0. 故收益率的总体方差与原方差 13 有显著性差异, 明显比原方差小.

五、证明题

23. 证明　由 $P(A|B) = P(A|\bar{B})$ 得

$$\frac{P(AB)}{P(B)} = \frac{P(A\bar{B})}{P(\bar{B})},$$

于是,

$$P(AB) \cdot P(\bar{B}) = P(B) \cdot P(A\bar{B}),$$

$$P(AB) \cdot (1 - P(B)) = P(B) \cdot (P(A) - P(AB)),$$

整理得

$$P(AB) = P(A) \cdot P(B),$$

故事件 A 与 B 相互独立.

模拟试题二参考答案

一、填空题

1. 0.5；　2. $\dfrac{1}{3}$；　3. $\dfrac{1}{6}$；　4. $1-\mathrm{e}^{-1}$；　5. $1-\mathrm{e}^{-12}$；

6. $\dfrac{2}{3}$；　7. 8；　8. $\sqrt{\dfrac{p(1-p)}{n}}$；　9. σ^2；　10. np^2.

二、单项选择题

11. (B)；　12. (B)；　13. (D)；　14. (C)；　15. (A).

三、计算题

16. **解**　(1) $F(x)=\displaystyle\int_{-\infty}^{x}f(t)\mathrm{d}t=\begin{cases}\displaystyle\int_{1}^{x}\dfrac{1}{t^2}\mathrm{d}t=1-\dfrac{1}{x}, & x\geqslant 1,\\[2mm] 0, & x<1.\end{cases}$

(2) $P\left\{\dfrac{1}{2}<X\leqslant 3\right\}=F(3)-F\left(\dfrac{1}{2}\right)=1-\dfrac{1}{3}=\dfrac{2}{3}.$

(3) 由于 $Y=2X$,所以当 $y<2$ 时,$f_Y(y)=0$;当 $y\geqslant 2$ 时,

$$F_Y(y)=P\{Y\leqslant y\}=P\{2X\leqslant y\}=P\left\{X\leqslant \dfrac{y}{2}\right\}=F_X\left(\dfrac{y}{2}\right),$$

$$f_Y(y)=F'_Y(y)=\dfrac{1}{2}f_X\left(\dfrac{y}{2}\right)=\dfrac{2}{y^2}.$$

所以,Y 的密度函数为

$$f_Y(y)=\begin{cases}\dfrac{2}{y^2}, & y\geqslant 2,\\[2mm] 0, & y<2.\end{cases}$$

17. **解**　(1) $f(x)=F'(x)=\begin{cases}\dfrac{1}{8}, & 0\leqslant x\leqslant 8,\\[2mm] 0, & \text{其他},\end{cases}$ 即 X 服从区间 $[0,8]$ 上的均匀分布.

(2) $E(X)=4,D(X)=\dfrac{16}{3}.$

(3) $P\{|X-E(X)|\leqslant 4\}\geqslant 1-\dfrac{D(X)}{4^2}=\dfrac{2}{3},$

但实际概率

$$P\{|X-E(X)|\leqslant 4\}=P\{0\leqslant X\leqslant 8\}=1.$$

18. **解**　(1) 由 $\displaystyle\sum_{i=1}^{3}\sum_{j=1}^{3}p_{ij}=1$ 和条件 $E(X)=-0.2,P\{Y\leqslant 0\mid X\leqslant 0\}=0.5$ 可得

$$\begin{cases} a+b+c=0.4, \\ a-c=0.1, \\ a+b=0.3, \end{cases}$$

解得 $a=0.2, b=0.1, c=0.1$.

(2) $Z=X+Y$ 的概率分布为

$Z=X+Y$	-2	-1	0	1	2
P	0.2	0.1	0.3	0.3	0.1

(3) $P\{X=Z\}=P\{Y=0\}=0.2$.

19. **解**　(1) $E(X)=\int_0^{+\infty}\lambda^2 x^2 e^{-\lambda x}dx=-\int_0^{+\infty}\lambda x^2 de^{-\lambda x}=2\int_0^{+\infty}\lambda x e^{-\lambda x}dx=\dfrac{2}{\lambda}$,

令 $E(X)=\dfrac{2}{\lambda}=\overline{X}$,得参数 λ 的矩估计量为 $\hat{\lambda}=\dfrac{2}{\overline{X}}$.

(2) 似然函数

$$L(x_1,x_2,\cdots,x_n;\lambda)=\prod_{i=1}^n f(x_i;\lambda)=\lambda^{2n}(x_1 x_2\cdots x_n)e^{-\lambda\sum_{i=1}^n x_i},$$

$$\ln L=2n\ln\lambda+\sum_{i=1}^n \ln x_i-\lambda\sum_{i=1}^n x_i,$$

令 $\dfrac{d\ln L}{d\lambda}=\dfrac{2n}{\lambda}-\sum_{i=1}^n x_i=0$,解得 $\hat{\lambda}=\dfrac{2n}{\sum_{i=1}^n x_i}=\dfrac{2}{\overline{x}}$,所以参数 λ 的最大似然估计量为 $\hat{\lambda}=\dfrac{2}{\overline{X}}$.

四、应用题

20. **解**　设 A_1 表示第一类人,A_2 表示第二类人,B 表示一年内出事故;则 A_1、A_2 是一个完备事件组,且 $P(A_1)=0.3,P(A_2)=0.7,P(B|A_1)=0.4,P(B|A_2)=0.2$.

由全概率公式,得

$$P(B)=P(A_1)P(B|A_1)+P(A_2)P(B|A_2)=0.3\times0.4+0.7\times0.2=0.26.$$

21. **解**　要检验 $H_0:\mu\leqslant3.864,H_1:\mu>3.864$. 选择统计量 $U=\dfrac{\overline{X}-3.864}{\sqrt{\frac{0.2}{5}}}$,当原假设 H_0 成立时,统计量 $U\sim N(0,1)$,显著性水平 $\alpha=0.01,u_{0.01}=2.32$,拒绝域 $W=\{U\geqslant2.32\}$,由样本数据算得 $\overline{x}=4.364$,代入计算得

$$U=\dfrac{4.364-3.864}{\sqrt{\frac{0.2}{5}}}=2.5>2.32,$$

拒绝 H_0. 说明十一黄金周显著地增加了商场的营业额.

22. **解**　(1) 由样本数据算得

$n=8$，$\bar{x}=110, \bar{y}=4.55$，$l_{xx}=7414$，$l_{xy}=540.6$，$l_{yy}=41.92$，

$$\hat{\beta}_1=\frac{l_{xy}}{l_{xx}}=\frac{540.6}{7414}=0.072916,\quad \hat{\beta}_0=\bar{Y}-\hat{\beta}_1\bar{x}=-3.47076,$$

所建立的线性回归方程为 $\hat{Y}=-3.47076+0.072916x$.

(2) RSS$=39.41839$，ESS$=2.50161$，

$$F=\frac{(n-2)\mathrm{RSS}}{\mathrm{ESS}}=94.54325>F_{0.05}(1,6)=5.99,$$

或

$$R=\frac{l_{xY}}{\sqrt{l_{xx}l_{YY}}}=0.969704>r_{0.05}(6)=0.707.$$

x 与 Y 之间的线性关系是显著的.

五、证明题

23. **证明**　设 $Y_1\sim N(0,1), Y_2\sim\chi^2(n)$，且 Y_1 与 Y_2 相互独立，服从自由度为 n 的 t 分布的随机变量 X 可以表示成 $X=\dfrac{Y_1}{\sqrt{\dfrac{Y_2}{n}}}$，又因为 $Y_1^2\sim\chi^2(1)$，且 Y_1^2 与 Y_2 相互独立. 故

$$F=X^2=\frac{Y_1^2}{Y_2/n}=\frac{Y_1^2/1}{Y_2/n}\sim F(1,n).$$

参考文献

陈桂林,计东海.2005.概率论与数理统计学习指导.北京:科学出版社

龚德恩.1992.经济数学基础第三分册(概率统计).成都:四川人民教育出版社

龚光鲁.2006.概率论与数理统计.北京:清华大学出版社

李伯德,张再玲.2010.概率论与数理统计.北京:科学出版社

龙永红.2004.概率论与数理统计中的典型例题分析与习题.北京:高等教育出版社

龙永红.2009.概率论与数理统计.北京:高等教育出版社

毛纲源.2004.考研数学(数学三)常考题型及其解题方法技巧归纳.武汉:华中科技大学出版社

茆诗松,程依明,濮晓龙.2004.概率论与数理统计.北京:高等教育出版社

牟俊霖,李青吉.2003.洞穿考研数学(经济类).北京:航空工业出版社

牛丽英,赵广涛.2005.概率论与数理统计辅导(浙大三版).北京:人民日报出版社

盛骤,谢式千,潘承毅.2002.概率论与数理统计学习辅导与习题选解.北京:高等教育出版社

世华,潘正义.2009.考研数学十年真题全方位解码(数学三).北京:清华大学出版社

孙荣恒,雷玉洁.2003.概率论与数理统计典型习题解析.北京:高等教育出版社

田勇.2002.概率论及数理统计解题思路和方法.北京:机械工业出版社

汪志宏.2006.真题详解与样题精选(数学四).北京:清华大学出版社

王庆成.2003.概率论与数理统计习题集.北京:科学技术文献出版社

吴传生,王展青.2007.经济数学——概率论与数理统计学习辅导与习题选解.北京:高等教育出
版社

张立卓.2009.概率论与数理统计解题方法与技巧.北京:北京大学出版社

周概容.2008.经济应用数学基础(三):概率论与数理统计.北京:高等教育出版社

周誓达.2009.经济应用数学基础(三):概率论与数理统计(含学习指导).北京:中国人民大学出
版社